全国高职高专工程测量技术专业规划教材

控制测量

KONGZHI CELIANG

许加东　主　编
郝亚东　朱恩利　黎　曦　副主编

中国电力出版社
CHINA ELECTRIC POWER PRESS

内 容 提 要

本书为全国高职高专工程测量技术专业规划教材。全书共分 11 章，包括绪论、平面控制网布设、精密角度测量、精密测距仪器与距离测量、导线测量外业观测、精密水准测量、三角高程测量、地面观测值归算至椭球面、椭球面元素归算至高斯平面、控制网平差计算、GPS 控制测量等。

本书可作为高职高专工程测量技术专业及测绘类相关专业的教材，也可供相关工程技术人员参考。

图书在版编目（CIP）数据

控制测量/许加东主编. —北京：中国电力出版社，2012.1（2021.7 重印）
全国高职高专工程测量技术专业规划教材
ISBN 978-7-5123-2333-9

Ⅰ.①控… Ⅱ.①许… Ⅲ.①控制测量-高等职业教育-教材 Ⅳ.①P221

中国版本图书馆 CIP 数据核字（2011）第 233083 号

中国电力出版社出版发行
北京市东城区北京站西街 19 号 100005 http：//www.cepp.sgcc.com.cn
责任编辑：王晓蕾 责任印制：杨晓东 责任校对：焦秀玲
三河市航远印刷有限公司印刷·各地新华书店经售
2012 年 1 月第 1 版·2021 年 7 月第 9 次印刷
787×1092 16 开本·16 印张·392 千字
定价：35.00 元

前　　言

《控制测量》是高职高专工程测量技术专业核心课程之一。根据生产一线对工程测量技术专业应用型高技能岗位人才的要求，通过课程教学，学生应掌握控制测量的基本理论、方法，能运用其知识、技能解决实际工程问题，并具备一定的工程素质和应用及可持续发展能力，为工程建设提供测绘控制保障。

本书在编写过程中，充分考虑高等职业教育的特点，理论知识以"必需、够用"为度，重点突出实践技能的培养。随着测绘理论、技术和设备的发展进步，本书在内容选取方面进行了调整，删去了部分过时内容，增加了运用全球定位系统（GPS）进行控制测量的内容。测量过程的操作要求和精度指标都与现行的国家、行业规范相一致。为突出教材的实用性，在该书的附录部分介绍了目前测量平差的常用软件。本教材适用于高职高专工程测量技术专业及测绘类相关专业，也可供相关工程技术人员参考。

本书由许加东任主编，郝亚东、朱恩利、黎曦任副主编。参加编写人员有：王百勇、李永川、郭玉珍。全书共分11章和2个附录。第1章、第2章由许加东编写，第3章由郝亚东编写，第4章、第5章由王百勇编写，第6章、第10章由朱恩利编写，第7章、第9章由李永川编写，第8章由黎曦编写，第11章由郭玉珍编写。附录A由郭玉珍编写，附录B由朱恩利编写。

在本书的编写过程中，查阅和参考了大量的文献资料，在此谨向有关作者表示衷心感谢！同时对中国电力出版社为本书的出版所做的辛勤工作表示衷心感谢！

由于作者水平所限，加之时间仓促，书中难免有疏漏和不足之处，恳请广大教师、同行专家和读者提出宝贵意见并批评指正，以利日后进一步修订完善。

编　者

目　　录

第1章 绪 论

1.1 控制测量的任务、作用和主要内容

控制测量是运用大地测量的基本理论和方法，直接为工程建设提供测绘基础保障，精度相对较高的一种测量工作。具体来说，就是在一定的区域内，精确测定地面标志点空间位置（水平位置、高程）及其变化的测量工作。精确测定的地面标志点称为控制点，通过对角度、距离或高差的测量，将控制点用一定的几何图形连接起来，称为控制网。控制网分为平面控制网和高程控制网。

1.1.1 控制测量的任务和作用

控制测量的服务对象主要是各种工程建设、城镇建设和土地规划和管理等，这就决定了它的测量范围比大地测量要小，并且在观测手段和数据处理方法上具有多样化的特点。控制测量面向的对象主要是工程控制网，与大地测量主要研究国家大地控制网建立相比，既有区别又有联系。在全国广大区域内，按照国家统一颁发的法律、规范进行的控制测量称为大地控制测量。大地控制测量主要解决国家一、二等控制网建立的问题，但工程控制网与国家控制网又有不可分割的地方，如国家控制网中三、四等控制点本身就是为工程建设勘测规划设计阶段的测图服务的，而在一些城市或工矿区建立的边长较短、精度较高的工程控制网，也应与高等级的国家控制点联测，以便统一到国家控制网中去。所以在讨论工程控制网如何建立和实施时，必然要涉及国家控制网建立的原理与方法，在这一层面上它们是类似的。

控制测量的目的是建立各种控制网，作为控制测量主要服务对象的工程建设项目，在进行过程中，大体上可分为勘测规划设计、工程施工、工程运营管理三个阶段。每个阶段都对控制测量提出了不同的要求和任务，具体如下。

1. 在工程勘测规划设计阶段为测绘各种大比例尺地形图建立必要精度的测图控制网

各种比例尺地形图是工程勘测规划设计的依据。在这一阶段，设计人员要在大比例尺地形图上进行建筑物的设计或区域规划，以求得设计所依据的各项数据。我们知道，工程设计所需的数据应有必要的精度，以保证所设计工程项目的技术、经济等指标的先进性，因此要求提供的各种比例尺地形图应有必要的精度。为保证地形图的质量，要求为测绘各种比例尺地形图而建立的控制网应有必要的精度。为保证地形图的拼接和使用，还要求建立的控制网应在统一的坐标系下。

2. 在工程建设施工阶段建立施工控制网

施工控制网是工程施工放样的依据。施工放样是按照设计与施工的要求，将在图上设计好的建筑物的位置、形状、大小及高程在地面上标定出来，以便进行施工的过程。在这一阶段，控制测量的主要任务是，建立必要精度的施工控制网，满足施工放样的需要。施工控制网的建立，应使控制点误差所引起的放样点位的误差相对于施工放样的误差来说小到可以忽略不计。因此，对特定工程来说，施工控制网需要进行专门的设计，以满足精度、费用和时

间的需要。

3. 在工程建设运营管理阶段建立服务于建筑物变形监测的专用控制网

变形监测控制网是进行建筑物变形观测的依据。工程建筑物及其设备在施工或运营过程中都会产生变形，这种变形在一定限度以内可认为是正常现象，但如果超出了规定的限度，就会影响建筑物的正常使用，严重时会危及建筑物的安全，给人民群众的生命、财产安全带来巨大隐患。因此，在工程建设的施工和运营管理阶段，必须对它们进行监视观测。工程建筑物变形监测的主要内容有水平位移监测、垂直位移监测、倾斜监测、裂缝监测等，其外在表现形式为，在某一方向（水平、竖直）上移动了多少距离或偏离了多大角度。因此，需要建立专用控制网，通过在控制网点上进行观测，取得这些原始数据。由于这种变形的数值一般都很小，为了能足够精确地测量，要求变形观测控制网具有较高的精度，以使得观测数据具有科学上的意义。

从控制测量的工作性质来说，其主要作用在于：

（1）控制网是进行各项测量工作的基础，控制网的建立是为完成具体测量任务而进行的前期准备工作。为满足地形图测绘需要，建立测图控制网；为满足工程施工需要，建立施工控制网；为满足工程运营管理需要，建立变形监测控制网。

（2）控制网具有控制全局的作用。测量的基本原则，要求"从整体到局部，先控制后碎部"，对测图控制网而言，要求所测的各幅地形图具有一定的精度，能够相互拼接成为一个整体；对施工控制网而言，为保证建筑物各轴线之间相关位置的正确性，施工控制网要满足施工放样的精度要求。

（3）控制网具有限制测量误差的传递和积累的作用。建立控制网时所采用的分级布网、逐级控制的原则，就是从技术上考虑限制测量误差的传递和积累。

从控制测量的服务对象来说，其主要作用在于：

（1）在国民经济建设和社会发展中，发挥着基础性的重要保证作用。随着国民经济和社会事业的进步，我国的交通运输事业、资源开发事业、水利水电工程事业、工业企业建设事业、农业生产规划和土地管理、城市建设及社会信息管理等进入高速发展阶段。这些事业的建设都离不开作为规划设计依据的地形图。可以说，地形图是一切经济建设规划和发展必须的基础性资料。为了测绘地形图，就要布设全国范围内及区域性的大地测量控制网，以此为基础布设满足各种比例尺地形图测绘的测图控制网。因此可以说，控制测量在国民经济建设和社会发展中发挥着决定性的基础保证作用。

（2）控制测量在防灾、减灾、救灾及环境监测、评价与保护中发挥着特殊作用。地震、洪水和强热带风暴等自然灾害给人类社会带来巨大灾难和损失。利用先进的 GPS、甚长基线干涉（VLBI）、激光测卫（SLR）等现代测量技术，可自动连续监测全球板块之间的运动，为人类准确预防地震造福。控制测量还可在山体滑坡、泥石流及雪崩等灾害监测中发挥作用。世界每年都发生多种灾难事件，如空难、海难、陆上交通事故、恶劣环境的围困等，国际组织已建立了救援系统，其关键是利用 GPS 快速准确定位及卫星通信技术，将遇难的地点及情况通告救援组织，以便及时采取救援行动。

（3）控制测量在发展空间技术和国防建设中，在丰富和发展当代地球科学的有关研究中，以及在发展测绘工程事业中的地位和作用显得越来越重要。

1.1.2　控制测量的主要内容

把控制测量看作一项工程，从完成工程项目的角度来说，控制测量的主要工作内容有：

（1）控制网的技术设计。主要对控制网的精度指标、工艺技术流程、工程进度、质量控制等进行设计。

（2）控制网的施测。依据技术设计报告和文件，完成控制网的选点、埋石、外业观测和数据处理。

（3）控制网的使用与维护。主要是对控制网成果进行有效管理，为工程建设项目的后续工作提供有用资料，并对控制网进行维护，必要时进行复测或补测。

把控制测量看作研究对象，从科学研究的角度来说，控制测量的主要研究内容有：

（1）研究建立和维持高科技水平的工程和国家水平控制网和精密水准网的原理和方法，以满足国民经济和国防建设以及地学科学研究的需要。

（2）研究获得高精度测量成果的精密仪器和科学技术的使用方法。

（3）研究地球表面测量成果向椭球及平面的数学投影变换及有关问题的测量计算。

（4）研究高精度和多类别的地面网、空间网及其联合网的数学处理的理论和方法、控制测量数据库的建立及应用等。

1.2　地球形体与测量的基准面

1.2.1　地球的基本形状

我们研究地球的形状主要是指弹性地球外壳的自然形状、陆地及海洋（底）的表面形状。由于地球自然表面的复杂性，为准确研究它的形状，就必须把地球表面划分为若干个区域，在每个区域内仔细地研究表面点的坐标，最后再把它们综合起来。这样做虽然是合理的，但有许多问题不好解决，不好实现。但从总体形状来看，地球的形状可用大地水准面包围的形体——大地体来表述，也可用旋转椭球体、三轴椭球体等几何形体来描述。对于旋转椭球体，亦即选取合适的长半轴（a）、短半轴（b）的椭圆绕其短轴旋转一周而得到的形体。理论上证明，由于地球自转的原因，它的形状不可能是球形，而只能是在两极地区呈扁平状、在赤道突出的旋转椭球体的形状，这里关键是选择和确定 a、b 及 α。关于地球形状的另外一种表述就是所谓略显"梨形"，这是利用对人造地球卫星轨道摄动的观测资料的分析，反求解出地球的形状。近年来的研究，比如美国斯密松天文台给出的大地水准面的全貌认为，两极地区略扁的情况不完全一样，北极部分比南极部分略高一些，大约有 20m 的差异。由此证明，大地水准面总的形状是略显"梨形"。

除几何性质外，对它们还应赋予引力参数，比如质量、旋转角速度、地心引力常数、引力位、重力位等。此外，还应研究地球岩石圈、水圈及大气圈的几何物理方面的动力性质，应把太阳、地球、月球紧密联系在一起，还要研究地球重力场、磁场、热场及其他物理场，地球的自转和公转等。

把以上各方面的研究成果综合起来，才算比较全面地做到地球外壳形状的研究。从上可见，地球形状的研究是一个极为复杂的科学问题，涉及许多相关学科，只有互相协助和合作，才是解决此问题的最佳途径。

1.2.2　大地水准面

地球上的任意一点都同时受到两个力的作用，即地球自转的离心力和地心引力，它们的

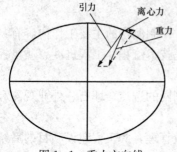

图 1-1 重力方向线

合力称为重力，重力的方向即为铅垂线方向，如图 1-1 所示。

处于静止状态的水面，例如平静的湖泊水面，即表示一个水准面。水准面必然处处与重力方向（即铅垂线方向）垂直，否则水就要流动，处于运动状态。在地球引力起作用的空间范围内，通过任何高度的点都有一个水准面。

观测水平角时，置平经纬仪就是使仪器的纵轴位于铅垂线方向，从而使水平度盘位于通过度盘中心水准面的切平面上。因此，所测的水平角实际上就是视准线在水准面上的投影线之间的夹角。

此外，用水准测量所求出的两点间的高差，就是过这两点的水准面间的垂直距离。对于边长的观测值，也存在化算到哪个高程水准面上的问题。

上述 3 类地面观测值，除水平角外，都同水准面的选取有关，特别是水准测量的结果，更是直接取决于水准面的选择。于是，为了使不同测量部门所得出的观测结果能够互相比较、互相统一、互相利用，有必要选择一个最具有代表性的水准面作为外业成果的统一基准。

我们知道，海洋面积约占地球总面积的 71%，从总体上来说，海水面是地球上最广大的天然水准面。设想把平均海水面扩展，延伸到大陆下面，形成一个包围整个地球的曲面，则称这个水准面为大地水准面，它所包围的形体称为大地体。由于大地水准面的形状和大地体的大小均接近地球自然表面的形状和大小，并且它的位置是比较稳定的，因此我们选取大地水准面作为测量外业的基准面，而与其相垂直的铅垂线则是外业的基准线。

1.2.3　总的地球椭球与参考椭球

虽然大地水准面最适合于作为测量外业的基准面，但控制测量的最终目的是精确确定控制点在地球表面上的位置，为此必须确知所依据的基准面的形状，也就是说，基准面的形状要能用数学公示准确地表达出来。大地水准面是否能满足这一要求呢？研究表明，大地水准面是略有起伏的不规则曲面，无法用数学公示把它精确地表达出来，因而也就不确知其形状。这是地表起伏以及地层内部密度的变化造成质量分布不均匀的结果。

随着科学技术的发展，人类逐渐认识到地球的形状极近于一个两极略扁的旋转椭球（一个椭圆绕其短轴旋转而成的球体）。对于这个椭球的表面，可用简单的数学公示将它准确地表达出来，因而世界各国通常都采用旋转椭球代表地球。它的形状和大小与椭球的长短半径 a、b 有关，也可用和这两个量有关的其他量来表示。

选好一定形状和大小的椭球后，还不能直接在它上面计算点的坐标，这是因为我们的测量成果不是以这个表面为根据的，而应该首先将以大地水准面为基准的外业观测成果化算到这个表面上。要做到这一点只选定椭球的形状和大小是不够的，还必须将它与大地水准面在位置上的关系确定下来，这个工作称为椭球定位。

综合以上所述，我们把形状和大小与大地体相近并且两者之间的相对位置确定的旋转椭球称为参考椭球。参考椭球面是测量计算的基准面。世界各国都根据本国的地面测量成果选择一种适合本国要求的参考椭球，因而参考椭球有许多个。这样确定的参考椭球在一般情况下和各国领域内的局部大地水准面最为接近，对该国的常规测绘工作来说较为方便。然而，当我们将各国的测量成果联系起来进行国际间的合作时，则参考椭球的不同又带来了不便，因此，从全球着眼，必须寻求一个和整个大地体最为接近的参考椭球，称为总地球椭球。

总地球椭球的确定必须以全球范围的大地测量和重力测量资料为依据才有可能。然而，由于地球上海洋面积约占地球总面积的 71%，因而过去只根据占少数的陆地测量成果推算总地球椭球是不可能的。近年来，由于人造地球卫星大地测量技术的发展，已根据人造卫星和陆地大地测量的成果求出一些总地球椭球的近似数据供使用。人们最终将使用总地球椭球。

1.3 控制测量常用坐标系

坐标系统是测量工作中处理观测数据和表达测站位置的数学和物理基础。点的位置可用坐标系统来表示。同一个点的位置，在不同的坐标系统中可有不同的表达方式和数据，而不同的坐标系统则是由不同的坐标原点位置、坐标轴的指向和尺度比例所决定的。

在宇宙中，地球有两种不同的运转方式，就是围绕地球旋转轴的自转和围绕太阳的公转。同理就有两种不同的坐标系统，一类是与地球体相固连的坐标系统，称为地固坐标系；另一类是与地球自转无关，在空间固定的坐标系统，称为空固坐标系。地固坐标系描述地球表面上点的位置比较方便，空固坐标系用来描述卫星运行的位置和状态极其方便。控制测量中常用的坐标系是地固坐标系，也称为地球坐标系，它是固定在地球上与地球一起旋转的坐标系。如果忽略地球潮汐和板块运动，地面上点的坐标值在地固坐标系中是固定不变的。根据坐标系原点位置的不同，地固坐标系分为参心坐标系（原点与参考椭球中心重合）和地心坐标系（原点与地球质心重合）。前者以参考椭球为基准，后者以总地球椭球为基准。无论是参心坐标系还是地心坐标系，均可分为大地坐标系和空间直角坐标系两种形式。

1.3.1 参心坐标

在经典大地测量中，为了处理观测成果和传算地面控制网的坐标，通常须选取一参考椭球面作为基本参考面，选一参考点作为大地测量的起算点（大地原点），利用大地原点的天文观测量来确定参考椭球在地球内部的位置和方向。参心坐标系中的"参心"二字意指参考椭球的中心，所以参心坐标系和参考椭球密切相关。由于参考椭球中心无法与地球质心重合，故又称其为非地心坐标系。参心坐标系按其应用又分为参心大地坐标系和参心空间直角坐标系两种。

参心大地坐标系的应用十分广泛，它是经典大地测量的一种通用坐标系。根据地图投影理论，参心大地坐标系可以通过高斯投影计算转化为平面直角坐标系，为地形测量和工程测量提供控制基础。由于不同时期采用的地球椭球不同或其定位和定向不同，中国历史上出现的参心坐标系主要有 BJZ54（原）、GDZ80 和 BJZ54 三种。

参心空间大地直角坐标系使用三维坐标 x、y、z 表示点位，它可按一定的数学公式与参心大地坐标系相互换算。通常在计算参心大地坐标系时作为一种过渡换算的坐标系。

建立一个参心大地坐标系，必须解决以下问题：①确定椭球的形状和大小；②确定椭球中心的位置，简称定位；③确定椭球中心为原点的空间直角坐标系坐标轴的方向，简称定向；④确定大地原点。解决这些问题的过程也就是建立参心大地坐标系的过程。

1. 1954 年北京坐标系 [BJZ54（原）]

解放初期，中国大地坐标系采用河北省石家庄市的柳新庄一等天文点作为原点的独立坐标系统，采用改点的天文坐标作为其大地坐标，以海福特椭球进行定位。

随着中国大地网的扩展，采用海福特椭球元素误差太大，且没有顾及垂线偏差影响的缺点越来越明显。为此，1954 年总参谋部测绘局在有关方面的建议与支持下，采取先将中国一等锁与苏联远东一等锁相连接，然后以连接呼玛、吉拉林、东宁基线网扩大边端点的苏联1942 年普尔科沃坐标系的坐标为起算数据，平差中国东北及东部地区一等锁。这样传算过来的坐标系定名为 1954 年北京坐标系。该坐标系是以苏联当时采用的 1942 年普尔科沃坐标系为基础建立起来的，所不同的是 1954 年北京坐标系的高程异常是以苏联 1955 年大地水准面差距重新平差结果为起算值，且以 1956 年青岛验潮站求出的黄海平均海水面为基准面，按中国天文水准路线推算出来的。

几十年来，中国在该坐标系上完成了大量的测绘工作，实施了天文大地网局部平差，通过高斯-克吕格投影，得到点的平面坐标，测绘了各种比例尺的地形图。但是随着测绘新理论、新技术的不断发展，人们发现了该坐标系存在如下缺点：

（1）因 1954 年原北京坐标系采用了克拉索夫斯基椭球，与现在的精确椭球参数相比，长半轴约长 109m。

（2）参考椭球面与中国所在地区的大地水准面不能达到最佳拟合，在中国东部地区大地水准面差距自西向东增加最大达＋68m。

（3）几何大地测量和物理大地测量采用的参考面不统一。中国在处理重力数据时采用赫尔默特 1900～1909 年正常重力公式，与公式相适应的赫尔默特扁球和克拉索夫斯基椭球不一致。

（4）定向不明确。椭球短轴未指向国际协议原点 CIO，也不是中国地极原点 JYD1968.0，起始大地子午面也不是国际时间局 BIH 所定义的格林尼治平均天文台子午面。

（5）椭球只有两个几何参数（长半轴、扁率），缺乏物理意义，不能全面反映地球的几何和物理特征。同时，1954 年北京坐标系的大地原点在普尔科沃，是苏联进行多点定位的结果。

另外，该坐标系是按分区平差逐步提供大地点成果的，在分区的结合部产生了较大的不符值。

2. 1980 年国家大地坐标系（GDZ80）

为了进行全国天文大地网整体平差，采用新的椭球参数和进行新的定位与定向，来弥补 1954 年北京坐标系存在的椭球参数不够精确、参考椭球与中国大地水准面拟合不好等缺点，所以建立中国新的大地坐标系是必要的、适时的。

（1）椭球的参数。

在几何大地测量学中，通常用椭球长半轴 a 和扁率 f 两个参数表示椭球的形状和大小，但从几何和物理两个方面来研究地球，仅有两个参数是不够的。

在物理大地测量中研究地球重力场时，需要引进一个正常椭球所产生的正常重力场。关于物理的重力场，有著名的斯托克斯定理：如果物体被水准面 S 包围，已知它的总质量为 M，并绕一定轴以常角速度 ω 旋转，则 S 面上或外部空间任一点的重力位都可以唯一确定。

正常重力位的球函数展开式为

$$U = \frac{GM}{\rho}\left[1 - \sum_{n=1}^{\infty} J_{2n}\left(\frac{\alpha}{\rho}\right)^{2n} P_{2n}(\cos\theta)\right] + \frac{\omega^2}{2}\rho^2 \sin^2\theta$$

式中　　　　　ρ——地心矢径；

θ——余纬度；

$P_{2n}(\cos\theta)$——勒让德多项式；

a，J_2，GM，ω——正常椭球的 4 个参数。

式中其他的偶阶带谐系数 J_4、J_6、…可根据这 4 个参数按一定的公式算得。1975 年国际大地测量与地球物理联合会（IUGG）第十四届大会上，开始采用这 4 个参数全面描述地球的几何特性和物理特性。

这 4 个量通常称为基本大地参数，在 4 个基本参数中，长半轴 a 通常由几何大地测量提供，地球自转角速度 ω 由天文观测确定，它们的精度都比较好。地球质量 M 虽难测定，但是 GM（G 是地球引力常数）利用卫星大地测量可以精确至千万分之一。通过观测人造地球卫星，确定与 a 等价的二阶带谐系数 J_2，其精确度提高了两个数量级。这些参数可以充分地确定地球椭球的形状、大小及其正常重力场，从而使大地测量学与大地重力学的基本参数得到统一。

（2）极移和地极原点。

地球自转轴与地球表面的交点叫做地球极点。由于地球内部和外部的动力学因素，地球极点在地球表面上的位置随时间而变化，这种现象叫做极移。随时间而变化的极点叫瞬时极，某一时期瞬时极的平均位置叫做平地极，简称平极。

极移运动是比较复杂的，主要由张德勒运动和受迫季节性运动两项周期性运动所合成，包括 1.2 年、1.0 年和 0.5 年三种周期，另外还有一些不规则的变化。

在 1967 年国际天文学联合会和国际大地测量学与地球物理学联合会共同召开的第 32 次讨论会上，建议平极的位置用国际纬度服务站 5 个台站的"1900～1905 年新系统"的平均纬度来确定。平极的这个位置相对于 1900～1905 年平均历元（1903.0）称为国际协议原点，简称 CIO。

1977 年中国极移协作小组利用 1949～1977 年期间的国内外 36 个台站的光学仪器的测纬资料，分别就地极的长期与周期分量进行分析研究后，确定了中国的地极原点，记为 JYD1968.0（历元平极）。

在 1979 年 4 月前的国际时间局（BIH）数据均相对于 1968 年 BIH 系统。此后，因加入了美国国防部测绘局（DMA）的多普勒极移成果而改用 1979 年 BIH 系统。随着观测技术和手段的发展，以及观测台站和数据的增加，国际极移服务机构（IPMS）所定期公布的瞬时地极坐标，严格地说，已不再是以原来所定义的 CIO 为极移原点。国际时间局所建立的 1979BIH 系统作为协议地面参照系以及所发布的瞬时地极坐标已加入了卫星多普勒及激光测月技术来求定极移，其地极原点与原有的 CIO 自然也不一致，1988 年后完全摒弃了天文光学观测成果，国际协议原点（CIO）作为历史上曾沿用过的名词已失去原有的意义。目前可以这样认为，由国际时间局所公布的瞬时地极坐标所相应的坐标原点即为 BIH 系统中的协议地极原点。

（3）起始天文子午线。

1884 年国际经度会议决定，以通过英国格林尼治天文台艾黎仪器中心的子午线作为全世界计算天文经度的起始天文子午线。起始天文子午线与赤道的交点 E 就是天文经度零点。

但是地极位置的变化势必引起起始子午线的变化。加之格林尼治天文台已于 1959 年搬迁至 75km 以外的赫斯特莫尼尤克斯，新的格林尼治天文台已经失去了它的特殊意义。

考虑到极移的影响和格林尼治天文台迁址，为使沿用成习的经度计算尽量不变，1968年国际时间局（BIH）决定，采用通过国际协议原点（CIO）和原格林尼治天文台的经线为起始子午线。起始子午线与相应于 CIO 的赤道的交点 E 为经度零点。这个系统称为"1968BIH"系统。

显然，起始子午线或经度零点只靠一个天文台是难以保持的。所以，国际时间局的1968BIH 系统是由分布在世界各地的许多天文台所观测的经度，反求出各自的经度原点，取它们的权中数，作为平均天文台所定义的经度原点。国际时间局再根据 1954～1956 年的观测资料求出格林尼治天文台所定义的经度零点 E 与平均天文台所定义的经度原点的经度差值，来修订各天文台的精度值，从而保持了用 E 点作为经度零点。

由于上述原因，国际时间局的 1968BIH 系统改为以平均天文台为准，习惯上仍称以"格林尼治平均天文台"为准。自然，这种称呼事实上已经和格林尼治没有直接的关系。

通过投影计算可以证明，虽然地极位置发生改变，起始子午线的定义发生了变化，导致了不同赤道上的经度零点发生变化，但这种变化是很小的，实际上仍然可以认为不变。中国采用 JYD1968.0 作为地极原点，其对应的经度零点和 1968BIH 系统的零点相比较差异很小，实际上可以认为是一样的。

起始天文子午线和起始大地子午线紧密相关，后者直接关系到大地坐标系的定义和不同系统的大地坐标换算。

（4）1980 年国家大地坐标系的建立。

1978 年 4 月，中国在西安召开了全国天文大地网整体平差会议，在会议上决定建立中国新的国家大地坐标系。有关部门根据会议纪要，开展并进行了多方面的工作，建成了1980 年国家大地坐标系（GDZ80）。

1980 年国家大地坐标系采用了全面的描述椭球性质的 4 个基本参数（a、GM、J_2、ω），这就同时反映了椭球的几何特性和物理特性。4 个参数的数值采用 1975 年国际大地测量与地球物理联合会第十六届大会的推荐值。

椭球长半径 $a = 6\ 378\ 140$m；

地球引力常数（含大气层）$GM = 3\ 986\ 005 \times 10^8\ \mathrm{m^3/s^2}$；

二阶带谐系数 $J_2 = 1082.63 \times 10^{-6}$；

地球自转角速度 $\omega = 7\ 292\ 115 \times 10^{-11}\ \mathrm{rad/s}$。

大地坐标系的原点设在中国中部陕西省泾阳县永乐镇，在西安以北 60km，简称西安原点。

1980 年国家大地坐标系的椭球定位，是按局部密合条件实现的。依据 1954 年北京坐标系大地水准面差距图，按 $1° \times 1°$ 间隔，在全国均匀选取 922 个点，列出高程弧度测量方程式，按 $\sum\limits_{1}^{922} \zeta^2 =$ 最小，求得椭球中心的位移 Δx_0、Δy_0、Δz_0，进而可以求出大地原点上的垂线偏差分量（η_k、ξ_k）和高程异常（ζ_k）。再由大地原点上测得的天文经纬度（λ_k、φ_k）和正常高（H_k）以及至另一点的天文方位角（α_k），即可算得大地原点上的大地经纬度（L_k、B_k）和大地高（h_k）以及至另一点的大地方位角（A_k），以此作为 1980 年国家大地坐标系的大地起算数据。

1980 年国家大地坐标系的椭球短轴平行于由地球质心指向中国地极原点 JYD1968.0 的

方向，起始大地子午面平行于中国起始天文子午面。

大地点高程以 1956 年青岛验潮站求出的黄海平均海水面为基准。

3. 1954 年新北京坐标系（BJZ54）

尽管 1980 年国家坐标系具有先进性和严密性，但 1954 年原北京坐标系毕竟在中国测绘工作中潜移默化，影响深远。40 年来，数十万个国家控制点都是在这个系统内完成计算的，一切测量工程和测绘成果均无例外地采用着这个系统。

为了既体现 1980 年国家大地坐标系的严密性，又照顾到 1954 年北京坐标系的实用性，有关部门想出一种两全齐美的办法，于是就产生了 1954 年新北京坐标系。

1954 年新北京坐标系的成果，就是将 1980 年国家大地坐标系的空间直角坐标经 3 个平移参数平移变换至克拉索夫斯基椭球中心，就成了新北京坐标系的成果。所以说，新北京坐标系的成果实际上就是从 1980 年国家大地坐标系整体平差成果转换而来的。

因此，1954 年新北京坐标系的成果既有整体平差成果的科学性，其坐标精度和 1980 年国家大地坐标系的坐标精度是一致的，改变了 1954 年原北京坐标系局部平差成果的局限性；同时，由于参考椭球又恢复成克拉索夫斯基椭球，使新北京坐标系内的坐标值与原北京坐标系内的坐标值相差很小。

据统计，新北京坐标系与原北京坐标系相比较，就控制点的平面直角坐标而言，纵坐标差值在 $-6.5 \sim +7.8$ m 之间，横坐标差值在 $-12.9 \sim +9.0$ m 之间，差值在 5m 以内者约占全国 80% 地区。这样的差异没有超过以往资用坐标与平差坐标差异的范围，反映在 1∶50 000 比例尺地形图上，绝大部分不超过 0.1mm。

1.3.2 地心坐标系

地心坐标系分为地心空间大地直角坐标系和地心大地坐标系等。地心空间大地直角坐标系又可分为地心空间大地平直角坐标系和地心空间大地瞬时直角坐标系。通常所说的地心坐标系是指地心空间大地平直角坐标系，简称地心直角坐标系。

1. 建立地心坐标系的意义和方法

地心坐标系中的"地心"二字意指地球的质心。在地心空间平直角坐标系中用 X_D、Y_D、Z_D 表示点的位置，地心大地坐标系中用 L_D、B_D、H_D 表示点的位置。

仅从地形图测绘来说，地心直角坐标系并不十分需要，因为参考椭球面已经和测区范围的大地水准面达到最佳切合，按参心坐标系测绘地形图还是方便的。但是就整个地球空间而言，参心坐标系就表现出不足，主要是以下三点：

（1）不适应建立全球统一坐标系的要求。

（2）不便于研究全球重力场。

（3）水平控制网和高程控制网分离，破坏了空间点三维坐标的完整性。

在上述这三个方面，地心坐标系就表现出明显的优势。因人造地球卫星围绕地球运转，其轨道平面随时通过地球质心，所以通过对卫星的跟踪观测来处理与观测站位置有关的问题时，就需要建立以地心为坐标原点、与地球相固连的三维空间直角坐标系统。

从理论上来讲，建立地心直角坐标系的方法很多，例如可以按重力方法建立，还可以按天文大地测量方法建立，但实际上又各有困难，难以完成，更严重的是椭球中心很难做到和地球质心重合。

建立地心坐标系的最理想方法是采用空间大地测量的方法。20 世纪 60 年代以来，随着空间技术的发展，美国、前苏联等利用卫星进行洲际联测，并综合天文、大地、重力测量等资料，开展了建立地心坐标系的工作。

2. 地心坐标系的表述形式

地心直角坐标系如图 1-2 所示，它的定义是：原点 O 与地球质心重合；Z 轴指向国际协议原点 CIO，X 轴指向 1968BIH 定义的格林尼治平均天文台的起始子午线与 CIO 赤道交点 E，Y 轴垂直于 XOZ 平面，构成右手坐标系。

地面点 D 的位置用 X_D、Y_D、Z_D 三个坐标量来表示（图 1-2）。

地心大地坐标系如图 1-3 所示，它的定义是：地球椭球的中心与地球质心重合，椭球的短轴与地球自转轴重合，大地纬度 B 为过地面点的椭球法线与椭球赤道面的夹角，大地经度 L 为过地面点的椭球子午面与 BIH 定义的起始子午面之间的夹角，大地高 H 为地面点沿椭球面法线至椭球面的距离。

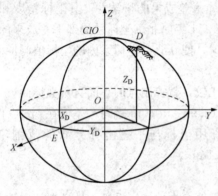

图 1-2　地心直角坐标系

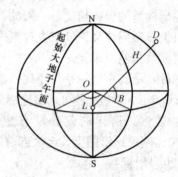

图 1-3　地心大地坐标系

3. WGS-84 大地坐标系

自 20 世纪 60 年代以来，美国国防部制图局（DMA）为建立全球统一坐标系统，利用了大量的卫星观测资料以及全球地面天文、大地和重力测量资料，先后建成了 WGS-60、WGS-66 和 WGS-72 全球坐标系统。于 1984 年，经过多年修正和完善，发展了一种新的更为精确的世界大地坐标系，称之为美国国防部 1984 年世界大地坐标系，简称 WGS-84（图 1-4）。WGS-84 于 1985 年开始使用，1986 年生产出第一批相对于地心坐标系的地图、航测图和大地成果。由于 GPS 导航定位全面采用了 WGS-84，用户可以获得更高精度的地心坐标，也可以通过转换获得较高精度的参心大地坐标系坐标。

WGS-84 椭球采用国际大地测量与地球物理联合会第 17 届大会大地测量常数推荐值，采用的 4 个基本参数如下：

椭球长半径 $a = 6\,378\,137$ m；

地球引力常数（含大气层）$GM = 3\,986\,005 \times 10^8 \text{m}^3/\text{s}^2$；

正常化二阶带球谐系数 $\bar{C}_{2.0} = -484.166\,85 \times 10^{-6}$；

地球自转角速度 $\omega = 7\,292\,115 \times 10^{-11} \text{rad/s}$。

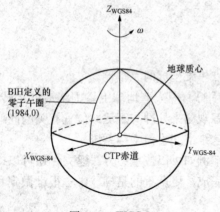

图 1-4　WGS-84

4. 2000 国家大地坐标系（CGCS2000）

建国以来，我国于 20 世纪 50 年代和 80 年代分别建立了 1954 年北京坐标系和 1980 年国家大地坐标系，测制了各种比例尺地形图，在国民经济、社会发展和科学研究中发挥了重要作用，限于当时的技术条件，中国大地坐标系基本上是依赖于传统技术手段实现的。随着社会的进步，国民经济建设、国防建设和社会发展、科学研究等对国家大地坐标系提出了新的要求，迫切需要采用原点位于地球质量中心的坐标系统（以下简称地心坐标系）作为国家大地坐标系。采用地心坐标系，有利于采用现代空间技术对坐标系进行维护和快速更新，测定高精度大地控制点三维坐标，并提高测图工作效率。

2008 年 3 月，由国土资源部正式上报国务院《关于中国采用 2000 国家大地坐标系的请示》，并于 2008 年 4 月获得国务院批准。自 2008 年 7 月 1 日起，我国全面启用 2000 国家大地坐标系，国家测绘局受权组织实施。

（1）采用 2000 国家大地坐标系的必要性。现行的大地坐标系由于其成果受技术条件制约、精度偏低、无法满足新技术的要求。空间技术的发展成熟与广泛应用迫切要求国家提供高精度、地心、动态、实用、统一的大地坐标系作为各项社会经济活动的基础性保障。从目前技术和应用方面来看，现行坐标系具有一定的局限性，已不适应发展的需要，主要表现在以下几点：

①二维坐标系统。1980 年国家大地坐标系是经典大地测量成果的归算及其应用，它的表现形式为平面的二维坐标。用现行坐标系只能提供点位平面坐标，而且表示两点之间的距离精确度也比用现代手段测得的低 10 倍左右。高精度、三维与低精度、二维之间的矛盾是无法协调的。比如将卫星导航技术获得的高精度的点的三维坐标表示在现有地图上，不仅会造成点位信息的损失（三维空间信息只表示为二维平面位置），同时也将造成精度上的损失。

②参考椭球参数。随着科学技术的发展，国际上对参考椭球的参数已进行了多次更新和改善。1980 年国家大地坐标系所采用的 IAG1975 椭球，其长半轴要比现在国际公认的 WGS-84 椭球长半轴的值大 3m 左右，而这可能引起地表长度误差达 10 倍左右。

③随着经济建设的发展和科技的进步，维持非地心坐标系下的实际点位坐标不变的难度加大，维持非地心坐标系的技术也逐步被新技术所取代。

④椭球短半轴指向。1980 年国家大地坐标系采用指向 JYD1968.0 地极原点，与国际上通用的地面坐标系如 ITRS，或与 GPS 定位中采用的 WGS-84 等椭球短轴的指向（BIH1984.0）不同。

天文大地控制网是现行坐标系的具体实现，也是国家大地基准服务于用户最根本、最实际的途径。面对空间技术、信息技术及其应用技术的迅猛发展和广泛普及，在创建数字地球、数字中国的过程中，需要一个以全球参考基准框架为背景的、全国统一的、协调一致的坐标系统来处理国家、区域、海洋与全球化的资源、环境、社会和信息等问题。单纯采用目前参心、二维、低精度、静态的大地坐标系统和相应的基础设施作为我国现行应用的测绘基准，必然会带来愈来愈多不协调问题，产生众多矛盾，制约高新技术的应用。

（2）采用 2000 国家大地坐标系的意义。

①采用 2000 国家大地坐标系具有科学意义，随着经济发展和社会的进步，我国航天、海洋、地震、气象、水利、建设、规划、地质调查、国土资源管理等领域的科学研究需要一个以全球参考基准为背景的、全国统一的、协调一致的坐标系统，来处理国家、区域、海洋

与全球化的资源、环境、社会和信息等问题，需要采用定义更加科学、原点位于地球质量中心的三维国家大地坐标系。

②采用 2000 国家大地坐标系可对国民经济建设、社会发展产生巨大的社会效益。采用 2000 国家大地坐标系，有利于应用于防灾减灾、公共应急与预警系统的建设和维护。

③采用 2000 国家大地坐标系将进一步促进遥感技术在我国的广泛应用，发挥其在资源和生态环境动态监测方面的作用。比如汶川大地震发生后，以国内外遥感卫星等科学手段为抗震救灾分析及救援提供了大量的基础信息，显示出科技抗震救灾的威力，而这些遥感卫星资料都是基于地心坐标系。

④ 采用 2000 国家大地坐标系也是保障交通运输、航海等安全的需要。车载、船载实时定位获取的精确的三维坐标，能够准确地反映其精确地理位置，配以导航地图，可以实时确定位置、选择最佳路径、避让障碍，保障交通安全。随着我国航空运营能力的不断提高和港口吞吐量的迅速增加，采用 2000 国家大地坐标系可保障航空和航海的安全。

⑤ 卫星导航技术与通信、遥感和电子消费产品不断融合，将会创造出更多新产品和新服务，市场前景更为看好。现已有相当一批企业介入到相关制造及运营服务业，并可望在近期形成较大规模的新兴高技术产业。卫星导航系统与 GIS 的结合使得计算机信息为基础的智能导航技术，如车载 GPS 导航系统和移动目标定位系统应运而生。移动手持设备如移动电话和 PDA 已经有了非常广泛的使用。

（3）2000 国家大地坐标系的定义与基本参数。国家大地坐标系的定义包括坐标系的原点、三个坐标轴的指向、尺度以及 4 个基本参数的定义。2000 国家大地坐标系的原点为包括海洋和大气的整个地球的质量中心；2000 国家大地坐标系的 Z 轴由原点指向历元 2000.0 的地球参考极的方向，该历元的指向由国际时间局（BIH）给定的历元为 1984.0 的初始指向推算，定向的时间演化保证相对于地壳不产生残余的全球旋转，X 轴由原点指向格林尼治参考子午线与地球赤道面（历元 2000.0）的交点，Y 轴与 Z 轴、X 轴构成右手坐标系。采用广义相对论意义上的尺度。2000 国家大地坐标系采用的地球椭球参数的数值为：

长半轴　$a = 6\ 378\ 137\text{m}$；

扁率　$f = 1/298.257\ 222\ 101$；

地心引力常数　$GM = 3.986\ 004\ 418 \times 10^{14}\,\text{m}^3 \cdot \text{s}^{-2}$；

自转角速度　$\omega = 7.292\ 115 \times 10^{-5}\,\text{rad} \cdot \text{s}^{-1}$。

1.4　控制测量的发展现状与展望

1. 空间测量新技术为控制测量的发展提供了动力，有力地促进了控制测量的发展

以美国全球卫星定位系统（GPS）为代表的空间测量新技术极大地促进了控制测量的发展。1973 年 12 月，为了满足全球战略需要，美国国防部组织陆海空三军十多个单位共同组成联合计划局。共同研制了 Navigation Satellite Timing and Ranging/Global Positioning System（缩写成 NAVSTAR/GPS），即导航卫星测时和测距/全球定位系统，简称 GPS 定位系统。

自 1974 年以来，GPS 计划经历了方案论证（1974～1978 年）、系统论证（1979～1987 年）及生产实验（1988～1993 年）三个阶段。1978 年 2 月 22 日，第一颗 GPS 实验卫星发射成功。论证阶段共发射 11 颗 BLOCK Ⅰ 实验卫星；11 年后，即 1989 年 2 月 14 日发射第

一颗工作卫星。到 1994 年 4 月为止共发射 35 颗 GPS 卫星。到 1995 年 4 月 27 日美国国防部宣布"GPS 已具备全部运作能力"。

在 1988~1994 年间建成的全球定位系统（GPS），包括 21 颗工作卫星和 3 颗在轨备用卫星，它们所组成的 GPS 卫星均匀分布在 6 个轨道平面内，每个轨道平面内有 4 颗卫星运行，卫星距地面的平均高度为 20 200km。全球卫星定位系统（GPS）具有选点灵活、精度高、操作简便和全天候作业等特点。

由于卫星定位系统的优越性，世界许多国家和组织也在发展自己的定位系统，苏联于 1982 年开始，逐步建立了 GLONASS 全球卫星导航系统。该系统计划在 1995 年前建成由 21+3 颗卫星组成的 GLONASS 工作卫星星座，其中 21 颗卫星为工作卫星，3 颗为在轨备用卫星，它们均匀分布在 3 个轨道平面内。该系统曾于 1996 年 1 月 18 日实现了 24 星的满星座运行。但后来某些卫星撤出服务，目前大约有 15 颗星在正常运行。

NAVSAT 卫星导航系统是由欧洲空间局筹建的一种多用途定位系统，它和主要用于军事目的 GPS 系统和 GLONASS 系统不同，正因为如此，它的卫星结构和接收机的操作均较为简单。该系统由地球同步轨道卫星和高椭圆轨道卫星组成混合卫星星座。在地球同步轨道上有 6 颗同步卫星，这 6 颗卫星应全部覆盖北半球，在高椭圆轨道上的 12 颗卫星则扩大到对全球的覆盖。

欧盟在 1999 年 2 月首次提出"伽利略"计划。该计划分成四个阶段，即论证阶段、系统研制和在轨确认阶段、星座布设阶段及运营阶段。建成后的伽利略全球卫星导航系统，卫星星座将由 30 颗卫星（27 颗工作卫星和 3 颗备用卫星）组成，卫星采用中等地球轨道，均匀分布在高度约为 23 616km 的 3 个中高度圆轨道面上。

北斗卫星导航系统是中国自行研制开发的区域性有源三维卫星定位与通信系统（CNSS），该系统致力于向全球用户提供高质量的定位、导航和授时服务，其建设与发展则遵循开放性、自主性、兼容性、渐进性这四项原则。

2000 年以来，我国已成功发射了 8 颗"北斗导航试验卫星"，建成北斗导航试验系统（第一代系统）。这个系统具备在中国及其周边地区范围内的定位、授时、报文和 GPS 广域差分功能，并已在测绘、电信、水利、交通运输、渔业、勘探、森林防火和国家安全等诸多领域逐步发挥重要作用。

我国正在建设的北斗卫星导航系统空间段由 5 颗静止轨道卫星和 30 颗非静止轨道卫星组成，提供两种服务方式，即开放服务和授权服务（属于第二代系统）。开放服务是在服务区免费提供定位、测速和授时服务，定位精度为 10m，授时精度为 50ns，测速精度 0.2m/s。授权服务是向授权用户提供更安全的定位、测速、授时和通信服务以及系统完好性信息。

激光测卫 SLR 是目前精度最高的绝对定位技术。最初把反射镜安置在卫星上，在地面点上安置激光测距仪，对卫星测距，此称为地基；如果反过来，把激光测距仪安置在卫星上，地面上安置反射镜，组成空基激光测地系统。显然空基系统比起地基系统更有优越性，更进一步，还可发展成为卫星对卫星的在轨卫星之间激光测距。

甚长基线干涉测量 VLBI 是在相距几千公里甚长基线的两端，用射电望远镜同时收测来自某一河外射电源的射电信号，根据干涉原理，直接测定基线长度和方向的一种空间测量技术。长基线的测定精度达 $10^{-8} \sim 10^{-9}$。

惯性测量系统 INS 是根据惯性力学原理制成的一种全自动精密测量装置。它从一个已知点向另一待定点运动，测出该运动装置的加速度，并沿三个正交坐标轴方向进行积分，从而求出三个坐标增量，自动提供地面点的三维坐标、重力异常和垂线偏差。国外已将此系统推广应用到工程测量、地籍测量和石油地质勘探中。若在硬件上进一步改进，特别是同CPS结合在一起，将会成为一种非常有用的快速测量技术。

2. 控制测量仪器向系统化、数字化、智能化和集成化的方向发展

随着计算机技术、微电子技术、激光技术及空间技术等新技术的发展，传统的测绘仪器体系正在发生根本性的变化。20世纪80年代以来出现了许多先进的光电子大地测量仪器，如红外测距仪、电子经纬仪、全站仪、电子水准仪、激光扫平仪、GPS接收机等，现在则是单功能传统产品发展为多功能高效率光、机、电、算一体化产品及数字化测绘技术体系，为测量工作向自动化、智能化等现代化方向发展创造了良好的条件。

1968年世界上第一台全站仪诞生，全站仪的诞生必将完全取代光学经纬仪和红外测距仪，而成为地面控制测量的常规仪器，在工程测量、城市测量和施工测量中也发挥着重要作用。全站仪也在不断地发展和完善中，由过去的积木型到整体型，再到全新的电脑型全站仪——测量机器人。全站仪的功能越来越强大，使用范围也日益广泛。

主要的高程测量仪器——水准仪，由普通光学水准仪向电子数字式水准仪发展。纵观水准仪的发展过程，大体上可以分为四个阶段：第一阶段，出现了带有平行玻璃板测微器的水准仪；第二阶段，出现了自动安平水准仪；第三阶段，以进一步提高作业效率、减轻劳动强度为目的，出现了以Ni002为代表的，适合"摩托化"作业的高精度自动安平水准仪；第四阶段，电子水准仪阶段，电子水准仪的出现实现了水准测量的数字化和操作上的自动化，在国家高程基准建立及国家水准测量、工程测量及变形监测等方面得到了广泛应用。

专用的工程测量仪器应运而生。这类仪器往往带有激光，所以很多厂商把它们叫做激光仪器，包括激光扫平仪、激光垂准仪、激光经纬仪、三维激光扫描仪等，主要应用于建筑和结构上的准直、水平、铅垂以及建立三维立体模型等测量工作，使用很方便。

综上所述，现代测绘仪器应该适应和有利于属性数据的采集、储存、管理、分发和利用。也就是说，现在测绘仪器产生的地理空间定位数据应能方便地纳入GIS的范畴。可以与属性数据集成并由计算机进行处理。因此，现代测绘仪器至少应具有如下新的功能：

（1）数字化。数字化是指仪器应能输出可以由计算机进一步处理、传送、通信的数字表示的地理数据，仪器应具备通信接口，这是测绘仪器实现内外业一体化的基础。

（2）实时化。现代测绘仪器具有实时处理的功能，一方面实时计算并判断测绘质量，另一方面可以在现场按设计图样实施施工放样和有关计算、显示及修改等功能。

（3）集成化。随着测绘高技术的发展，传统的测绘分工被打破，各种测量互相渗透，要求测绘仪器在硬件上集成多种功能，软件上则要更具有开放性，使各种仪器采集的数据可以通信和共享。

3. 工程控制网优化设计理论在实践中得到广泛应用

工程测量控制网优化设计是在近代测量平差的理论基础上发展起来的，但由于受当时技术条件和计算能力的限制，优化设计理论和应用没有得到进一步的发展。自20世纪70年代起，由于电子计算机在测量中的广泛应用和最优化理论在测量领域的研究，工程测量控制网的优化设计得到了迅速发展。其研究的主要内容有：控制网基准设计、图形设计、权的设计和旧网改造及加密设计等。控制网的设计目标是指控制网应达到的质量标准。它是设计的依

据和目的，同时又是评定网的质量的指标。质量标准包括精度标准、可靠性标准、费用标准及灵敏度标准等，这些都是控制网优化设计应该考虑的问题。在具体的优化设计方法上，主要有解析法和模拟法。解析法是通过建立优化设计问题的模型，选择恰当的寻优算法，求出问题的严格最优解；模拟法优化设计是借助测量工作者的实践经验和专业知识，借助一定的计算工具，进行多次模拟，得到理想的结果，但不一定是最优解。在研究范围上，除一维（水准）网的优化设计外，还研究二维网、三维网，其中包括地面网及空间网的优化设计问题。现在的控制网数据处理软件包，一般既能做控制网平差计算，也能进行控制网的优化设计。

习　　题

1. 控制测量的任务和作用分别是什么？
2. 控制测量的内容主要有哪些？
3. 什么是大地水准面？什么是参考椭球面？
4. 控制测量常用的坐标系有哪些？
5. 建立参心坐标系需要解决哪些问题？
6. 简述 2000 国家大地坐标系的定义。
7. 简述控制测量的发展趋势。

第 2 章　平面控制网布设

2.1　平面控制网的布设形式

控制测量的主要任务就是建立各种高精度测量控制网，用于精确测定地面点的位置，为后续的测量工作提供基础保障。随着测绘技术的不断发展，控制网的布设形式也在发生变化，正在由常规平面控制网布设形式向以现代测量新技术为代表的新一代布网形式过渡。

2.1.1　常规平面控制网布设形式

1. 三角网

在地面上，按一定的要求选定一系列点（三角点）1，2，3，…，以最基本的三角形的形式将各点连接起来，即构成了三角网。在三角网中，精确观测所有三角形的内角（方向值），至少测定三角网中一条边的长度和方位角，并将边长和角度（方向值）化算至某一投影面，利用三角网的起算数据，计算出其他选定点位（三角点）的坐标，这种测量方法称为三角测量。采用三角形作为三角网的基本图形，是因为三角形结构简单、图形强度高，有足够的几何检核条件，计算方便。在 17 世纪初，1615 年荷兰人斯涅耳（W. Snell）首创三角测量法，结束了粗略而艰难的实地距离丈量的历史，提高了测量精度和作业效率，大大推进了大地测量、控制测量的发展。在电磁波测距仪、全站仪和 GPS 卫星定位系统出现以前，三角测量是建立平面控制网的主要方法。在 20 世纪中叶以前，世界上主要国家的天文大地网基本上都采用三角测量的方法施测，我国在 1984 年完成平差的国家天文大地网主要的测量方法也是三角测量。但三角网由于需多方向通视，并常常需要建造觇标，且耗时、费力、成本较高，现在已基本不采用。

（1）起算数据与推算元素。为了得到所有三角点的坐标，必须已知三角网中某一点的起算坐标（x_1,y_1），某一起算边长 $s_{1,2}$ 和某一边的坐标方位角 $\alpha_{1,2}$，我们把它们统称为三角测量的起算数据（或元素）。在三角点上观测的水平角（或方向）是三角测量的观测元素。由起算元素和观测元素的平差值推算出的三角形边长、坐标方位角和三角点的坐标统称为三角测量的推算元素。

（2）起算数据获取。

① 起算边长。当测区内有国家三角网（或其他单位施测的三角网）时，若其精度满足工程测量的要求，则可利用国家三角网边长作为起算边长。若已有网边长精度不能满足工程测量的要求（或无已知边长可利用）时，则可采用电磁波测距仪直接测量三角网某一边或某些边的边长作为起算边长。

② 起算坐标。当测区内有国家三角网（或其他单位施测的三角网）时，则由已有的三角网传递坐标。若测区附近无三角网成果可利用，则可在一个三角点上用天文测量方法测定其经纬度，再换算成高斯平面直角坐标，作为起算坐标。保密工程或小测区也可采用假设坐标系统。

③ 起算方位角。当测区附近有控制网时，则可由已有网传递方位角。若无已有成果可利用时，可用天文测量方法测定三角网某一边的天文方位角，再把它换算为起算方位角。在特殊情况下也可用陀螺经纬仪测定起算方位角。

（3）待定点坐标计算。若已知点 1 的平面坐标（x_1, y_1），点 1 至点 2 的平面边长 $s_{1,2}$，坐标方位角 $\alpha_{1,2}$，便可用正弦定理依次推算出所有三角网的边长、各边的坐标方位角和各点的平面坐标。这就是三角测量的基本原理和方法。

以图 2-1 为例，待定点 3 的坐标可按下式计算。

$$s_{1,3} = s_{1,2}\frac{\sin B}{\sin C} \tag{2-1}$$

$$\alpha_{1,3} = \alpha_{1,2} + A \tag{2-2}$$

$$\left.\begin{array}{l}\Delta x_{1,3} = s_{1,3}\cos\alpha_{1,3} \\ \Delta y_{1,3} = s_{1,3}\sin\alpha_{1,3}\end{array}\right\} \tag{2-3}$$

2. 导线网

导线测量除用于建立国家基本平面控制外，也用于工程建设的平面控制、城市建设的平面控制和地形测图的平面控制等方面。导线测量系测定边长和转折角来逐步建立控制点，这些控制点称为导线点。相互连接的导线点则构成导线。导线就是由若干条直线连成的折线，每条直线叫做导线边。通过观测相邻两直线之间的水平角（转折角）和导线边的边长，即可根据已知方向和已知坐标计算出各导线点的坐标。

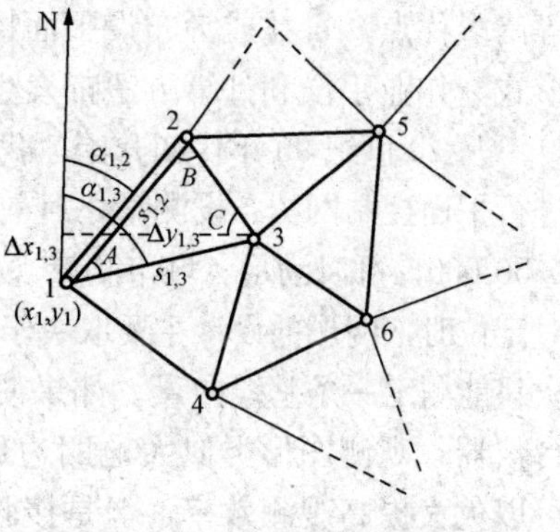

图 2-1 待定点坐标计算

按照不同的情况和要求，导线可以布置成单一导线和导线网。单一导线又分为附合导线、闭合导线和支导线等形式，几条单一导线通过一个或几个结点连接成网状就称为导线网。图 2-2 所示为一个结点组成的导线网，图 2-3 所示为两个结点组成的导线网。

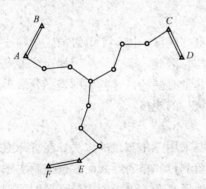

图 2-2 一个结点组成的导线网

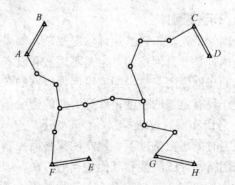

图 2-3 两个结点组成的导线网

导线测量与其他控制测量方式相比主要具有选点灵活的优点。导线网中的各点，除结点外只有两个观测方向，方向数较少，易于解决控制点之间的通视问题。相对三角网而言，导线网的网形条件要求较低，便于跨越地形、地物障碍，特别适合平坦而隐蔽的地区以及城市和建筑区。但导线测量也存在一些缺点：单一导线呈单线布设，控制面积较小；边长测定工作较为繁重；多余观测较少，可靠性较低。

3. 边角网

简单地说，边角网是指既测边又测角的平面控制网，这里所说的边角网专指以三角形为基本图形进行布设和观测的平面控制网，实际上导线网可以看做是边角网的特殊情况。

在电磁波测距仪发明以前，由于距离测量困难，人们主要用三角测量的方法进行控制测量。随着电磁波测距仪、全站仪的相继出现，距离测量已变得十分快捷和简单，因此边角网逐渐得到了广泛应用。在边角网里，角度（方向）测量的方法与三角测量完全一样，距离测量由电磁波测距仪或全站仪完成。网中所有边长都观测的边角网称为完全边角网；网中观测部分边长的边角网称为不完全边角网。

2.1.2 GPS平面控制网布设形式

全球定位系统（GPS）作为现代测量技术的代表，可为各类用户提供精密的三维坐标。该系统的出现对控制测量的发展影响深远，因其具有操作简便、选点灵活、精度高、全天候等诸多优点，日益成为布设平面控制网的首选。全球定位系统（GPS）的出现，使常规布网形式、作业手段和计算方法都发生了根本性的变革。

从20世纪90年代初开始，我国许多测绘单位和工程测量单位引进和运用GPS定位技术进行平面控制网的布设测量。目前GPS相对定位精度在几十公里范围内可达到1/1000 000～1/50 000，可以满足《城市测量规范》对城市二、三、四等网的精度要求。当采用GPS进行相对定位时，网形的设计主要取决于接收机的数量和作业方式。使用两台仪器进行相对定位，一次只能测定一条基线向量。如果使用三台仪器，基本图形为三角形，观测基线三条。使用四台仪器，观测图形类似大地四边形，观测基线六条。因此，使用3～5台接收机同步观测，可以大大提高观测效率，但是接收机数量太多势必会加大作业调度的难度。

GPS平面控制网的布设形式大致上可以分为点连式、边连式和混连式三类。关于GPS控制网布设的主要内容放在本书第11章中详细论述。

2.2 国家平面控制网的布设原则和布设方案

2.2.1 布设原则

我国幅员辽阔，自然地理状况复杂，如果按照最高精度，以一个等级的三角网或导线网布满全国，是非常困难的，也是不现实和没有必要的。因此，通过全面规划、统筹安排，制定具体的布网原则，指导国家平面控制网的布设是非常必要的。这些原则是：分级布网，逐级控制；具有足够的精度；保证必要的密度；应有统一的规格。

1. 分级布网、逐级控制

在当时的历史条件下，建立国家平面控制网主要采用三角测量的方法，在特殊困难地区也可采用精密导线测量和其他适当的方法。国家三角测量和精密导线测量按控制次序和施测精度分为一、二、三、四等。由于我国领土辽阔，地形复杂，不可能用最高精度和较大密度的控制网一次布满全国。因此，先以精度高而稀疏的一等三角锁尽可能沿经纬线方向纵横交叉地迅速布满全国，迅速形成统一的骨干大地控制网，然后在一等三角锁环内逐级布设二、三、四等控制网，以保障国家经济建设和国防建设用图的需要。

2. 具有足够的精度

控制网的精度应根据需要和可能来确定。一等控制网为国家精密骨干网，其主要作用是，控制二等以下大地点的加密和为研究地球形状、大小提供资料。一等三角锁着重考虑精度问题而不是密度问题。二等三角网是加密三、四等三角点的基础，与一等三角锁同属于国家高级网。三、四等三角点、导线点可采用插网法或插点法布设，其精度应满足控制 1∶2000 比例尺地形测图的要求。不同比例尺测图对图根点和大地点的精度要求见表 2-1。

表 2-1 不同比例尺测图对图根点和大地点的精度要求

测图比例尺	1∶50 000	1∶25 000	1∶10 000	1∶5000	1∶2000
图根点相对于大地点的点位中误差/m	±5.0	±2.5	±1.0	±0.5	±0.2
相邻大地点的点位中误差/m	±1.7	±0.83	±0.33	±0.17	±0.07

3. 应有足够的密度

控制点的密度，主要根据测图方法及测图比例尺的大小而定。比如，用航测方法成图时，其密度要求的经验数值见表 2-2，表中的数据主要是根据经验得出的。

表 2-2 各种比例尺航测成图时对平面控制点的密度要求

测图比例尺	每幅图要求点数	每个三角点控制面积/km²	三角网平均边长/km	等级
1∶50 000	3	约150	13	二等
1∶25 000	2~3	约50	8	三等
1∶10 000	1	约20	2~6	四等

由于控制网的边长与点的密度有关，所以在布设控制网时，对点的密度要求是通过规定控制网的边长而体现出来的。对于三角网而言，边长 s 与点的密度（每个点的控制面积）Q 之间的近似关系为 $s = 1.07\sqrt{Q}$，将表 2-2 中的数据代入此式得出

$$s = 1.07\sqrt{150} \approx 13\text{km}$$
$$s = 1.07\sqrt{50} \approx 8\text{km}$$
$$s = 1.07\sqrt{20} \approx 5\text{km}$$

因此，国家规范中规定，国家二、三等三角网的平均边长分别为 13km 和 8km。

4. 应有统一的规格

由于我国三角锁网的规模巨大，必须有大量的测量单位和作业人员分区同时进行作业，为此必须由国家制定统一的大地测量法式和作业规范，作为建立全国统一技术规格的控制网的依据。

2.2.2 布设方案

1. 一等三角锁布设方案

一等三角锁是国家大地控制网的骨干，其主要作用是控制二等以下各级三角测量，并为地球科学研究提供资料。

一等三角锁尽可能沿经纬线方向布设成纵横交叉的网状图形，如图 2-4 所示。在一等锁交叉处设置起算边，以获得精确的起算边长，并可控制锁中边长误差的积累，起算边长度测定的相对中误差 $m_b/b < 1∶350\ 000$。多数起算边的长度是采用基线测量的方法求得的。随着电磁波测距技术的发展，后来少数起算边的测定已为电磁波测距法所代替。

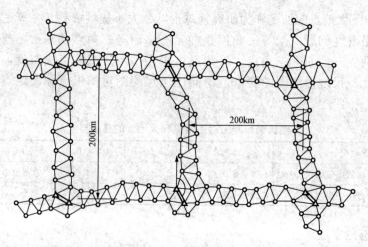

图 2-4　一等三角锁

一等三角锁在起算边两端点上精密测定了天文经纬度和天文方位角，作为起算方位角，用来控制锁、网中方位角误差的积累。一等天文点测定的精度是：纬度测定中误差 $m_\varphi \leqslant \pm 0.3''$，经度测定的中误差 $m_\lambda < \pm 0.02''$，天文方位角测定的中误差 $m_\alpha < \pm 0.5''$。

一等三角锁两起算边之间的锁段长度一般为 200km 左右，锁段内的三角形个数一般为 16~17 个。角度观测的精度，按一锁段三角形闭合差计算所得的测角中误差应小于 $\pm 0.7''$。

一等三角锁一般采用单三角锁。根据地形条件，也可组成大地四边形或中点多边形，但对于不能显著提高精度的长对角线应尽量避免。一等三角锁的平均边长，山区一般约为 25km，平原区一般约为 20km。

2. 二等三角锁、网布设方案

二等三角网是在一等锁控制下布设的，它是国家三角网的全面基础，同时又是地形测图的基本控制。因此，必须兼顾精度和密度两个方面的要求。

20 世纪 60 年代以前，我国二等三角网曾采用二等基本锁和二等补充网的布置方案，即在一等锁环内，先布设沿经纬线纵横交叉的二等基本锁（图 2-5），将一等锁环分为大致相等的 4 个区域。二等基本锁平均边长为 15~20km；按三角形闭合差计算所得的测角中误差小于 $\pm 1.2''$。另在二等基本锁交叉处测量基线，精度为 1：200 000。

在一等三角锁和二等基本锁控制下，布设平均边长约为 13km 的二等补充网。按三角形闭合差计算所得的测角中误差小于 $\pm 2.5''$。

20 世纪 60 年代以来，二等网以全面三角网的形式布设在一等锁环内，四周与一等锁衔接，如图 2-6 所示。

为了控制边长和角度误差的积累，以保证二等网的精度，在二等网中央处测定了起算边及其两端点的天文经纬度和方位角，测定的精度与一等点相同。当一等锁环过大时，还在二等网的适当位置酌情加测了起算边。

二等网的平均边长为 13km，由三角形闭合差计算所得的测角中误差小于 $\pm 1.0''$。

由二等锁和旧二等网的主要技术指标可见，这种网的精度远较二等全面网低。

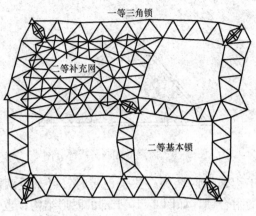

一等三角锁
二等补充网
二等基本锁

图 2-5 一等三角锁

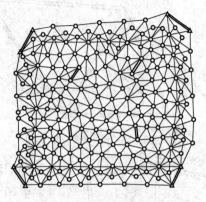

图 2-6 一等三角锁网

3. 三、四等三角网布设方案

三、四等三角网是在一、二等网控制下布设的，是为了加密控制点，以满足测图和工程建设的需要。三、四等点以高等级三角点为基础，尽可能采用插网方法布设，但也采用了插点方法布设，或越级布网，即在二等网内直接插入四等全面网，而不经过三等网的加密。

三等网的平均边长为 8km，四等网的边长在 2～6km 范围内变通。由三角形闭合差计算所得的测角中误差，三等为 ±1.8″，四等为 ±2.5″。

三、四等插网的图形结构如图 2-7 所示，图 2-7（a）中的三、四等插网边长较长，与高级网接边的图形大部分为直接相接，适用于测图比例尺较小，要求用于控制点密度不大的情况。图 2-7（b）中的三、四等插网，边长较短，低级网只附合于高级点而不直接与高级边相接，适用于大比例尺测图，要求用于控制点密度较大的情况。

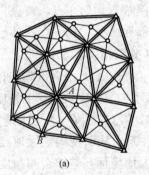

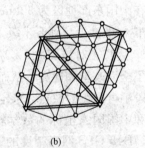

(a)   (b)

图 2-7 三、四等插网的图形结构
（a）边长较长的三、四等插网；（b）边长较短的三、四等插网

三、四等三角点也可采用插点的形式加密，其图形结构如图 2-8 所示。其中，插入 A 点的图形叫做三角形内插一点的典型图形；插入 B、C 两点的图形叫做三角形内外各插一点的典型图形。插点的典型图形很多，这里不一一介绍。

用插点方法加密三角点时，每一插点至少应由三个方向测定，且各方向均双向观测。同时要注意待定点的点位，因为点位对精度影响很大。规定插点点位在高级三角形内切圆心的附近，不得位于以三角形各顶点为圆心，角顶至内切圆心距离一半为半径所作圆的圆弧范围之内（图 2-9 的斜线部分）。

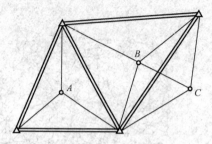

图 2-8　插点形式网

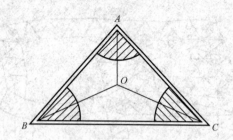

图 2-9　插点形式网斜线部分网

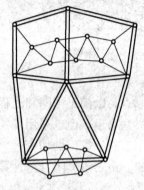

图 2-10　附合锁网形

当测图区域或工程建设区域为一狭长地带时，可布设两端符合在高级网短边上的附合锁，如图 2-10 上部的图形结构；也可沿高级网的某一边布设线形锁，如图 2-10 下部的图形结构。

国家规范中规定采用插网法（或插点法）布设三、四等网时，因故未联测的相邻点间的距离（例如图 2-8 中的 AB 边），三等应大于 5km，四等应大于 2km，否则必须联测。因为不联测的边，当其边长较短时边长相对中误差较大，给进一步加密造成了困难。为克服上述缺点，当 AB 边小于上述限值时必须联测。

4. 利用 GPS 布设国家平面控制网

根据《全球定位系统（GPS）测量规范》的规定，GPS 控制网被分位 AA、A、B、C、D、E 六个级别，其中国家 A、B 级 GPS 控制网是中国现代大地测量和基础测绘的基本框架。建成后的国家 A 级网由 27 个主点和 6 个副点组成，它们均匀分布全国，平均点距 650km。作为中国高精度坐标框架的补充以及为满足国家建设的需要，在国家 A 级网的基础上建立了国家 B 级网。全网基本均匀布点，覆盖全国，共布测 818 个点左右。平均边长在中国东部地区为 50km，中部地区为 100km，西部地区为 150km。平差后的 A 级网，其点位精度已提高到厘米级，边长相对精度达 3×10^{-9}。平差后的 B 级网，其点位精度达 $\pm 0.1m$，边长相对精度达 3×10^{-8}。国家 A、B 级网以其特有的高精度把中国传统天文大地网进行了全面改善和提高，从而克服了传统天文大地网的精度不均匀、系统误差较大等传统测量手段不可避免的缺点。求定 A、B 级 GPS 网与天文大地网之间的转换参数，建立地心参考框架和中国国家坐标的数学转换关系，从而使国家大地点的应用领域更为广阔。特别是利用 A、B 级 GPS 网高精度的三维大地坐标，并结合高精度水准测量成果，可以大大提高确定中国大地水准面的精度。

2.3　工程平面控制网的布设原则和方案

工程平面控制网与国家平面控制网的布设原则和方案类似。由于工程平面控制网控制的范围较小，用途各异，工程平面控制网的布设有其自身特点。

2.3.1　布设原则

1. 分级布设、逐级控制

对工程建设勘测规划设计阶段的测图控制网来说，通常先布设精度要求较高的首级控制网，然后根据测图的具体需要，再布设加密的低精度（图根）控制网；对于施工控制网，往往分两级布设，第一级为总体控制，第二级直接为建筑物施工放样而布设，第二级的精度有可能高于第一级的精度；对于大型工程项目的变形监测来说，一般分为三级布设，第一级为基准点控制网，第二级为工作基点控制网，第三级为监测网。

2. 要有足够的精度

以测图控制网为例，一般要求最低一级控制网（四等网）的点位中误差能满足大比例尺 1：500 的测图要求。按图上 0.1mm 的绘制精度计算，这相当于地面上的点位精度为 $0.1 \times 500 = 5cm$。对于国家控制网而言，尽管观测精度很高，但由于边长比测图控制网长得多，待定点与起始点相距较远，因而点位中误差远大于测图控制网。

3. 要有足够的密度

工程控制网一般都要求测区内有足够多的控制点，以方便工程建设的需要。控制网点的密度通常用点与点之间的平均边长来表示。对比《工程测量规范》和《国家三角测量和精密导线测量规范》的规定，可以发现，工程控制网各等级三角网平均边长较相应等级的国家网边长显著地缩短。例如，国家二等三角网的平均边长 13km，而工程二等三角网的平均边长仅为 9km；国家三等三角网的平均边长 8km，而工程三等三角网的平均边长仅为 4.5km，其差别是显而易见的。

4. 应有统一的规格

为了使不同的工测部门施测的控制网能够互相利用、互相协调，也应制定统一的规范，如现行的《城市测量规范》和《工程测量规范》。

2.3.2　布设方案

现以《城市测量规范》为例，将其中三角网的主要技术要求列于表 2-3，光电测距导线的主要技术要求列于表 2-4。

表 2-3　　　　　　　　　　　三角网的主要技术要求

等级	平均边长/km	测角中误差/(″)	起始边边长相对中误差	最弱边边长相对中误差
二等	9	≤±1.0	≤1/300 000	≤1/120 000
三等	5	≤±1.8	≤1/200 000（首级） ≤1/120 000（加密）	≤1/80 000
四等	2	≤±2.5	≤1/120 000（首级） ≤1/80 000（加密）	≤1/45 000
一级小三角	1	≤±5.0	≤1/40 000	≤1/20 000
二级小三角	0.5	≤±10.0	≤1/20 000	≤1/10 000

从这些表中可以看出，工测三角网具有如下的特点：①各等级三角网平均边长较相应等级的国家网边长显著地缩短；②三角网的等级较多；③各等级控制网均可作为测区的首级控制，这是因为工程测量服务对象非常广泛，测区面积大的可达几千平方公里（例如大城市的控制网），小的只有几公顷（例如工厂的建厂测量），根据测区面积的大小，各个等级控制网均可作为测区的首级控制；④三、四等三角网起算边相对中误差，按首级网和加密网分别对待。对独立的首级三角网而言，起算边由电磁波测距求得，因此起算边的精度以电磁波测距所能达到的精度来考虑。对加密网而言，则要求上一级网最弱边的精度应能作为下一级网的

起算边，这样有利于分级布网、逐级控制，而且也有利于采用测区内已有的国家网或其他单位已建成的控制网作为起算数据。以上这些特点主要是考虑到工测控制网应满足最大比例尺 1∶500 测图的要求而提出的。

表 2 - 4　　　　　　　　　光电测距导线的主要技术要求

等级	附合导线长度/km	平均边长/m	每边测距中误差/mm	测角中误差/(″)	导线全长相对闭合差
三等	15	3 000	±18	±1.5	1/60 000
四等	10	1 600	±18	±2.5	1/40 000
一级	3.6	300	±15	±5	1/14 000
二级	2.4	200	±15	±8	1/10 000
三级	1.5	120	±15	±12	1/6 000

此外，在我国目前测距仪使用较普遍的情况下，光电测距导线已上升到比较重要的地位。表 2 - 4 中光电测距导线共分 5 个等级，其中的三、四等导线与三、四等三角网属于同一个等级。这 5 个等级的导线均可作为某个测区的首级控制。

2.4　平面控制网精度估算与优化设计

在平面控制网的设计中，精度是一个很重要的指标，对所设计的平面控制网进行精度估算，确定是否达到规定的要求，是平面控制网技术设计的重要内容。控制网中的元素可分为起算元素、观测元素和推算元素。起算元素是控制网中的已知数据，如坐标、边长、方位角等；观测元素是指在控制点上用测量仪器实际观测得到的数据，如方向值（水平角）、边长等；推算元素是指利用起算元素、观测元素通过一定的计算方式计算得到的数据，如待定点的坐标，平差后的边长、坐标方位角等。因此，推算元素是观测元素平差值的函数。精度估算主要是估算网中推算元素的精度，作为技术设计的依据。控制网精度估算的方法就是测量平差中控制网平差后的精度计算方法。控制网精度估算与平差的区别在于：精度估算采用的并非实际观测值而是模拟观测值，模拟观测值是通过网形设计中待定点的图解坐标反算得到的，如通过图解坐标反算得到的边长、坐标方位角、方向值（水平角）等，然后通过观测值的先验中误差来估算控制网中推算元素的精度，如点位中误差、点间中误差等。

对于大型、复杂控制网的精度估算与优化设计，现阶段主要采用机助法通过人机交互的方式完成。下面就布设形式较为简单的导线的精度进行分析，然后通过实例完成一个平面控制网的优化设计。

2.4.1　等边直伸支导线的精度分析

等边直伸导线是指各导线边长相等、导线转折角均为 180°（连接角除外）的导线形式，其中最简单的形式为等边直伸支导线。

设有等边直伸支导线，A 是已知点，P_2、P_3、…、P_{n+1} 是导线点，β_1、β_2、…、β_n 等精度观测的转折角，s 是导线各边的边长。距离测量的误差将使导线点在导线长度方向上产生位移，这种位移称为纵向误差，纵向误差实际上是导线终点位移在导线闭合方向上的投影，以 t_D 表示。测角的误差将使导线点在导线长度的垂直方向产生位移，这种位移称为横向误差，横向误差实际上是导线终点位移在垂直于导线闭合边上的投影，以 u_D 表示。

1. 支导线方位角中误差

支导线前端边的方位角中误差主要是由转折角测量中误差和起算方位角中误差的联合影响引起的，根据误差传播定律，支导线方位角中误差为

$$m_{aD} = \sqrt{n m_\beta^2 + m_{a0}^2} \tag{2-4}$$

式中　m_β——测角中误差；

　　　m_{a0}——起算方位角中误差。

2. 支导线终点纵向中误差

支导线终点的纵向中误差主要是由距离测量误差引起的，设距离测量的单位权中误差为 μ，导线全长 $S = ns$，则距离测量的偶然中误差为 $\mu\sqrt{S}$；设 λ 是单位长度的系统误差，则导线全长的系统误差为 λS。根据误差传播定律，支导线终点的纵向中误差为

$$t_D = \sqrt{\mu^2 S + \lambda^2 S^2} \tag{2-5}$$

3. 支导线终点横向中误差

当第一个转折角 β_1 有误差 $d\beta_1$，其他转折角都没有误差时，将使导线终点产生横向位移 $\Delta\mu_1$，而 $\Delta\mu_1 = ns\dfrac{d\beta_1}{\rho}$。同样，当第二个转折角 β_2 有误差 $d\beta_2$，而其他转折角都没有误差时，导线终点又产生横向位移 $\Delta\mu_2$，$\Delta\mu_2 = (n-1)s\dfrac{d\beta_2}{\rho}$。依此类推，由于 β_1、β_2、…、β_n 有误差 $d\beta_1$、$d\beta_2$、…、$d\beta_n$，将使导线终点 P_{n+1} 产生横向位移的真误差为

$$\Delta\mu = \Delta\mu_1 + \Delta\mu_2 + \cdots + \Delta\mu_n$$
$$= ns\frac{d\beta_1}{\rho} + (n-1)s\frac{d\beta_2}{\rho} + \cdots + s\frac{d\beta_n}{\rho}$$

因此，导线终点 P_{n+1} 的横向中误差为

$$u_D = \frac{m_\beta \cdot s}{\rho}\sqrt{n^2 + (n-1)^2 + \cdots + 1^2}$$
$$= \frac{m_\beta \cdot s}{\rho}\sqrt{\frac{n(n+1)(2n+1)}{6}} \approx \frac{m_\beta \cdot S}{\rho}\sqrt{\frac{n+1.5}{3}} \tag{2-6}$$

4. 支导线终点点位中误差与导线全长相对中误差

在不考虑距离测量的系统误差和起算数据误差的前提下，支导线终点点位中误差与导线全长相对中误差分别为

$$M_{P_{n+1}} = \pm\sqrt{t_D^2 + u_D^2} = \pm\sqrt{\mu^2 S + \frac{m_\beta^2 \cdot S^2}{\rho^2} \cdot \frac{n+1.5}{3}} \tag{2-7}$$

$$\frac{M_{P_{n+1}}}{S} = \sqrt{\frac{\mu^2}{S} + \frac{m_\beta^2}{\rho^2} \cdot \frac{n+1.5}{3}} \tag{2-8}$$

2.4.2　平面控制网的优化设计

平面控制网的建立过程主要包括技术设计、踏勘选点、埋石、外业观测、平差计算和精度评定等。技术设计阶段决定了控制网的质量、工作量和建网费用。因此，在满足精度要求的前提下，尽量减少工作量、降低建网费用是设计者所追求的目标，也就是控制网的优化设计问题。在传统的控制网设计中，比较注重"规范化设计"，即以技术规范为依据，根据图上设计的网形结构和已知的观测精度，对控制网中的推算元素进行精度估算，看是否能达到

技术规范中相应等级要求的精度指标。"规范化设计"主要考虑控制网的精度指标，未顾及控制网的可靠性和经济性，因此单纯对控制网进行精度指标设计是不全面的。

随着最优化数学理论和电子计算机的广泛应用而发展起来的近代控制网优化设计，则不同于经典的规范化设计。而是一种更为科学和精确的设计方法。它能同时顾及的不仅有精度和费用指标，还有其他一些指标。它可以从多个可能的设计方案中找出一个最优的可行方案，达到对控制网进行全面优化的目的。控制网优化设计的含义体现在两个方面：一是在控制网布设时，希望在现有的人力、物力和财力的条件下，使控制网具备最高的精度、灵敏度和可靠性；二是在满足精度、灵敏度和可靠性要求的前提下，使控制网的工作量最小，费用最省。

1. 控制网的设计目标

控制网的设计目标是指控制网应达到的质量标准，它是设计的依据和目的，同时又是评定网的质量的指标。质量标准包括精度标准、可靠性标准、费用标准及灵敏度标准等。对于一般的工程平面控制网，主要考虑前三个指标；对于变形监测网，还应考虑灵敏度标准。

(1) 精度标准。网的精度标准以观测值存在随机误差为前提，使用坐标参数的方差—协方差阵 D_{xx} 或协因数阵 Q_{xx} 来度量。要求网中目标成果的精度应达到或高于预定的精度，其中又包含整体精度标准指标和局部精度指标。

(2) 可靠性标准。控制网的可靠性是指控制网探测观测值粗差和抵抗残存粗差对平差成果影响的能力。它分为内部可靠性和外部可靠性。

内部可靠性是指某一观测值中至少必须出现多大的粗差 ∇l_i（下界值），才能以所给定的检验功效 β_0 在显著水平为 α 的统计检验中被发现，这时观测值 l_i 上可发现粗差的下界值为

$$\nabla_0 l_i = \sigma_{l_i} \delta_0 / \sqrt{r_i} \qquad (2-9)$$

式中　σ_{l_i}——观测值 l_i 的中误差；

　　　δ_0——非中心参数；

　　　r_i——观测值的多余观测分量。

外部可靠性是指无法探测（小于 $\nabla_0 l_i$），而保留在观测数据中的残存粗差对平差结果的影响，可用如下指标进行描述：

$$\delta'_{0i} = \delta_0 \sqrt{\frac{1-r_i}{r_i}} \qquad (2-10)$$

比较式（2-9）、式（2-10）可以发现，多余观测值分量较大的，其内、外部可靠性也一定较好，反之亦然。在具体的应用中，可以先固定观测值的精度，对选取的网点观测所有的边和方向，计算网的质量指标。若质量偏低，则必须提高观测值的精度；若质量指标偏高，这时可按观测值的内部可靠性指标 r_i 删减观测值。r_i 太大，说明该观测值显得多余，应删去；若 r_i 很小，则该观测值的精度不宜增加。通过删减观测值，得到一个质量指标较好、观测费用较省的结果。

(3) 费用标准。布设任何控制网都不可一味追求高精度和高可靠性而不考虑费用问题，尤其是在讲究经济效益的今天更是如此。网的优化设计，就是得出在费用最小（或不超过某一限度）的情况下使其他质量指标能满足要求的布网方案，具体地说就是采用下列的某一原则：

1）最大原则。在费用一定的条件下，使控制网的精度和可靠性最大，或者可靠性能满足一定限制下使精度最高。

2）最小原则。在精度和可靠性指标达到一定的条件下，使费用支出最小。

一般来说，布网费用可表达为

$$C_总 = C_设计 + C_造埋 + C_观测 + C_计算 + C_分析 \tag{2-11}$$

式中，C 表示经费，下标表示经费使用的项目。优化设计中，主要考虑的是观测费用 $C_观测$。由于各种不同的观测量采用不同的仪器，其计算均不一样，很难用一个完整的表达式表达出来，只能视具体情况采用不同的计算公式。

2. 控制网优化设计的分类

在控制网的设计时，一般的做法是先确定网形，再确定观测精度，对于已有的控制网，还存在一个改进和加密的问题。

由间接平差模型

$$l + v = AX \quad \sum l = \delta_0^2 Q = \delta_0^2 P^{-1}$$

得出设计基本方程为

$$(A^{\mathrm{T}}PA)^{-1} = Q_X \tag{2-12}$$

式中 A——设计矩阵；

P——观测值权阵；

Q_X——未知数协因数阵。

由 A、P、Q 的相互关系，可以将控制网的优化设计分为四类：

（1）零类设计，为基准设计，A、P 固定，Q_X 可变。它是在网形和观测精度一定的情况下，坐标系和基准的选取和确定问题。该类问题目前的研究已相当完善，采用的主要方法是 S—变换法。它能很方便地实现各种不同基准之间的相互转换，从而达到选择最佳外部配置的目的。

（2）一类设计，为图形设计，即网形优化问题。P、Q_X 固定，选择 A。它包括网点布置和观测量选择两个方面，是在观测精度和坐标向量协因数阵一定的情况下，调整网点位置。可用变量轮换法和梯度法来确定网点的最优位置。

（3）二类设计，为观测精度的设计。A、Q_X 固定，选择 P，即在网形和坐标向量协因数一定的情况下，改变观测精度。这是目前研究最多的优化设计问题。

（4）三类设计，是对已有控制网的改进与加密问题。Q_X 固定，A、P 部分地可变。它是一类和二类设计的混合问题。

3. 控制网优化设计的方法

控制网优化设计的方法可分为解析法和模拟法两种。

解析法是通过建立优化设计问题的模型，包括目标函数和约束条件，选择一种恰当的寻优算法，求出问题的严格最优解。一般情况下是将网的质量指标作为目标函数和约束条件。

模拟法优化设计是借助测量工作者的实践经验和专业知识，为了得到优化解，要多次进行网的模拟，其过程为：提出设计任务和经过实地踏勘的网图，获取网点近似坐标，模拟观测方案。根据仪器确定观测值的精度，从一个认为可行的起始方案出发，用模拟的观测值进行网平差，计算出各种精度和可靠性值。对成果进行分析，找出网的薄弱环节，并对观测方案进行修改，某些情况下要增加新点和新的观测方向，还要结合实地踏勘确定。对修改的网，再做模拟计算、分析和修改，如此重复进行，直到取得满足要求的结果。

2.4.3 平面控制网的优化设计实例

1. 模拟法优化设计的流程

模拟法优化设计是利用计算机，对一个根据经验设计的初始网，利用平差模型和网的分析模型，对各项质量指标进行评估。若质量指标未达到或高于设计要求，则根据分析结果，采用人机对话形式适当改变原设计方案，再进行分析评估。如此多次修改，直到各项指标都满足设计要求。

按照机助设计的流程来看，一般可分为 6 个部分，即初始方案、数学模型、终端显示、人机对话、调整方案和成果输出（画图表示流程）。

（1）初始方案。模拟法优化设计首先必须确定一个初始方案，它是由网点的位置，点与点之间的关联关系，观测值的数目、类型和精度，网的类型和基准等因素所确定的。初始方案通常由设计人员在设计图纸上（一般为地形图），根据自己的实践经验和对控制网所提出的基本要求初步拟定。

（2）数学模型。数学模型部分由许多个不同功能的程序模块所组成，它能对一项设计方案进行各种加工处理，如各个量的排列秩序和编号，比较大小以及各种数值计算。根据设计要求，求出各种反映该方案质量好坏的性能指标，以便设计者了解该方案是否满足设计要求，质量是否过高或过低等。同时，还应提供帮助设计者制订修改方案的有关信息，使修改后的方案优于修改前的方案。

（3）终端显示和人机对话。终端显示和人机对话是两个密切相关的部分，终端显示的内容和方式将受到人机对话部分的控制，并且所显示的信息又为人机对话服务。它的基本功能是，借助于计算机屏幕的显示功能，用字符、数字和图形等方式，将所设计方案的有关信息，在屏幕上直观地显示出来。如控制网图形和各种质量分析图，以及有关的注记说明。通过屏幕上显示的信息，设计者可以很直观地了解到所设计的方案的各种性质和指标。通过人机对话，设计者可以选择显示的内容，同时可告诉计算机对所设计的方案是否满意，若不满意，则下一步应该修改哪些内容等。

（4）调整方案。模拟法优化设计是一个对设计方案不断进行调整的过程。对控制网而言，一般需要在以下几个方面对设计进行修改。

①增加或删除一些观测值。

②改变某些观测值的权。

③增加或删除网中某些控制点。

④改变某些网点的位置。

⑤改变网的基准类型。

设计者根据终端显示部分提供的有关信息，结合自己的实践经验来学习一项或若干项修改方案的方式。调整方案部分的功能大小反映了机助设计系统在设计中的灵活性、应用范围的广泛性。可供设计者选择的修改方式的多少是这部分功能强弱的直接反映。

（5）成果输出。模拟法优化设计完成后，便得到了一个设计合理的优化方案，这时按照一定的方式，将优化设计的成果信息或数据整理成表格，绘制成图形，在输出终端打印或绘制出来，使用户对设计结果一目了然。必要时还可打印一份技术设计报告，作为交给用户的一份设计说明书。

2. 平面控制网优化设计案例

图 2-11 为某水利枢纽施工控制网的设计图形，该施工控制网由 8 个点组成。

（1）设计参数和质量指标。根据工程特点，选设稳定的控制点作为控制网的平面起算点。起算点至某一方位为已知方位，并用高精度的测距仪（ME5000）施测起始点至方位点的距离，作为起算边长。

通过优化设计使平面控制网最弱点的点位中误差小于±3.0mm。平面控制网应进行可靠性分析，观测量的最小可靠性因子应大于 0.2，网的平均可靠性因子应大于 0.4。

施工控制网优化设计先验数据：

测角中误差为±0.7″。

测距先验中误差为 $1mm + 10^{-6}D$。

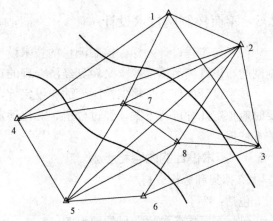

图 2-11　某水利枢纽施工控制网的设计图形

（2）基准选取与网形设计。施工控制网平面坐标系一般选设为联测于国家坐标系的独立坐标系，并且起算点一般选设在"工程意义"上相对稳定的区域。平面控制网的起算点一般选一个，设在控制网中部，以提高其余各点的精度。施工控制网因其自身的特殊性，网点位置在很大程度上受制于地形条件、施工环境及周边建筑物，并没有多大的变化余地。经研究证明，点位相对位置变化 10%，对精度的影响很小。因此，对该施工控制网来说，零类设计（基准设计）和一类设计（图形设计）相对固定，并没有太大的可变因素。

工程区平面控制网由 8 个控制点组成，南北两岸二级台地上各布设 3 个控制点，坝轴线上、下游的河道夹心滩上各布设 1 个控制点。以 2 号控制点为平面控制网的起算点，以 2 号至 5 号控制点的方位为起算方位。

（3）图解控制点坐标。在实地踏勘选点的基础上，利用测区地形图图解控制点坐标，作为控制网优化设计的基础数据。平面控制网点概略坐标见表 2-5。

表 2-5　　　　　　　　　　　平面控制网点概略坐标

点　名	X/m	Y/m	H/m	备　注
1	3 865 470	365 170	151	
2	3 864 930	366 217	148	固定点
3	3 863 550	367 450	149	
4	3 863 385	363 170	159	
5	3 862 250	364 510	160	
6	3 862 370	365 600	135	
7	3 864 170	364 770	126	
8	3 863 170	366 215	125	

（4）反算观测值。利用控制网平差与优化设计软件，根据控制点的概略坐标，反算网中所有通视方向的方向值、边长和起算方位。

本设计分别从控制网中所有通视的方向全部进行方向、边长观测，然后逐渐减少方向、边长数量，直到得到优化方案。

2.5 平面控制网技术设计

像任何工程设计一样，控制测量的技术设计是关系全局的重要环节，技术设计书是使控制网的布设既满足质量要求又做到经济合理的重要保障，是指导生产的重要技术文件。

技术设计的任务是根据控制网的布设宗旨，结合测区的具体情况拟定网的布设方案，必要时应拟定几种可行方案，经过分析、对比确定一种从整体来说为最佳的方案，作为布网的基本依据。

2.5.1 技术设计的内容和步骤

1. 搜集和分析资料

包括：

（1）测区内各种比例尺的地形图。

（2）已有的控制测量成果（包括全部有关技术文件、图表、手簿等）。特别应注意是否有几个单位施测的成果，如果有，则应了解各套成果间的坐标系、高程系统是否统一以及如何换算等问题。

（3）有关测区的气象、地质等情况，以供建标、埋石、安排作业时间等方面的参考。

（4）现场踏勘，了解已有控制标志的保存完好情况。

（5）调查测区的行政区划、交通便利情况和物资供应情况。若在少数民族地区，则应了解民族风俗、习惯。

对搜集到的上述资料进行分析，以确定网的布设形式、起始数据如何获得、网的未来扩展等。

其次，还应考虑网的坐标系投影带和投影面的选择。

此外，还应考虑网的图形结构、旧有标志可否利用等问题。

2. 网的图上设计

根据对上述资料进行分析的结果，按照有关规范的技术规定，在中等比例尺图上以"下棋"的方法确定控制点的位置和网的基本形式。

图上设计对点位的基本要求是：

（1）从技术指标方面考虑。图形结构良好，边长适中，对于三角网求距角不小于 $30°$。便于扩展和加密低级网，点位要选在视野辽阔、展望良好的地方。为减弱旁折光的影响，要求视线超越（或旁离）障碍物一定的距离。点位要长期保存，宜选在土质坚硬、易于排水的高地上。

（2）从经济指标方面考虑。充分利用制高点和高建筑物等有利地形、地物，以便在不影响观测精度的前提下尽量降低觇标高度；充分利用旧点，以便节省造标埋石费用，同时可避免在同一地方不同单位建造数座觇标，出现既浪费国家资财、又容易造成混乱的现象。

（3）从安全生产方面考虑。点位离公路、铁路和其他建筑物以及高压电线等应有一定的距离。

（4）图上设计的方法及主要步骤。图上设计宜在中比例尺地形图（根据测区大小，选用 1∶25 000～1∶100 000 地形图）上进行，其方法和步骤如下：

①展绘已知点。

②按上述对点位的基本要求，从已知点开始扩展。

③判断和检查点间的通视。

若地貌不复杂，设计者又有一定读图经验时，则可较容易地对各相邻点间的通视情况作出判断。若有些地方不易直接确定，就得借助一定的方法加以检查。下面介绍一种简单可靠的方法——图解法。

如图 2-12 所示，设 A、B 为预选的点，C 为 AB 方向上的障碍物，A、B、C 三点的高程如图中所注。

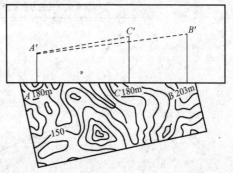

图 2-12　图上设计图

取一张透明纸，将其一边与 A、B 两点相切，在 A、B、C 三点处分别作纸边的垂线，垂线的长度依三点的高程按同一比例尺绘在纸上，得 AA'、BB'、CC'。连接 $A'B'$，若 C' 在 $A'B'$ 之上（如本例所示），则不通视；若 C' 在 $A'B'$ 之下，则通视。但必须注意：当 C' 很接近 $A'B'$ 时，还得考虑球气差的影响。例如，当 C' 距任一端点为 1.2km 时，C' 虽比 $A'B'$ 低 0.1m，但实际上并不通视。

④估算控制网中各推算元素的精度。

⑤拟定水准联测路线。水准联测的目的在于获得三角点高程的起算数据，并控制三角高程测量推算高程的误差累积。

⑥根据测区的情况调查和图上设计结果，写出文字说明，并拟定作业计划。

3. 编写技术设计书

技术设计书应包括以下几方面的内容：

(1) 作业的目的及任务范围。

(2) 测区的自然、地理条件。

(3) 测区已有测量成果情况，标志保存情况，对已有成果的精度分析。

(4) 布网依据的规范，最佳方案的论证。

(5) 现场踏勘报告。

(6) 各种设计图表（包括人员组织、作业安排等）。

(7) 主管部门的审批意见。

2.5.2　选点

如何把控制网的图上设计放到地面上去，只能通过实际选点来实现。图上设计是否正确以及选点工作是否顺利，在很大程度上取决于所用的地形图是否准确。如果差异较大，则应根据实际情况确定点位，对原来的图上设计作出修改。

选点时使用的工具主要有望远镜、小平板、测图器具、花杆、通信工具和清除障碍的工具等。此外，还应携带设计好的网图和有用的地形图。点位确定后，打下木桩并绘点之记，如图 2-13 所示，便于日后寻找。

选点任务完成后，应提供下列资料：

(1) 选点图。

(2) 点之记。

三角点点之记

点名	万家海	等级	三等 (按工测规范)	标志类型	水泥现浇瓷质标志
点号	2			觇标类型	预应力钢筋混凝土寻常标
所在地	南坪市万庄公社幸福二队			交通路线	由本市开往清河口的长途汽车路经幸福二队站

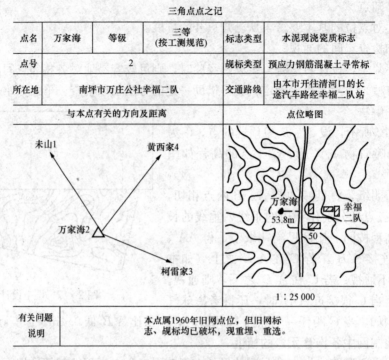

| 与本点有关的方向及距离 | 点位略图 |

| 有关问题
说明 | 本点属1960年旧网点位,但旧网标志、觇标均已破坏,现重埋、重选。 |

图 2-13 三角点点之记

(3) 三角点一览表。表中应填写点名、等级、至邻点的概略方向和边长、建议建造的觇标类型及高度、对造埋和观测工作的意见等。

2.5.3 觇标高度的确定

1. 影响通视的因素

图上设计和实地选点都要考虑觇标的高度,这对保证观测值的质量和节约造标费用均有重要意义。如何确定比较有利的觇标高度呢?首先要分析影响通视的因素。很明显,如果两控制点间有挡住视线的障碍物,就会造成互不通视。除此以外,地球表面弯曲以及大气折光也是影响通视的因素(由此产生的误差称为球气差)。对于后两项因素的综合影响,测量学中已作了推证,下面只列出计算公式,即

$$V = p - r = 0.42 \frac{s^2}{R} \tag{2-13}$$

式中 p、r——代表地球曲率和大气折光影响;

s——测站与目标间的距离;

R——地球半径。实用上可用计算器计算(注意公式中各量的单位)或从有关资料中查取相应的数表(以 s 为引数)。

在以下确定觇标高度的 3 种方法中,都必须克服上述因素的影响。

2. 确定觇标高度的方法

在图 2-14 中,A、B 为选定的三角点点位。由于在 A、B 视线方向上存在障碍物 C,再加上球气差的影响,则 A、B 间互不通视。下面用解析法来确定在 A 点和 B 点上建造觇标的高度。

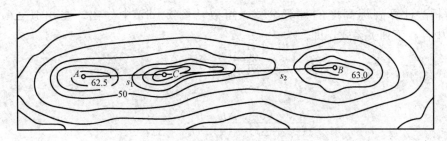

图 2-14 确定觇标高度

先画出两点间的纵断面图，作图时应考虑上述球气差的影响。在毫米方格纸上，以 C 为原点（图 2-14），过 C 点作一水平线作为横轴，从原点 C 分别向左、右两方按一定比例尺截取 s_1 和 s_2 的距离（即图 2-14 中障碍物到 A、B 的距离），得到截点 A_1、B_1。过两截点作垂线，并在垂线上按 ΔH_1（$=H_C-H_A$），ΔH_2（$=H_C-H_B$）依一定比例尺截出 A_2、B_2 两点，H_A、H_C、H_B 由地形图上求得。ΔH 为正时，截点在水平线之下，为负时在上，这样就得到把地面看做是平面时的纵断面。顾及球气差的影响，应将 A_2、B_2 两者各下降一段距离 V_1、V_2，从而得到 A、B 两点，这样就得到了作为确定觇标高度基础的纵断面图。由于视线需高出障碍物一定的距离 a，故由 C 向上按比例截取一段距离 a 而得到 C_1 点。过 C_1 点作水平线与 A、B 两点上的垂线相交于 A_0、B_0，于是便得到一组觇标高度 h_A、h_B。

如果 B 点上的觇标高度已定为 h'_B，则由 B 点向上按比例截取 $BB_3=h'_B$。连接 B_3、C_1 并延长，此直线与过 A 点的垂线相交于 A_3，则 AA_3 即为在 A 点上应建造的觇标高度 h'_A。

如果 B 点上的觇标高度尚未确定，则可用不同的 h'_B 的数据。过 C_1 可作许多条直线，在纵断面图上图解出与之相应的 h'_A，由此可得出 A、B 两点上的多组觇标高度，再从中选出用料最省的一组作为取用的觇标高度。

顺便指出，由图 2-15 可以看到，离障碍物较近的点 A 的觇标高度微量上升，可以使得离障碍物较远点 B 的觇标高度下降很多，所以在进行觇标高度调整时，在保证通视的条件下，应先确定离障碍物较远点的最低觇标高度。

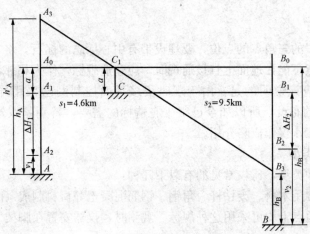

图 2-15 有障碍物计算图

用解析法计算觇标高度的计算公式，可以从图 2-15 中导出。在相似 $\triangle A_3 A_0 C_1$ 和 $\triangle B_3 B_0 C$ 中存在下列关系式，即

$$\frac{A_3 A_0}{B_3 B_0} = \frac{s_1}{s_2}$$

即

$$\frac{h'_A - (v_1 + \Delta H_1 + a)}{(v_2 + \Delta H_2 + a) - h'_B} = \frac{s_1}{s_2}$$

而

$$v_1 + \Delta H_1 + a = h_A$$
$$v_2 + \Delta H_2 + a = h_B$$

故

$$\frac{h'_A - h_A}{h_B - h'_B} = \frac{s_1}{s_2}$$

则

$$h'_A = h_A + \frac{s_1}{s_2}(h_B - h'_B) \qquad (2-14)$$

$$h'_B = h_B + \frac{s_2}{s_1}(h_A - h'_A) \qquad (2-15)$$

例： 由选点图上得到下列数据：$s_1 = 4.6\text{km}$，$s_2 = 9.5\text{km}$，$H_A = 62.5\text{m}$，$H_C = 67.5\text{m}$，$H_B = 63.0\text{m}$，要求 $a \geqslant 2\text{m}$，B 点上觇标高度拟定 4m，求 A 点上的觇标高度。

解： 按上述公式，全部计算在表 2-6 中进行。

表 2-6 计 算 数 据

点名	s/km	$\Delta H/\text{m}$	V/m	a/m	h/m	h'/m
A	4.6	+5.0	+1.5	+2	8.5	12.8
C（障碍物）	9.5	+4.5	+6.3	+2	12.8	
B						4.0

2.5.4　觇标的建造

经过选点确定了的三角点的点位，要埋设带有中心标志的标石，将它们固定下来，以便长期保存。当相邻点不能在地面上直接通视时，应建造觇标，作为相邻各点观测的目标及本点观测的仪器台。应该说明的是，由于现时很多平面控制网已采用导线网的形式，此外 GPS 已用于控制网的布设，所以如今已很少有造标的需要，特别是双锥标，更少使用，故以下对造标和埋石工作仅作概略介绍。

1. 测量觇标的类型

测量觇标有多种类型，比较常见的有以下几种：

（1）寻常标。常用木料、废钻杆、角钢、钢筋混凝土等材料制成（图 2-16），凡是地面上能直接通视的三角点上均可采用这种觇标。观测时，仪器安置在脚架上，脚架直接架在地面上。

（2）双锥标。当三角网边长较长、地形隐蔽、必须升高仪器才能与邻点通视时，则采用

如图 2-17 所示的双锥标，可用木材或钢材制成。

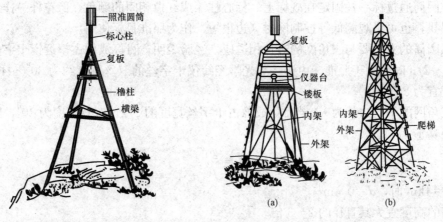

图 2-16 寻常标   图 2-17 双锥标

这种觇标分为内、外架。内架用于升高仪器，外架用以支承照准目标和升高观测站台，内、外架完全分离，以免观测人员在观测站台上走动时影响仪器的稳定。

（3）屋顶观测台。在利用高建筑物设置三角点时，宜在稳定的建筑物顶面上建造 1.2m 高的固定观测台，如图 2-18 所示。

观测台可用 3 号角钢预制。观测仪器放在观测台上，观测完毕，插入带照准圆筒的标杆，即可供邻点照准。此外，还有墩标（用于特别困难的山尖上），国家规范中有附图，此处从略。

2. 微相位差照准圆筒

无论采用何种觇标，其顶部都要安装照准圆筒，作为观测时的照准目标。目前广泛采用的是微相位差照准圆筒（图 2-19）。它由上、下两块圆板（木板或薄钢板）及一些辐射形木片组成，圆筒全部涂上无光黑漆。

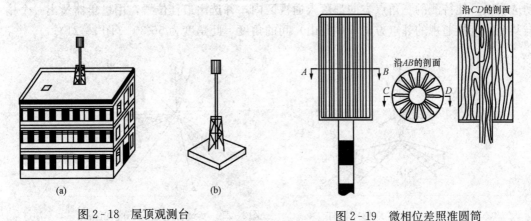

图 2-18 屋顶观测台   图 2-19 微相位差照准圆筒

采用这种微相位差照准圆筒作照准标志时，无论阳光从哪个方向射来，整个圆筒均呈黑色，若用实体目标，在阳光照射下会出现阴阳面，使远处经纬仪瞄准它时产生偏差。当背景明亮时，十字丝会偏向目标的阴暗部分；背景暗淡，十字丝会偏向目标的光亮部分。这种目标的阴阳面引起的测角误差叫相位差。用图 2-19 所示的照准圆筒可以基本上消除相位差，所以称为微相位差照准圆筒。

照准圆筒通过标心柱固定在觇标上。标心柱漆成红白相间的颜色，像花杆一样，以便于从远处寻找，也可供观测低等控制网时（边很短）作为照准目标使用。

准照圆筒的大小要与三角网的边长相适应。经验表明，目标成像占望远镜十字丝双丝宽度的 1/2～2/3 时较利于照准。由于一般光学经纬仪十字丝的双丝宽度约为 30″～40″，所以目标宽度宜为 20″～30″。

设三角网的平均边长为 s，若目标成像占十字丝宽度的 1/2，双丝宽度为 40″，则照准圆筒的直径 d 应为

$$d = \frac{20''}{\rho''}s \qquad (2-16)$$

当 $s=4\mathrm{km}$ 时，$d=0.4\mathrm{m}$。

圆筒的高度宜为其直径的 2～3 倍。

3. 觇标的建造

测量觇标供观测照准和升高仪器之用，它的建造质量直接影响观测精度。另外每座觇标都要求保存一定的年限，以便布设低级网时使用，因而要求造得牢固、稳定、端正。建造觇标是一项细致而繁重的工作，其实用技术应在实际作业中学习和掌握。下面就造标过程中应注意的问题作一概略的介绍。

（1）实地标定橹柱。通常采用透明纸标定坑位法，此法简单可靠，且不受通视条件的限制。

具体做法：取一张透明纸，在其中间部分任取一点 O（图 2-20），以 O 作为中心，每隔120°画方向线 OA、OB、OC，这就代表三脚标的三个橹柱方向（如为四脚标则每隔90°画一条方向线）。考虑到橹柱的直径并保证视线距橹柱方向有一定的距离（国家规范中有规定），在三条方向线左右各画出 10°的范围作为不通视区（图中的阴影部分）。

首先在设计图上确定坑位方向，即将透明纸的中心 O 与选点图上欲建标的三角点重合，转动透明纸，使待测的三角点方向都落入通视区内，并选出最佳位置，用量角器量出一个橹柱与某个能直接通视的邻点方向（如龙山）间的角度，此角度为 56°30′（图 2-21）。

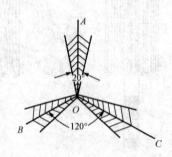

图2-20 实地标定橹柱

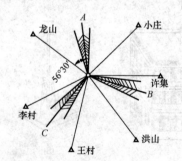

图2-21 实地标定橹柱不通视区图

实地标定坑位时，以该三角点（龙山）定向。用经纬仪测出已知角（56°30′）即得橹柱 A 的方向，再转120°、240°便得到橹柱 B、C 的方向。在标定的橹柱方向线上量出三角点中心到橹柱坑中心的距离，就得到了橹柱基坑的位置。

（2）挖基坑及浇灌坑底水平层。基坑深度约1m左右，底层应用混凝土浇灌抹平，并用

水准仪操平，以保证基坑底面在同一水平面上。木质寻常标可以不浇水平层，但要在基底填充石头砂子并夯实。

（3）检查照准圆筒是否竖直及各方向是否通视。觇标竖起后应检查照准圆筒是否竖直，可用经纬仪在相隔 90°的两个方向上进行。如果不竖直，则要加以调整（为了调整的方便，标心柱先不要固定）。如果标架不端正，则要调整基坑底的高度，圆筒位置校正完毕后，再用仪器检查各方向的通视情况，确认无问题后再填土夯实，使橹柱固定。

（4）觇标的整饰和编号。上述工作全部完成后，最后整饰一下觇标的外观，并在橹柱的适当位置整齐地写上三角点的点名、等级、编号及建造年月等。

2.5.5　中心标石的埋设

三角测量的标石中心是三角点的实际点位，通常所说的三角点坐标就是指标石中心标志的坐标，所有三角测量的成果（坐标、距离、方位角）都是以标石中心为准的。因此，中心标石的任何损坏或位移都将使三角测量成果失去作用或在很大程度上降低其精度。所以，中心标石埋设的质量是衡量控制网质量的一项指标。

为了长期保存三角测量的成果，就必须埋设稳定、坚固和耐久的中心标石，同时要广泛宣传保护测量标志的重要意义。

国家规范按三角网的等级及其地质条件将中心标石分成 8 种规格。三、四等三角点的标石由两块组成（图 2-22），下面一块叫盘石，上面一块叫柱石，盘石和柱石一般用钢筋混凝土预制，然后运到实地埋设。预制时，应在柱石顶面印字注明埋设单位及时间。标石也可用石料加工或用混凝土在现场浇制。

盘石和柱石中央埋有中心标志（图 2-23）。埋石时必须使盘石和柱石上的标志位于同一铅垂线上。

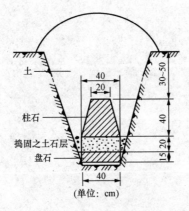

图 2-22　三角点的标石

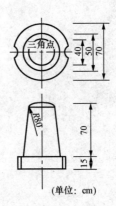

图 2-23　盘石和柱石中心标志

埋设标石一般在造标工作完成后随即进行。

埋石工作全部完成后，要到三角点所在地的乡人民政府办理三角点的托管手续。

习　题

1．平面控制网的布设形式有哪些？
2．简述国家平面控制网的布设原则和方案。

3. 简述工程平面控制网的布设原则和方案。

4. 控制网精度估算的目的和方法是什么？

5. 平面控制网的优化设计的目标和方法是什么？

6. 简述技术设计的主要内容。

7. 简述技术设计的步骤。

8. 平面控制网选点、埋石应注意哪些问题？

第3章 精密角度测量

3.1 精密光学经纬仪及使用方法

根据精度等级的高低，我国光学经纬仪型号的系列分为 J_{07}、J_1、J_2、J_6 等不同的级别。J 为经纬仪汉语拼音的第一个字母，下标表示仪器的精度指标，即指室内鉴定时一测回水平方向观测中误差。在工程控制测量中，主要使用 J_1 和 J_2 两种型号的经纬仪，其基本构造原理与《测量学》中介绍的 J_6 级光学经纬仪相同。但由于在控制测量中观测目标距离较远、测角精度要求较高，它的各个部分就另有特点。控制测量中，需用经纬仪进行大量的水平角和垂直角观测。使用经纬仪进行角度观测，最重要的环节是仪器整平、照准和读数。围绕这三个环节，将经纬仪分成四大部分，即望远镜、读数设备、水准仪和轴系，分别阐述它们的构造特点和操作方法。

3.1.1 经纬仪的基本结构

经纬仪的主要部件有：

望远镜——构成视准轴，在照准目标时形成视准线，以便精确照准目标。

照准部水准器——用来指示垂直轴的垂直状态，以形成水平面和垂直面。

垂直轴——作为仪器的旋转轴，测定角度时应与测站铅垂线一致。

水平轴——作为望远镜俯仰的转轴，以便照准不同高度的目标。

水平度盘——用来在水平面上度量水平角，应与水平面平行。

垂直度盘——用来量度垂直角。

另外，为了精确读取度盘读数，在水平度盘和垂直度盘上均有测微器。

经纬仪的以上部件，除水平度盘以外，合称为经纬仪的照准部，照准部可以绕垂直轴旋转。仪器的基座、水平度盘、垂直轴套和调平仪器的脚螺旋是经纬仪的基础部分，叫做基座。

由上可知，要获得水平角和垂直角的正确值，必须正确确定视准线、铅垂线以及水平面和垂直面。因此，经纬仪的基本结构必须能构成这些面、线，并保持正确关系。经纬仪的基本结构如图 3-1 所示。

3.1.2 经纬仪主要部件之间的相互关系

为了精密测得水平角和垂直角，经纬仪不仅要具有上述各种主要部件，而且这些部件应满足以下几何关系：

（1）垂直轴与照准部水准器轴正交，即当照准部水准气泡居中时，垂直轴与测站铅垂线保持一致。

（2）垂直轴与水平度盘正交且通过其中心。这样，当垂直轴与测站铅垂线一致时，水平度盘就与测站水平面平行，在其上面量取的角度，才是正确的水平角。

（3）水平轴与垂直轴正交，视准轴与水平轴正交，当垂直轴与测站铅垂线一致，俯仰望

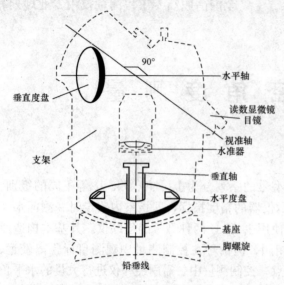

图 3-1 经纬仪的基本结构

远镜,视准轴所形成的面才是垂直照准面。

（4）水平轴与垂直度盘正交,且通过其中心。满足此关系,当垂直轴与测站铅垂线一致,水平轴水平时,垂直度盘就平行于过测站的垂直照准面,在它上面量取的角度才是正确的垂直角。

经纬仪各主要部件的上述关系,总的来说,就是三轴（垂直轴、水平轴、视准轴）两盘（水平度盘和垂直度盘）之间的关系,一旦它们之间的关系被破坏,就将给角度观测带来误差。

3.1.3 望远镜

经纬仪上的望远镜是一个精密的照准设备,它由物镜、调焦透镜、十字丝分划板和目镜等四个光学构件组成。物镜和目镜起放大目标像的作用,十字丝与物镜光心构成视准轴供照准目标用。调焦透镜用来调整目标像的位置,起消除视差的作用。望远镜构成视准轴,在照准目标时形成视准线,以便精确地照准目标。也就是说,望远镜的作用有两个:一是将不同距离的远方目标通过成像,放大视角,以便更清晰地看到目标;二是用望远镜的视准轴精确照准目标,以确定目标的视准线方向。

望远镜的正确使用包括以下三个步骤:

（1）目镜对光。将望远镜对准天空或某一明亮的物体,转动目镜,使十字丝最清晰。

（2）物镜对光。将望远镜照准目标,转动调焦螺旋,使目标的像落在十字丝平面上。这时,从目标中可以同时清晰地看到十字丝和目标。

（3）消除视差。为了使目标恰好落在十字丝面上,消除视差,在望远镜的物镜与目镜之间安装一个调焦透镜。调焦透镜可以前后移动,从而改变目标像 $A'B'$ 的位置。这样,不同的视力,先调整目镜,使十字丝清晰,再调整调焦透镜,使目标像清晰（即目标像落在十字丝网面上）,则视差被消除。望远镜结构示意图如图 3-2 所示。

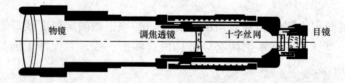

图 3-2 望远镜结构示意图

3.1.4 水准器

测角时必须使经纬仪的垂直轴与测站铅垂线一致,这样在仪器结构正确的条件下,才能正确测定所需的角度。要满足这一要求,必须借助于安装在仪器照准部上的水准器,即照准部水准器。经纬仪上的水准器通常有两种:一种是用于粗略整平仪器的圆形水准器;另一种是用于精确整平仪器的管状水准器。照准部水准器一般采用管状水准器。管水准器是用质量较好的玻璃管制成,将玻璃管的内壁打磨成光滑的曲面,管内注入冰点低、流动性强、附着力较小的液体，并留有空隙形成气泡，将管两端封闭，就成为带有气泡的水准器，如图3-3所示。

1. 水准轴与水准器轴

为了便于观察水准器的倾斜量，在水准管的外壁上刻有若干个分划，分划间隔一般为2mm，其中间点称为零点。

水准器安置在一个金属框架内，并安装在经纬仪照准部支架上，所以把这种管状水准器称为照准部水准器。照准部水准器框架的一端有水准器校正螺旋，通过校正螺旋，使照准部水准器的水准器轴与仪器垂直轴正交。

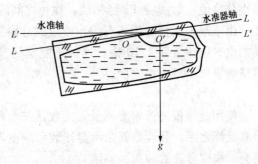

图3-3　水准轴与水准器轴

所谓水准器轴，就是过水准器零点O，水准管内壁圆弧的切线，如图3-3所示。另外，由于水准管内的液体比空气重，当液体静止时管内气泡永远居于管内最高位置，如图3-3中的O'位置。显然，过O'作圆弧的切线，此切线总是水平的，称此切线为水准轴。由此可知，使其水准轴与水准器轴相重合，即气泡最高点O'与水准器分划中心O重合，这时经纬仪的垂直轴与测站铅垂线重合，这个过程称为整置仪器水平。

2. 水准器格值

我们知道，当水准器倾斜时，水准管内的气泡便会随之移动。不同的水准器，虽然倾斜的角度完全相同，各自的气泡移动量却不会完全相同。这是因为不同的水准器它们的灵敏度不同。灵敏度以水准器格值表示。所谓水准器格值，就是当水准气泡移动一格时水准器轴所变动的角度，也就是水准管上的一格所对应的圆心角。

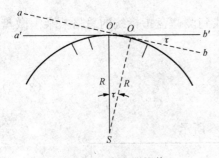

图3-4　水准器格值

如前所述，水准管的内壁是一个圆弧，圆弧的曲率半径越大，水准管上一格所对应的圆心角越小，即水准器格值越小，水准器的灵敏度就越高。如图3-4所示，设气泡在水准管内移动一个格OO'，OO'所对应的圆心角为τ，若圆弧的半径为R，则$\tau = \dfrac{OO'}{R}$或$\tau'' = \dfrac{OO'}{R}\rho''$（$\rho$为常量，为206 265）。由于水准器轴与仪器的垂直轴正交，若气泡偏离水准器分划零点n个格，当水准器格值τ''已知时，就可以按下式计算出仪器垂直轴倾斜的角度V，即

$$V = n \cdot \tau'' \qquad (3-1)$$

即垂直轴倾斜角度等于气泡偏离水准器零点的格数乘以水准器格值。

3.1.5　读数设备

读数设备包括水平度盘、光学测微器和读数显微镜三部分。

经纬仪的水平度盘和测微器是用以量度水平角的重要部件，它们二者之间以一定的关系结合起来，就能读出照准目标后的水平角或水平方向值。

1. 水平度盘

精密光学经纬仪的水平度盘用玻璃制成，安置在仪器基座的垂直轴套上，当仪器照准部转动时要求水平度盘不得转动和移动。

在水平度盘圆周边上精细地刻有等间隔分划线，全周刻 360°，每度一标记，按顺时针方向增值，每度间隔内再等间隔刻有若干个小分划，相邻小分划的间隔值就是该水平度盘的最小分格值。如威特 T3 经纬仪，在每度间隔内刻有 15 个分格，显然每个分格值为 4′。

由于水平度盘的周长有限，度盘的分格很小，只有借助显微镜才能看清分划线。即使这样，也只能估读到 1/10 格，这远不能满足精确测角的要求。因此，需要安置显微测微器，以精确量取不足一格之值。

2. 读数方法

使用经纬仪进行角度测量，读数是三个环节之一，由测微器和度盘的作用可知，经纬仪照准目标之后，其读数就是度盘读数和测微器读数之和。因此，使用经纬仪进行角度测量，要会读取度盘读数和测微器读数。

根据光学经纬仪光路和测微器结构原理，现代精密光学经纬仪一般都采用对径分划同时成像，通过测微器使度盘对径分划线作相向移动并作精确重合，用测微盘量取对径分划像的相对移动量，这种读数方法叫做重合读数法。

重合读数法的基本读数方法是：

(1) 先从读数窗中了解度盘和测微盘的刻度与注记，确定度盘的最小格值。

$$度盘对径最小分格值\, G = \frac{1°}{2 \times 度盘上\, 1°\, 的总格数}$$

$$测微盘的格值\, T = \frac{度盘对径最小分格值\, G}{测微盘总格数}$$

(2) 转动测微螺旋，使度盘正倒像分划线精确重合。读取靠近度盘指标线左侧正像分划线的度数 $N°$。

(3) 读取正像分划线 $N°$ 到其右侧对径 180° 的倒像分划线（即 $N° \pm 180°$）之间的分格数 n。

(4) 读取测微盘上的读数 c，c 等于测微盘零分划线到测微盘指标线的总格数乘测微盘格值 T。

综上所述，可得如下的读数公式，即

$$M = N° + n \times G + c \qquad\qquad (3 - 2)$$

综合读数公式，进一步举例说明读数方法：

第一，威特 T3 经纬仪水平度盘读数方法，如图 3-5 所示。

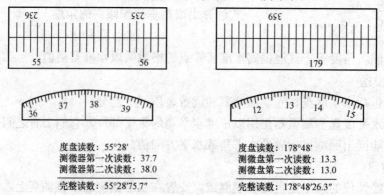

度盘读数：55°28′
测微器第一次读数：37.7
测微器第二次读数：38.0

完整读数：55°28′75.7″

度盘读数：178°48′
测微盘第一次读数：13.3
测微盘第二次读数：13.0

完整读数：178°48′26.3″

图 3-5　威特 T3 经纬仪水平度盘读数

第二，威特 T2 读数、蔡司 010 经纬仪水平度盘读数方法，如图 3-6 所示。

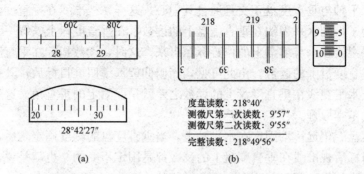

度盘读数：218°40′
测微尺第一次读数：9′57″
测微尺第二次读数：9′55″

完整读数：218°49′56″

(a)　　　　　　　　　　　(b)

图 3-6　威特 T2、蔡司 010 经纬仪水平度盘读数

另外，有些类型的经纬仪虽然仍采用重合法读数，但读数窗中视场有所更新。图 3-7 就是新威特 T2 经纬仪度盘读数窗的视场。一看便知，读数应为 94°12′46″。

3. 读数显微镜

由于度盘的圆周长有限，两相邻分划线的间距是很小的，如 GJ2 经纬仪的水平度盘直径为 90mm，格值为 20′，则两相邻分划线的间距约为 0.26mm，可见是很小的。为了增大读数设备中最小格值相对于眼睛的视角，提高读数精度，在精密光学经纬仪中都采用了读数显微镜装置。为了观测人员操作方便，读数显微镜总是和望远镜并列安置在一起。

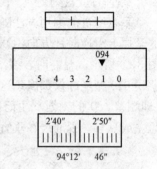

图 3-7　新威特 T2 读数窗

3.1.6　垂直度盘与垂直角

1. 垂直角

如图 3-8 所示，视准线 AP_1 与其水平视线 Aq_1 的夹角称为 A 点照准 P_1 点的垂直角。同样，视准线 AP_2 与其水平视线 Aq_2 的夹角为 A 点对 P_2 点的垂直角。所以，垂直角是视准线与其相应的水平视线的夹角，通常以 α 表示。

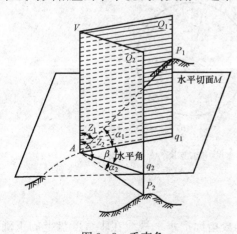

图 3-8　垂直角

垂直角是在垂直面上度量的。水平视线以上为正（如图中的 α_1），水平视线以下为负（如图中的 α_2）。

视准线 AP_1、AP_2 与铅垂线 AV 的夹角 Z_1、Z_2 分别称为 AP_1、AP_2 的天顶距。由图可见，某一照准点的天顶距与垂直角有如下关系，即

$$\alpha = 90° - Z$$

由上可知，垂直角是照准目标的视准线与相应的水平视线的夹角。为此，要测定垂直角，需要解决两个问题：一要求出视准线在垂直度盘上的读数；二要求出相应的水平视线在垂直度盘上的读数。垂直角 α 的计算式可写成

$\alpha =$ 视准线在垂直度盘上的读数 $-$ 水平视线在垂直度盘上的读数

为了得到视准线在垂直度盘上的读数,在设计经纬仪时将望远镜、垂直度盘均固定在水平轴上,并使水平轴与垂直度盘正交且通过其中心。这样,视准线在垂直度盘上的读数为一已知的定数;为了得到水平视线在垂直度盘上的读数,在垂直度盘上安置一个读数指标,用读数指标把水平视线在垂直度盘上的位置标示出来。这时,读数指标在垂直度盘上的读数就是水平视线在垂直度盘上的读数。由此可见,当俯仰望远镜照准目标后,其视准线在垂直度盘上的读数与其水平视线在垂直度盘上的读数之差就是要测定的垂直角。这就是利用垂直度盘测定垂直角的基本原理。

由于垂直度盘、望远镜均固定在水平轴上,当垂直度盘的刻度确定之后,不论望远镜如何俯仰,照准目标后视准线在垂直度盘上的读数都是固定不变的。也就是说,视准线在垂直度盘上的读数取决于垂直度盘的刻划方法。

2. 垂直度盘刻划

垂直度盘的刻划方法随经纬仪类型的不同而不同,大致可分为两类:第一类,是在度盘的全周上沿逆时针方向由 $0°$ 到 $360°$,且使 $90°$ 到 $270°$ 分划线的连线与望远镜视准轴平行,如图 3-9 所示。盘左时,视准线在垂直度盘上的读数永为 $90°$;盘右时,永为 $270°$。威特 T2、蔡司 010 型经纬仪都属于这一类。第二类,不是从 $0°$ 到 $360°$,而是从 $55°$ 到 $125°$,对径刻划(即相差 $180°$ 的刻划)注记相同。望远镜视准轴与对径读数均为 $90°$ 的刻划线平行,即不论盘左或盘右,视准线在垂直度盘上的读数永为 $90°$,如图 3-10 所示。

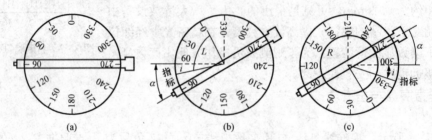

图 3-9　T3 经纬仪垂直度盘测角示意图

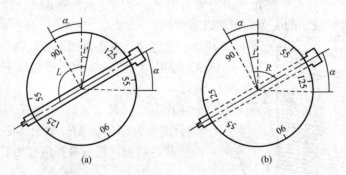

图 3-10　J_2 级经纬仪垂直度盘测角示意图

(a) 盘左;(b) 盘右

3. 垂直度盘的指标水准器、自动归零装置

如前所述,水平视线在垂直度盘上的读数是用读数指标把水平视线在垂直度盘上的正确位置确定下来。把读数指标在垂直度盘上的正确位置确定下来的方法目前有两种:符合水准器或自动归零装置。

（1）垂直度盘指标水准器。光学经纬仪的垂直度盘指标水准器一般都采用符合水准器，这样既可提高气泡的安平精度，又便于观察，对于格值为 10″ 以上的水准器，其安平精度可提高 2～3 倍。符合水准器的原理如图 3-11 所示，它是利用两块棱镜 1、2，使气泡的 a、b 两端经过二次反射后符合在一个视场内。两块棱镜 1、2 的接触线 cc' 成为气泡的界线，再经过棱镜 3 放大至人眼能看到。这种水准器叫做符合水准器。这样，在安置垂直度盘

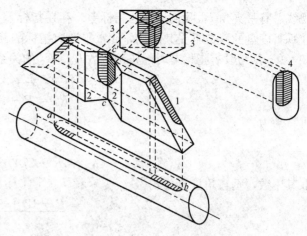

图 3-11　符合水准器原理

读数指标时，使读数指标与符合水准器的水准器轴重合，若两者不重合，校正符合水准器的改正螺旋，使它们重合，以此来达到垂直度盘读数指标保持水平。

（2）垂直度盘指标自动归零装置。近代一些先进的经纬仪，为了既保证垂直角观测的精度，又提高效率，采用指标自动归零（或称自动补偿）装置代替指标水准器。其目的仍然是：在进行垂直度盘读数时，使垂直度盘的读数指标保持水平状态。

各种垂直度盘读数指标自动归零装置都是利用重力使悬吊物体自然下垂，或使液面保持水平的原理，通过光学折射补偿的方法，达到垂直度盘读数指标自动归零的目的。目前采用的自动归零装置有三类：吊丝式自动归零装置、簧片式自动归零装置和液体式自动归零装置。带有垂直度盘读数指标自动归零装置的仪器，在测量垂直角时，因无需调整指标水准器符合，显得方便快捷多了。

4. 垂直角、指标差计算公式

垂直角是视准线在垂直度盘上的读数与水平视线（即垂直度盘读数指标）读数之差。由于望远镜与垂直度盘固定在一起，这样，视准线在垂直度盘上的读数，将随着垂直度盘刻划方式的不同而不同，所以其垂直角的计算公式也将不同。

（1）蔡司 010 和威特 T2 经纬仪垂直角、指标差计算公式。此类仪器的垂直度盘刻划方式如图 3-9（a）所示。其视准线在垂直度盘上的读数，盘左时为 90°[图 3-9（b）]，盘右时为 270°[图 3-9（c）]。

俯仰望远镜照准目标，水平视线（即读数指标）在垂直度盘上的读数，盘左时为 L[图 3-9（b）]，盘右时为 R[图 3-9（c）]。

依照测定垂直角的原理，由图 3-9 可以看出，盘左时垂直角 $\alpha_左$ 为

$$\alpha_左 = 90° - L$$

盘右时，垂直角 $\alpha_右$ 为

$$\alpha_右 = R - 270°$$

取盘左、盘右（$\alpha_左$、$\alpha_右$）的中数，即得垂直角计算公式为

$$\alpha = \frac{R - 180° - L}{2} \tag{3-3}$$

实际上，读数指标的位置不可能完全正确，当指标水准器气泡居中时，读数指标与水平

45

视线总有一夹角 i，我们称之为指标差。存在指标差 i 时，盘左和盘右位置，望远镜视准轴在垂直度盘的读数不受其影响，而水平读数指标的读数分别为 L、R。由图 3-9（b，c）可知，L、R 与没有指标差时的正确读数 L_0、R_0 的关系为

$$\begin{cases} L_0 = L - i \\ R_0 = R - i \end{cases}$$

垂直角为

$$\left. \begin{array}{l} \alpha_左 = 90° - L + i \\ \alpha_右 = R - 270° - i \end{array} \right\} \tag{3-4}$$

取其中数，垂直角计算公式为

$$\alpha = \frac{R - 180° - L}{2} \tag{3-5}$$

式（3-3）与式（3-5）完全相同。这表明，通过盘左、盘右观测垂直角，可以消除指标差的影响。

将式（3-4）的两式相减，可得

$$(90° - L + i) - (R - 270° - i) = 0$$

即

$$i = \frac{L + R - 360°}{2} \tag{3-6}$$

这就是威特 T2 和蔡司 010 经纬仪的指标差计算公式。

（2）威特 T3 经纬仪的垂直角、指标差计算公式。如前所述，威特 T3 经纬仪垂直度盘的刻划特点是：非全圆周刻划及分划注记仅为实际所对角度的一半。另外，读数指标不是与水平视线一致，而是与水平视线正交。因此，其垂直角、指标差的计算公式与威特 T2、蔡司 010 经纬仪的不同。由图 3-18 可以看出，盘左、盘右时，望远镜照准目标后其视准轴（即视准线）的读数均为 90°，读数指标的读数分别为 L、R。没有指标差时的正确读数为 L_0、R_0，则

$$\begin{cases} L_0 = L - i_1 \\ R_0 = R - i_1 \end{cases}$$

盘左、盘右时，垂直角应为

$$\left. \begin{array}{l} \alpha_左 = 2(L - i_1 - 90°) = 2(L - 90°) - 2i \\ \alpha_右 = 2(90° - R + i_1) = 2(90° - R) + 2i \end{array} \right\} \tag{3-7}$$

取其中数，得垂直角计算公式为

$$\alpha = L - R \tag{3-8}$$

将式（3-7）的两式相减，得

$$[2 \times (L - 90°) - 2i_1] - [2 \times (90° - R) + 2i_1] = 0$$

由于垂直度盘刻划是实际所对角度值的 2 倍，上式可写成

$$i = (L + R) - 180° \tag{3-9}$$

3.2　全站仪角度测量

3.2.1　概述

全站仪，即全站型电子速测仪（Electronic Total Station），是一种集光、机、电为一体

的高技术测量仪器，是集水平角、垂直角、距离（斜距、平距）、高差测量功能于一体的测绘仪器系统。因其一次安置仪器就可完成该测站上全部测量工作，所以称之为全站仪。它广泛用于地上大型建筑和地下隧道施工等精密工程测量或变形监测领域。全站仪是一种新型测角仪器，与光学经纬仪比较，全站仪将光学度盘换为光电扫描度盘，将人工光学测微读数代之以自动记录和显示读数，使测角操作简单化，且可避免读数误差的产生。全站仪的自动记录、储存、计算功能，以及数据通信功能进一步提高了测量作业的自动化程度。

全站仪与光学经纬仪区别在于度盘读数及显示系统，电子经纬仪的水平度盘和竖直度盘及其读数装置是分别采用两个相同的光栅度盘（或编码盘）和读数传感器进行角度测量的，根据测角精度可分为 0.5″，1″，2″，3″，5″，10″等几个等级。

1. 全站仪的发展

全站仪是在角度测量自动化的过程中应命而生的，各类电子经纬仪在各种测绘作业中起着巨大的作用。

全站仪的发展经历了从组合式即光电测距仪与光学经纬仪组合，或光电测距仪与电子经纬仪组合，到整体式即将光电测距仪的光波发射接收系统的光轴和经纬仪的视准轴组合为同轴的整体式全站仪等几个阶段。

最初速测仪的距离测量是通过光学方法来实现的，我们称这种速测仪为"光学速测仪"。实际上，"光学速测仪"就是指带有视距丝的经纬仪，被测点的平面位置由方向测量及光学视距来确定，而高程则是用三角测量方法来确定的。

带有"视距丝"的光学速测仪，由于其快速、简易，而在短距离（100m 以内）、低精度（1/500～1/200）的测量中，如碎部点测定中有其优势，得到了广泛的应用。

电子测距技术的出现大大地推动了速测仪的发展。用电磁波测距仪代替光学视距经纬仪，使得测程更大、测量时间更短、精度更高。人们将距离由电磁波测距仪测定的速测仪笼统地称为"电子速测仪"（Electronic Tachymeter）。

然而，随着电子测角技术的出现，这一"电子速测仪"的概念又相应地发生了变化，根据测角方法的不同分为半站型电子速测仪和全站型电子速测仪。半站型电子速测仪是指用光学方法测角的电子速测仪，也有的称之为"测距经纬仪"。这种速测仪出现较早，并且进行了不断的改进，可将光学角度读数通过键盘输入到测距仪，对斜距进行化算，最后得出平距、高差、方向角和坐标差，这些结果都可自动地传输到外部存储器中。全站型电子速测仪则是由电子测角、电子测距、电子计算和数据存储单元等组成的三维坐标测量系统，测量结果能自动显示，并能与外围设备交换信息的多功能测量仪器。由于全站型电子速测仪较完善地实现了测量和处理过程的电子化和一体化，人们也通常称之为全站型电子速测仪或简称全站仪。

20 世纪 80 年代末，人们根据电子测角系统和电子测距系统的发展不平衡，将全站仪分成两大类，即积木式和整体式。

20 世纪 90 年代以来，基本上都发展为整体式全站仪。

2. 全站仪的分类

全站仪采用了光电扫描测角系统，其类型主要有编码盘测角系统、光栅盘测角系统及动态（光栅盘）测角系统等三种。

（1）全站仪按其外观结构可分为两类：

1）积木型（Modular，又称组合型）。早期的全站仪大都是积木型结构，即电子速测

47

仪、电子经纬仪、电子记录器各是一个整体，可以分离使用，也可以通过电缆或接口把它们组合起来，形成完整的全站仪。

2）整体性（Integral）。随着电子测距仪进一步的轻巧化，现代的全站仪大都把测距、测角和记录单元在光学、机械等方面设计成一个不可分割的整体，其中测距仪的发射轴、接收轴和望远镜的视准轴为同轴结构，这对保证较大垂直角条件下的距离测量精度非常有利。

（2）全站仪按测量功能分类可分成四类：

1）经典型全站仪（Classical total station）。经典型全站仪也称为常规全站仪，它具备全站仪电子测角、电子测距和数据自动记录等基本功能，有的还可以运行厂家或用户自主开发的机载测量程序。其经典代表为徕卡公司的 TC 系列全站仪。

2）机动型全站仪（Motorized total station）。在经典全站仪的基础上安装轴系步进电机，可自动驱动全站仪照准部和望远镜的旋转。在计算机的在线控制下，机动型系列全站仪可按计算机给定的方向值自动照准目标，并可实现自动正、倒镜测量。徕卡 TCM 系列全站仪就是典型的机动型全站仪。

3）无合作目标性全站仪（Reflectorless total station）。无合作目标型全站仪是指在无反射棱镜的条件下，可对一般的目标直接测距的全站仪。因此，对不便安置反射棱镜的目标进行测量，无合作目标型全站仪具有明显优势。如徕卡 TCR 系列全站仪，无合作目标距离测程可达 200m，可广泛用于地籍测量、房产测量和施工测量等。

4）智能型全站仪（Robotic total station）。在机动化全站仪的基础上，仪器安装自动目标识别与照准的新功能，因此在自动化的进程中，全站仪进一步克服了需要人工照准目标的重大缺陷，实现了全站仪的智能化。在相关软件的控制下，智能型全站仪在无人干预的条件下可自动完成多个目标的识别、照准与测量，因此智能型全站仪又称为"测量机器人"，典型的代表有徕卡的 TCA 型全站仪等。

（3）全站仪按测距仪测距分类还可以分为三类：

1）短距离测距全站仪。测程小于 3km，一般精度为 $\pm(5mm+5\times10^{-6}D)$，主要用于普通测量和城市测量。

2）中测程全站仪。测程为 3～15km，一般精度为 $\pm(5mm+2\times10^{-6}D)$，$\pm(2mm+2\times10^{-6}D)$，通常用于一般等级的控制测量。

3）长测程全站仪。测程大于 15km，一般精度为 $\pm(5mm+1\times10^{-6}D)$，通常用于国家三角网及特级导线的测量。

3. 全站仪的结构特点

同电子经纬仪、光学经纬仪相比，全站仪增加了许多特殊部件，因此使得全站仪具有比其他测角、测距仪器更多的功能，使用也更方便。这些特殊部件构成了全站仪在结构方面独树一帜的特点。

（1）同轴望远镜。全站仪的望远镜实现了视准轴、测距光波的发射、接收光轴同轴化。同轴化的基本原理是：在望远物镜与调焦透镜间设置分光棱镜系统，通过该系统实现望远镜的多功能，即既可瞄准目标，使之成像于十字丝分划板，进行角度测量，同时其测距部分的外光路系统又能使测距部分的光敏二极管发射的调制红外光在经物镜射向反光棱镜后经同一路径反射回来，再经分光棱镜作用，回光被光电二极管接收；为测距需要，在仪器内部另设一内光路系统，通过分光棱镜系统中的光导纤维将由光敏二极管发射的调制红外光传送给光电二极管接收，进行而由内、外光路调制光的相位差间接计算光的传播时间，计算实测距离。

同轴性使得望远镜一次瞄准即可实现同时测定水平角、垂直角和斜距等全部基本测量要素的测定功能。加之全站仪强大、便捷的数据处理功能，使全站仪使用极其方便。

(2) 双轴自动补偿。在仪器的检验校正中已介绍了双轴自动补偿原理，作业时若全站仪纵轴倾斜，会引起角度观测的误差，盘左、盘右观测值取中不能使之抵消。而全站仪特有的双轴（或单轴）倾斜自动补偿系统，可对纵轴的倾斜进行监测，并在度盘读数中对因纵轴倾斜造成的测角误差自动加以改正（某些全站仪纵轴最大倾斜可允许至 $\pm6'$）。也可通过将由竖轴倾斜引起的角度误差由微处理器自动按竖轴倾斜改正计算式计算，并加入度盘读数中加以改正，使度盘显示读数为正确值，即所谓纵轴倾斜自动补偿。

双轴自动补偿所采用的构造（现有水平，包括 Topcon，Trimble）：使用一水泡（该水泡不是从外部可以看到的，与检验校正中所描述的不是一个水泡）来标定绝对水平面，该水泡中间是填充液体，两端是气体。在水泡的上部两侧各放置一发光二极管，而在水泡的下部两侧各放置一光电管，用于接收发光二极管透过水泡发出的光。而后，通过运算电路比较两二极管获得的光的强度。当在初始位置，即绝对水平时，将运算值置零。当作业中全站仪器倾斜时，运算电路实时计算出光强的差值，从而换算成倾斜的位移，将此信息传达给控制系统，以决定自动补偿的值。自动补偿的方式除由微处理器计算后修正输出外，还有一种方式，即通过步进马达驱动微型丝杆对此轴方向上的偏移进行补正，从而使轴时刻保证绝对水平。

(3) 键盘。键盘是全站仪在测量时输入操作指令或数据的硬件，全站型仪器的键盘和显示屏均为双面式，便于正、倒镜作业时操作。

(4) 存储器。全站仪存储器的作用是将实时采集的测量数据存储起来，再根据需要传送到其他设备如计算机等中，供进一步的处理或利用。全站仪的存储器有内存储器和存储卡两种。

全站仪内存储器相当于计算机的内存（RAM）；存储卡是一种外存储媒体，又称 PC 卡，作用相当于计算机的磁盘。

(5) 通信接口。全站仪可以通过 RS-232C 通信接口和通信电缆将内存中存储的数据输入计算机，或将计算机中的数据和信息经通信电缆传输给全站仪，实现双向信息传输。

3.2.2 全站仪测角原理

电子经纬仪与光学经纬仪的外形和结构大体相同，在使用方法上也有许多相通之处。二者最主要的区别是电子经纬仪采用了一套光电扫描度盘系统和自动显示系统，将角度值转化成数码，然后经译码显示在液晶屏幕上。

目前，电子测角有三种度盘形式，即编码度盘、光栅度盘和格区式度盘，下面分述其测角原理。

1. 编码度盘测角原理

编码度盘属于绝对式度盘，即度盘的每一个位置均可读出绝对的数值。

图 3-12 为编码度盘光电读数系统。整个圆盘被均匀地分成 16 个扇形区间，每个扇形区间由里到外分成 4 个环

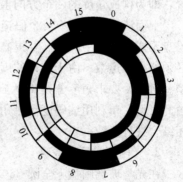

图 3-12 编码度盘测角原理

带，称为4条码道。图中黑色部分表示透光区，白色部分表示不透光区。透光表示为二进制代码"1"，不透光表示为"0"。这样通过各区间的4个码道的透光和不透光，即可由里向外读出4位二进制数来。由码道组成的状态见表3-1。

表3-1　　　　　　　　　　　　　　编码度盘表

区间	二进制编码	角值	区间	二进制编码	角值
0	0000	0°00′	8	1000	180°00′
1	0001	22°30′	9	1001	202°30′
2	0010	45°00′	10	1010	225°00′
3	0011	67°30′	11	1011	247°30′
4	0100	90°00′	12	1100	270°00′
5	0101	112°30′	13	1101	292°30′
6	0110	135°00′	14	1110	315°00′
7	0111	157°30′	15	1111	337°30′

利用这种度盘测量角度，关键在于识别照准方向所在的区间。例如，已知角度的起始方向在区间1内，某照准方向在区间8内，则中间所隔6个区间所对应的角度值即为该角的角值。

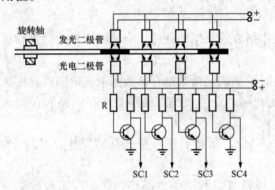

图3-13　编码度盘光电读数系统

由图3-13所示的光电读数系统可译出码道的状态，以识别所在的区间。图中8个二极管的位置不动，度盘上方的4个发光二极管加上电压后就发光。当度盘转动停止后，处于度盘下方的光电二极管就接收来自上方的光信号。由于码道分为透光和不透光两种状态，接收管上有无光照就取决于各码道的状态。如果透光，光电二极管受到光照后阻值大大减小，使原处于截止状态的晶体三极管导通，输出高电位（设为1），而不受光照的二极管阻值很大，晶体三极管仍处于截止状态，输出低电位（设为0）。这样，度盘的透光与不透光状态就变成电信号输出。通过对两组电信号的译码，就可得到两个度盘位置，即为构成角度的两个方向值。两个方向值的差值就是该角值。

上面谈到的码盘有4个码道，区间为16，其角度分辨率为360°/16＝22.5°，显然这样的码盘不能在实际中应用。要提高角度分辨率，必须缩小区间间隔；要增加区间的状态数，就必须增加码道数。由于测角的度盘不能制作得很大，因此码道数就受到光电二极管尺寸的限制。例如，要求角度分辨率达到10′，就需要11个码道（即 $2^{11}=2048$，360°/2048＝10′）。由此可见，单利用编码度盘测角是很难达到很高精度的，因此在实际中用码道和各种细分法相结合进行读数。

2. 光栅度盘测角原理

在光学玻璃圆盘上全圆360°均匀而密集地刻划出许多径向刻线，构成等间隔的明暗条弦纹——光栅，称为光栅度盘，如图3-14所示。通常光栅的刻线宽度与缝隙宽度相同，二者之和称为光栅的栅距。栅距所对应的圆心角即为栅距的分划值。如在光栅度盘上下对应位置安装照明器和光电接收管，光栅的刻线不透光，缝隙透光，即可把光信号转换为电信号。当照明器和接收管随照准部相对于光栅度盘转动，由计数器计出转动所累计的栅距数就可得到转动的角度值。因为光栅度盘是累计计数的，通常称这种系统为增量式读数系统。

仪器在操作中会顺时针转动和逆时针转动，因此计数器在累计栅距数时也有增有减。例如，在瞄准目标时，如果转动过了目标，当反向回到目标时，计数器就会减去多转的栅距数。所以，这种读数系统具有方向判别的能力，顺时针转动时就进行加法计数，而逆时针转动时就进行减法计数，最后结果为顺时针转动时相应的角值。

在 80mm 直径的度盘上刻线密度已达到 50 线/mm，如此之密，而栅距的分划仍很大，为 $1'43''$。为了提高测角精度，还必须用电子方法对栅距进行细分，分成几十到上千等份。由于栅距太小，细分和计数都不易准确，在光栅测角系统中都采用了莫尔条纹技术，借以将栅距放大，再细分和计数。莫尔条纹如图 3-15 所示，是用与光栅度盘相同密度和栅距的一段光栅，称为指示光栅，与光栅度盘以微小的间距重叠起来，并使两光栅刻线互成一微小的夹角 θ，这时就会出现放大的明暗交替的条纹，这些条纹就是莫尔条纹，通过莫尔条纹，即可使栅距 d 放大至 D。

日本索佳的电子经纬仪和全站仪均采用光栅度盘。

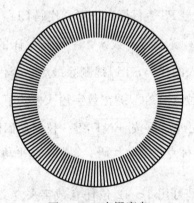

图 3-14　光栅度盘

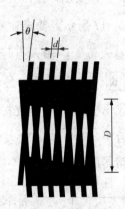

图 3-15　莫尔条纹

3. 格区式度盘动态测角原理

图 3-16 为格区式动态测角度盘，度盘刻有 1024 个分划，每个分划间隔包括一条刻线和一个空隙（透光与不透光），其分划值为 φ_0，测角时度盘以一定的速度旋转，因此称为动态测角。度盘上装有两个指示光栏，L_S 为固定光栏，L_R 为可动光栏，可随照准部转动，两光栏分别安装在度盘的内外缘。测角时，可动光栏 L_R 随照准部旋转，L_S 与 L_R 之间构成角度 φ_0，度盘在马达带动下以一定速度旋转，其分划被光栏 L_S 与 L_R 扫描而计取两个光栏之间的分划数，从而求得角度值。

由图 3-16 可知，$\varphi_0 = n\varphi_0 + \Delta\varphi$，即 φ 角等于 n 个整周期 φ_0 与不足整周期的 $\Delta\varphi$ 之知。n 与 $\Delta\varphi$ 分别由粗测和精测求得。

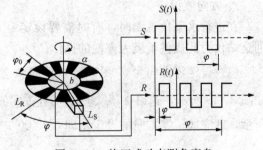

图 3-16　格区式动态测角度盘

（1）粗测。在度盘同一径向的外、内缘上设有两个标记 a 和 b，度盘旋转时，从标记 a 通过 L_S 时起，计数器开始计取整间隔 φ_0 的个数，当另一标记 b 通过 L_R 时计数器停止记数，此时计数器所得到的数值即为 φ_0 的个数 n。

（2）精测。度盘转动时，通过光栏 L_S 与 L_R 分别产生两个信号 S 和 R，$\Delta\varphi$ 可通过 S 和 R 的相位关系求得。如果 L_S 与 L_R 处于同一位置，可相隔的角度是分划间隔 φ_0 的整倍数，则 S 和 R 同相，即二者相位差为零；如果 L_R 相对于 L_S 移动的间隔不是 φ_0 的整倍数，则分划通过 L_R 和分划通过 L_S 之间就存在着时间差 ΔT 与周期 T_0 之比，即

$$\Delta\varphi = \frac{\Delta T}{T_0}\varphi_0 \qquad (3-10)$$

ΔT 为任意分划通过 L_S 之后紧接着另一分划通过 L_R 所需的时间。

粗测和精测数据经微处理器处理后组合成完整的角值。

瑞士徕卡威尔特厂生产的 TC-6110 等均采用动态测角系统。

3.2.3 全站仪测角方法

1. 测角与记录

用全站仪进行水平角、天顶距和距离测量相当方便，当照准目标后，水平角、天顶距即显示在屏幕上，直接读出。按 MSR 键即得距离，当要进行记录时，按 REC 键（·键），屏幕显示如图 3-17 所示，要求输入目标的点号 PT、目标高 HT 和代码 CD。用 ESC 键将光标调至点号输入位置，输入点号，用 FNC 键进行、数字、字母与代码的转换。在 BS DEL 状态下，6、7 键翻页，显示以前输入的代码，1 键删除最后一个代码字符，2 键删除第一个代码字符，4 键光标向后移一位（FNC 键在数字输入模式下可输入负号）。完成点号输入后按 ENT 键，输入目标高，完成后再按 ENT 键，仪器返回测量状态。此时仪器内部存储器自动记录下了本次测量的目标点点号、代码、斜距、水平角、天顶距，测量时的年、月、日和具体时间。

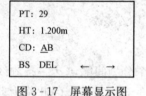

PT: 29
HT: 1.200m
CD: AB
BS DEL   ←   →

图 3-17 屏幕显示图

对于点号命名，可用 1~12 位任意数字来定义；对于代码，可以由数字、符号、字母等在内的 0~12 个字符来定义。

代码可表示一个测站的一组数据，也可表示一个测区的数据，或一幅图中的数据。总之，代码是为了让计算机进行计算、绘图的一个特征码，视具体情况人为约定。

注意：仪器内部无判断是否超限功能，进行记录时要人工判别，以免超限。

2. 方向值设定

在进行水平角观测时，有时需要设定零方向，或设定任意角度的方向，DTM—400 系列全站仪为此提供了极为方便的操作。

（1）设定零方向为 $0°00'00''$。在测量状态下，照准目标按 ANG 键（4 键），屏幕显示如图 3-18 所示，选第 1 项（0-Set，置方向值为 $0°00'00''$）（按 1 键），屏幕显示如图 3-19 所示，就完成了零方向的设定，即 $0°00'00''$。

```
┌─────────────────────────┐        ┌─────────────────────────┐
│ HA: 32°48'16″           │        │ HA: 0°00'00″            │
│ 1: 0─set    3: Hold     │        │ VA: 92°31'27″           │
│ 2: INPUT    4: Rept     │        │ SD:                     │
│ ANG        BⅡ           │        │ DSP1/3    S  BⅡ         │
└─────────────────────────┘        └─────────────────────────┘
```

图 3-18 设定方向值图   图 3-19 设定方向为 0

(2) 设定方向值为任意角度。照准所需目标后，在图 3-18 中，选第 2 项（2：IN-PUT），置水平度盘为任意角度，按 $\boxed{2}$ 屏幕显示图 3-20，要求输入水平角。假设需输入方向值 137°13'28″，则依次按下 $\boxed{1}$、$\boxed{3}$、$\boxed{7}$、$\boxed{\cdot}$、$\boxed{1}$、$\boxed{3}$、$\boxed{2}$、$\boxed{8}$ 键，然后按 $\boxed{ENT}$ 即完成任意方向值的设定。

3. 角度复测

DTM—400 系列全站仪提供了反复测量两目标之间夹角的功能，并以累加的形式显示在屏幕上，缺点是最后不能自动求出平均值，而且不能判断是否超限，需人工判断和计算平均值。

角度复测方法：在图 3-20 中角度菜单下选第 4 项，屏幕显示如图 3-22 所示。照准目标 1，按 $\boxed{ENT}$ 键，屏幕显示如图 3-23 所示。照准目标 2，按 $\boxed{ENT}$ 键，屏幕显示如图 3-24 所示。

```
┌─────────────────────────┐   ┌─────────────────────────┐   ┌─────────────────────────┐
│ HA:        ___          │   │ HA: 137°13'28″          │   │                         │
│ 1: 0─set    3: Hold     │   │ VA: 92°31'27″           │   │ HRΣ  0° 00' 00″         │
│ 2: INPUT    4: Rept     │   │ SD:                     │   │                         │
│ ANG        BⅡ           │   │ DSP1/3    S  BⅡ         │   │ ─HR HOLD─               │
└─────────────────────────┘   └─────────────────────────┘   └─────────────────────────┘
```

图 3-20 输入水平角值图   图 3-21 水平角设置为任意值   图 3-22 角度复测

图 3-24 说明第一次测角完毕，水平角为 45°01'05″。再次照准目标 1，按 $\boxed{ENT}$ 键，屏幕显示如图 3-25 所示。照准目标 2，按 $\boxed{ENT}$ 键，屏幕显示如图 3-26 所示。

```
┌──────────────────┐  ┌──────────────────┐  ┌──────────────────┐  ┌──────────────────┐
│ HRΣ  0° 00' 00″  │  │ HRΣ  45° 01' 05″ │  │ HRΣ  45° 01' 05″ │  │ HRΣ  90° 02' 10″ │
│                  │  │                  │  │ VA  93° 05' 11″  │  │ ─HR HOLD─        │
│ VA 93° 05' 11″   │  │ ─HR HOLD─        │  │ ANG N=02  BⅢ     │  │ ANG N=02  BⅢ     │
└──────────────────┘  └──────────────────┘  └──────────────────┘  └──────────────────┘
```

图 3-23 照准目标 1   图 3-24 照准目标 2   图 3-25 第二次测角   图 3-26 第二次测角结果

当显示天顶距时，说明第 1 目标测量结束，应照准第 2 目标测角。图 3-26 中，"N=02"说明是第 2 次复测，显示"─ HR HOLD ─"说明第 N 次复测完毕。依次类推，可多次复测，最大累加值为 1999°59'59″。退出复测按 $\boxed{ESC}$ 键。

3.3 精密角度观测方法

在控制测量和精密工程测量中所采用的观测方法，应能有效地减弱各种误差影响，保证观测结果的必要精度；操作程序要尽可能简单、有规律，以适应野外作业。不同等级的水平角观测的精度要求不同，其观测方法也不同。当前三、四等以下的水平角观测采用"方向观测法"。

3.3.1 方向观测法

在一个测回内把测站上所有观测方向，先盘左位置依次观测，再盘右位置依次观测，取盘左、盘右平均值作为各方向的观测值。如图 3-27 所示，若测站上有 5 个待测方向 A、B、C、D、E，选择其中的一个方向（如 A）作为起始方向（亦称零方向），在盘左位置，从起始方向 A 开始，按顺时针方向依次照准 A、B、C、D、E，并读取度盘读数，称为上半测回；然后，纵转望远镜，在盘右位置按逆时针方向旋转照准部，从最后一个方向 E 开始，依次照准 E、D、C、B、A 并读数，称为下半测回。上、下半测回合为一测回。这种观测方法就叫做方向观测法（又叫方向法）。

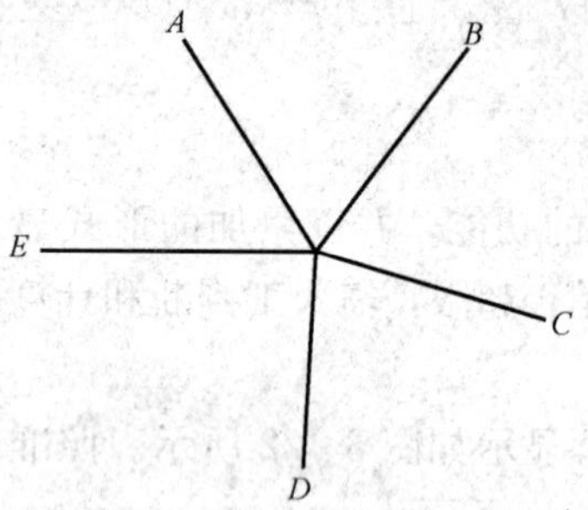

如果在上半测回照准最后一个方向 E 之后继续按顺时针方向旋转照准部，重新照准零方向 A 并读数；下半测回也从零方向 A 开始，依次照准 A、E、D、C、B、A，并进行读数。这样，在每半测回中，都从零方向开始照准部旋转一整周，再闭合到零方向上的操作，就叫"归零"。通常把这种"归零"的方向观测法称为全圆方向法。习惯上把方向观测法和全圆方向法统称为方向观测法或方向法。当观测方向多于 3 个时，采用全圆方向法。

图 3-27 方向观测法

"归零"的作用是：当应观测的方向较多时，半测回的观测时间也较长，这样在半测回中很难保持仪器底座及仪器本身不发生变动。由于"归零"，便可以从零方向的两次方向值之差（即归零差）的大小判明这种变动对观测精度影响的程度以及观测结果是否可以采用。

3.3.2 观测方法

1. 选取零方向

采用方向观测法时，选择理想的方向作为零方向是最重要的。如果零方向选择得不理想，不仅观测工作无法顺利进行，而且还会影响方向值的精度。选择的零方向应满足以下的条件：

（1）边长适中。就是说，与本点其他方向比较，其边长既不是太长又不是最短。

（2）成像清晰，目标背景最好是天空。若本点所有目标的背景均不是天空时，可选背景为远山的目标作为零方向。另外，零方向的相位差影响要小。

（3）视线超越或旁离障碍物较远，不易受水平折光影响，视线最好从觇标的两橹柱中间通过。

有些方向虽能满足上述要求，但经常处在云雾中，也不宜选作零方向。

当需要分组观测时，选择零方向更要慎重，以保证各组均使用同一个零方向。

2. 度盘配置

为了减弱度盘和测微盘分划误差影响，应在开始观测前编出观测度盘表。零方向各测回度盘位置按下式计算：

J_{07}、J_1 型仪：

$$\frac{180°}{m}(j-1) + 4'(j-1) + \frac{120''}{m}\left(j-\frac{1}{2}\right) \tag{3-11}$$

J_2 型仪器：

$$\frac{180°}{m}(j-1) + 10'(j-1) + \frac{600''}{m}\left(j-\frac{1}{2}\right) \tag{3-12}$$

式中 m——测回数；

j——测回序号（$j=1, 2, 3, \cdots, m$）。

按上式计算得零方向，各测回度盘表见表 3-3。

采用方向观测法时，可根据测站点的等级和仪器类型，遵守表列测回数规定，并按表 3-2 配置各测回零方向的度盘和测微器位置，不需要重新编制观测度盘表。

表 3-2 方向观测度盘

等级	三 等			四 等		
仪器	J_{07}型	J_1（T3）型	J_2（T2、010）型	J_{07}型	J_1（T3）型	J_2（T2、010）型
测回数	6/(° ′ ″)	9/(° ′ ″)	12/(° ′ ″)	4/(° ′ ″)	6/(° ′ ″)	9/(° ′ ″)
Ⅰ	0 00 05g	0 00 03g	0 00 25	0 00 08g	0 00 05g	0 00 33
Ⅱ	30 04 15	20 04 10	15 11 15	45 04 23	30 04 15	20 11 40
Ⅲ	60 08 25	40 08 17	30 22 05	90 08 38	60 08 25	40 22 47
Ⅳ	90 12 35	60 12 23	45 32 55	135 12 53	90 12 35	60 33 53
Ⅴ	120 16 45	80 16 30	60 43 45		120 16 45	80 45 00
Ⅵ	150 20 55	100 20 37	75 54 35		150 20 55	100 56 07
Ⅶ		120 24 43	90 05 25			120 07 13
Ⅷ		140 28 50	105 16 15			140 18 20
Ⅸ		160 32 57	120 27 05			160 29 27
Ⅹ			135 37 55			
Ⅺ			150 48 45			
Ⅻ			165 59 35			

3. 一测回操作程序

（1）照准零方向标的，按观测度盘表配置测微盘和度盘。

（2）按顺时针方向旋转照准部 1~2 周后，精确照准零方向标的，读取水平度盘和测微盘读数（重合对径分划线两次，读取水平度盘读数一次，读取测微盘读数两次）。

（3）顺时针方向旋转照准部，精确照准 2 方向标的，按（2）中方法进行读数。继续按顺时针方向旋转照准部，依次精确照准 3，4，$\cdots$，n 方向标的并读数，最后闭合至零方向（当观测的方向数小于 3 时可以不"归零"）。

（4）纵转望远镜，按逆时针方向旋转照准部 1~2 周后，依次精确照准 1，n，$\cdots$，3，2，1 方向标的，并按（2）中读数方法进行读数。

以上操作为一测回，方向法观测的测回数见表 3-3。

表 3-3 方向法观测的测回数

仪器类型	等 级		
	二等	三等	四等
J_1 型	15	9	6
J_2 型		12	9

4. 观测手簿的记录与计算

表 3-4 所列结果是使用 J_2（T2）型经纬仪进行四等方向观测一测回的手簿记录、计算示例。因为观测顺序是上半测回为 1、2、3、4、1，下半测回为 1、4、3、2、1，所以手簿"读数"栏中两个半测回的记录也必须与之相应，即上半测回由上往下、下半测回由下往上记录。每照准一次，重合读数两次，取两次测微盘读数之平均值作为这次照准的秒读数。再取盘左、盘右观测的平均值，然后将各方向的观测值减去 1 号方向的观测值，得到归零之后的方向值。例如 3 号方向值为 $112°11'06.0''-0°00'22.0''=112°10'44.0''$。

用 J_1（T3）型经纬仪进行二等方向观测一测回的手簿记录、计算见表 3-5。其与表 3-4 只有两点不同：一是小数位规定不同；二是测微盘两次读数结果不是取平均值，而是取其和作为此次照准的秒读数。

表 3-4　　　　　　　　　　**四等方向观测一测回的手簿记录、计算**

第　Ⅰ　测回　　　仪器：T2 No103501　　　点名　吕峰　　　等级　四　　　日期：

天气：晴　　　观测者：王　刚　　　　　　　　　　　　　　　　　　　开始：

成像：清晰　　　记录者：李　力　　　　　　　　　　　　　　　　　　结束：

方向号数名称及照准目标	读　数				左-右（2C）（"）	（左+右）/2（"）22.0 (1)	方向值（° ′ ″）	附注
	盘左		盘右					
	（° ′ ″）	（"）	（° ′ ″）	（"）				
1 坡岗	0　00　26	26	180　00　21	20	+06	23.0	0　00　00.0	（1）22.0 为上、下两
	25		20					个 1 号方向
2 张庄	74　16　05	05	254　16　01	00	+05	02.5	74　15　40.5	数 值 的 平
	05		00					均值；
3 兆堤	112　11　10	11	292　11　02	01	+10	06.0	112　10　44.0	（2）方向
	12		00					值一栏各数
4 肖坡	172　51　52	52	352　51　50	50	+02	51.0	172　51　29.0	由各方向观
	52		51					测值减去 1
1 坡岗	0　00　21	22	180　00　19	20	+02	21.0		号方向值而
	22		20					获得

$\Delta_左=4$　　　　　　　　　　　　　　　　　　　$\Delta_右=0$

表 3-5　　　　　　　　　　**二等方向观测一测回的手簿记录、计算**

第　Ⅰ　测回　　　点名　尖山　　　等级　二　　　日期：6 月 14 日

天气：晴，南风一级　　　　　　　　　　　　　　　　开始：　时　分

成像：清晰　　　　　　　　　　　　　　　　　　　　结束：　时　分

方向号数名称及照准目标	读　数				左-右（2C）（"）	（左+右）/2（"）（10.65）	方向值（° ′ ″）	附注
	盘左		盘右					
	（° ′ ″）	（"）	（° ′ ″）	（"）				
1 杜鹃山	0　00　03.4	06.6	180　00　06.4	12.8	-6.2	09.70	0　00　00.00	
	03.2		06.4					

方向号数名称及照准目标	读 数				左—右（2C）	（左+右）/2	方向值	附注
	盘左		盘右		（″）	（″）		
	（° ′ ″）	（″）	（° ′ ″）	（″）		（10.65）	（° ′ ″）	
2 摩天岭	45 10 22.1	44.1	225 10 25.7	51.7	−7.6	47.90	45 10 37.25	
	22.0		26.0					
3 玉泉峰	87 42 17.6	34.9	267 42 20.5	41.0	−6.1	37.95	87 42 27.30	
	17.3		20.5					
4 泰 山	124 44 53.2	106.1	304 44 57.0	113.9	−7.8	110.00	124 45 39.35	
	52.9		56.9					
1 杜鹃山	0 00 04.1	08.1	180 00 07.5	15.1	−7.0	11.60		
	04.0		07.6					
	$\Delta_左=1.5$				$\Delta_右=2.3$			

3.3.3 观测结果的选择

1. 观测限差

观测结果中，有一些数值在理论上应该满足一定的关系。例如，同一个方向各测回的方向值应相同、归零差应为零等。由于各种误差的影响，实际上这是不可能的。为了保证观测结果的精度，利用它们理论上存在的关系，通过大量的实践验证，对其差异规定出一定的界限，称为限差。在作业中用这些限差检核观测质量，决定成果的取舍。在限差以内的结果认为合格，超限成果则不合格，应舍去重新观测。

方向观测法中的限差规定见表 3-6。表 3-6 中的限差规定是经过长期作业实践和周密理论分析而总结出来的，只要作业人员严格按照作业规则操作，在正常的外界条件下，这些限差指标是完全能够满足的。另外，限差是对观测质量的最低要求，作业人员不应满足于观测成果不超限，而应努力提高技术水平，严格遵守操作规则，认真分析误差影响（尤其是系统误差）的因素，采取相应的措施，在不增加作业时间的前提下，最大限度地消除或减弱其影响，尽可能地提高观测成果质量。

表 3-6　　　　　　　　　　　　　方向观测法限差规定

序号	项 目	二等		三等			四等		
		J_{07}型	J_1型	J_{07}型	J_1型	J_2型	J_{07}型	J_1型	J_2型
		（″）	（″）	（″）	（″）	（″）	（″）	（″）	（″）
1	光学测微器两次重合读数之差	1	1	1	1	3	1	1	3
2	半测回归零差	5	5	5	6	8	5	6	8
3	一测回内 2C 互差	9	9	9	9	13	9	9	13
4	不纵转望远镜时同一方向值在一测回中上、下半测回之差	6	—	6			6	—	—
5	化归同一起始方向后同一方向值各测回互差	5	6	5	6	9	5	6	9
6	三角形最大闭合差	3.5″		7.0″			9.0″		

2. 观测结果的取舍

为了保证观测成果质量，凡是超限成果都必须重测。但超限的具体情况比较复杂，究竟应该重测哪个，要根据观测的实际情况，仔细地分析，合理地确定其取舍。任何主观臆断或盲目重测都可能造成观测结果的混乱，影响成果质量。判定重测时注意：

（1）超限现象是有其规律可循的。观测结果中的主要误差是偶然误差，它是按其自身的规律性出现的，因此在成果取舍时要根据偶然误差的特性加以判断。同时，也要根据观测时的具体条件，注意分析系统误差的影响，合理地确定取舍。

（2）在判断重测时应仔细分析造成超限的真正原因，是客观原因，如仪器、目标成像、水平折光等，还是主观原因，如操作、照准、观测时间的选择等。假如判定有错误，将会直接影响成果质量，甚至会造成全部重测。

（3）判定重测的方法只是一些基本原则，不可能是包罗万象的公式。在具体处理时，凡不易判定或把握不大时，要注意从严处理，以避免漏洞。

测回互差超限时，除明显的孤值外，应重测观测结果中最大和最小值的测回，这是判定重测的基本原则。依此原则，下面介绍几种判定重测的方法。

（1）"测回互差"超限，出现明显的过大或过小孤值。

例如用北光厂 J_{07} 光学经纬仪进行三等水平角观测，某方向各测回的观测秒值如下：

测回号	Ⅰ	Ⅱ	Ⅲ	Ⅳ	Ⅴ	Ⅵ
测回秒值/(″)	26.2	26.7	25.6	31.3	24.6	25.0

显然Ⅳ测回的 31.3″ 过大，其他各测回秒值都很接近，因此认为Ⅳ测回的结果是不正常的，属于孤值，可仅重测此测回。

所以：①当某一测回秒值与其他测回秒值相差较大，测回互差超限，而其他各测回秒值很接近，舍去此测回后，其他各测回的互差均合限，该测回可作孤值处理；②对于不是明显的孤值，不易判断时，可按"一大一小"进行重测。

（2）"测回互差"超限，出现"一大一小"。

例如用 T2 经纬仪进行三等水平角观测，某一方向的观测结果如下：

测回号	Ⅰ	Ⅱ	Ⅲ	Ⅳ	Ⅴ	Ⅵ	Ⅶ	Ⅷ	Ⅸ	Ⅹ	Ⅺ	Ⅻ
测回秒值/(″)	26.2	28.1	30.5	31.2	29.8	36.1	34.3	32.0	32.6	31.1	31.5	32.2

其中 26.2″ 较小，36.1″ 较大，两者互差超限，仅舍去 26.2″ 时其他各测回合限，仅舍去 36.1″ 时其他各测回互差也合限，此时可认为 36.1″ 与 26.2″ 属于"一大一小"，应重测这两测回。

测回互差超限出现"一大一小"，重测时可能出现这样几种情况：一是大的变小，小的变大，二者的互差合限，这时采用重测结果；二是大的仍大，小的变大，与大的基本测回结果合限，这时大的采用基本测回结果，小的采用重测结果；三是小的仍小，大的变小，这时的处理方法与第二种基本情况相同。

（3）"测回互差"超限，出现"两小一大"（或"两大一小"）。

例如用 010 经纬仪进行三等三角观测，某方向的观测结果如下：

测回号	Ⅰ	Ⅱ	Ⅲ	Ⅳ	Ⅴ	Ⅵ	Ⅶ	Ⅷ	Ⅸ	Ⅹ	Ⅺ	Ⅻ
测回秒值/(″)	16.8	13.3	18.7	17.8	14.0	19.32	19.8	20.5	18.8	20.7	23.8	21.5

其中 13.3″ 与 23.8″ 互差超限；14.0″ 与 23.8″ 互差也超限。若舍去 13.3″ 和 14.0″ 其他各测回互差合限，若舍去 23.8″ 其他各测回也合限，此时可认为 13.3″、14.0″ 与 23.8″ 属于"两小一大"，这三个测回均应重测。

当测回互差超限，出现"两小一大"（或"两大一小"）时，重测的方法是：先重测最大和最小的两个测回，然后看重测结果的变化趋势；若这两个重测结果与另一个超限测回的结果互差仍较大时，则另一个测回也应重测；若很接近且合限，可不再重测。

（4）"测回互差"超限，出现分群现象。

例如用 010 经纬仪进行三等三角观测，某方向的结果如下：

测回号	I	II	III	IV	V	VI	VII	VIII	IX	X	XI	XII
测回秒值/(″)	01.2	01.7	03.5	02.3	02.8	10.8	09.3	08.4	11.2	09.1	07.4	08.0

显然前 5 个结果接近，其数值偏小；后 7 个结果接近，其数值偏大。两群的平均值互差较大，在本群内测回互差合限，两群中测回互差有些合限、有些超限。这是明显的分群现象。

造成分群现象的主要原因是：

①不同的观测时间段的外界条件有显著的变化。一个时间段观测若干个测回，另一个时间段内观测其余测回，这样两时间段内所测结果互差可能较大。

②某些方向视线超越或旁离障碍物的距离较近，产生水平折光影响，白天测得的与夜间测得的结果相差较大，造成分群。

③照准觇标圆筒时的相位差影响。

当成果出现分群时，一定要先分析产生原因，然后根据具体情况，采取必要的措施，再重测全部测回，如果只有个别测回互差超限，可只重测超限测回。

3. 重测、补测的有关规定

（1）凡因对错度盘、测错方向、上半测回归零差超限、读记错误和中途发现观测条件不佳等原因放弃的非完整测回，再进行的观测通称为补测。补测可随时进行。

因超出限差规定而重新观测的完整测回称为重测。重测应在基本测回全部完成之后进行，以便对成果综合分析、比较，正确判定原因之后再进行重测。

（2）采用方向观测法时，在 1 份成果中，基本测回重测的"方向测回数"超过"方向测回总数"的 1/3 时，应重测整份成果。

重测数的计算：在基本测回观测结果中，重测 1 个方向算作 1 个"方向测回"；一测回中有 2 个方向重测，算作 2 个"方向测回"。1 份成果的"方向测回总数"（按基本测回计算）等于方向数减 1 乘以测回数，即 $(n-1)m$。

（3）一测回中，若重测的方向数超过本测回全部方向数的 1/3，该测回全部重测。观测 3 个方向时，即使有 1 个方向超限，也应将该测回重测。计算重测数时，仍按超限方向数计算。

（4）当某一方向的观测结果因测回互差超限，经重测仍不合限时，要在分析原因后再重测，以避免不合理的多余重测。

（5）进行重测时只联测零方向。

（6）基本测回的结果与其重测结果一律上记簿。每一测回只采用一个合限结果。

（7）零方向超限，全测回重测。

（8）中途放弃的方向，最后补测。放弃方向数不超过全部方向数的 1/3。

（9）因三角形闭合差、极璧验、基线条件和方位角条件闭合差超限而重测时，应重测整份成果。

3.3.4 测站平差

在精密角度观测中，各个方向均观测了若干个测回，同一方向在各测回中的观测值虽然都是合限的，但因受各种误差的影响，彼此间存在差别，不可能相等，因此就要按照一定的方法，根据同方向各测回的观测值求出该方向的最可靠的方向值（又叫平差值），作为该方向的观测结果，这种根据同方向各测回的观测值求出该方向的最可靠的方向值的方法就叫测站平差。

这里所介绍的测站平差是用算术中数的方法求出各个方向的平差方向值，即

$$某一方向的平均方向值 = \frac{该方向各测回观测值之和}{测回数}$$

在实际作业中，测站平差计算是在固定表格——"水平方向观测记簿"中进行的，如表 3-7 所示。

测站平差计算步骤：

（1）按表 3-7 的格式，从观测手簿中抄取所有观测方向的各测回方向值（超限的基本测回观测结果也抄入相应位置，并划去，表示不予采用）。

（2）按表 3-7 格式计算所有方向的平差方向值，取至 0.1″。

（3）计算出各测回观测值与其平差值之差，已入 "v" 栏内。

（4）求出各个方向的 v 值的绝对值之和 $\sum|v|$。

（5）求出各个方向的 $\sum|v|_t$ 之和 $\sum|v|$。

（6）按公式 $k=\dfrac{1.25}{\sqrt{m(m-1)}}$ 求出 k 值，式中 m 为本测站的测回数。

（7）按公式 $u=k\dfrac{\sum|v|}{n}$ 求出一测回方向值的中误差 u，式中 n 为本测站的观测方向数。

（8）按公式 $M=\dfrac{u}{\sqrt{m}}$ 求出平差方向值中数的中误差 M。

表 3-7　　　　　　　　　　**水平方向观测记录簿**

点名：呼包区三等三角点　包头西（11431）点水平方向观测记录簿　　　日期：2002 年

手簿编号：No017　　所在图幅（1：10 万）：11-49-114　　　　　觇标类型：8m 钢标

仪　　器：No42012　　　　　　　　　　　　　　　　　　仪器至标石面高：8.13

观 测 者：王东　　　　　　　　　　　　　　　　　　　记录者：李标

续表

方向号数	方向名称	测站平差后方向值/(° ′ ″)	(C+γ) 归零	加归心改正后方向值	备 注
1	小山	0 00 00.0			一测回方向值中误差
2	黄土岭	59 15 13.2			$\mu = \pm 0.83''$
3	河山	141 44 44.9			m 个测回方向值中数的误差
4	白云山	228 37 24.9			$M = \pm 0.28''$
5	岭西村	297 07 05.7			

观测日期	测回号	1 小山 T (° ′) 0 00	v	2 黄土岭 T (° ′) 59 15	v	3 河山 T (° ′) 141 44	v	4 白云山 T (° ′) 228 37	v	5 岭西村 T (° ′) 297 07	v	6 (° ′)	v
7.3	Ⅰ	00.0		14.0	−0.8	(48.5)		25.1	−0.2	06.9	−1.2		
	Ⅱ	00.0		12.5	+0.7	46.0	−1.1	25.0	−0.1	05.9	−0.2		
	Ⅲ	00.0		11.6	+1.6	45.0	−0.1	23.4	+1.5	04.7	+1.0		
	Ⅳ	00.0		11.4	+1.8	46.0	−1.4	26.0		05.3	+0.4		
	Ⅴ	(00.0)		(09.2)		(41.8)		(23.0)	−1.1	(00.8)			
	Ⅵ	00.0		15.0	−1.8	43.1	+1.8	24.1		04.7	+1.0		
	Ⅶ	00.0		(17.1)		44.0	+0.9	26.2	+0.8	06.6	−0.9		
	Ⅷ	00.0		13.0	+0.2	44.5	+0.4	放弃	−1.3	06.7	−1.0		
	Ⅸ	00.0		14.8	−1.6	45.2	−0.3	24.8		05.5	+0.2		
	重Ⅴ	00.0		13.2	0.0	44.7	+0.2	24.4	+0.1	04.9	+0.8		
	重Ⅰ	00.0				45.6	−0.7		+0.5				
	重Ⅶ	00.0		12.9	+0.3								
	重Ⅷ	00.0						25.3	−0.4				
中数				13.2		44.9		24.9					
$\sum|v|_i$				8.8		6.9		6.0		6.7			

注：1. 括弧中的成果划去不采用。

2. 一测回方向值的中误差 $u = k \dfrac{\sum|v|}{n} = \pm 0.83''$，$\sum|v| = 28.4$，$m = 9$，$k = 0.147$，$n$ 为方向数。

3. m 个测回方向值中数中误差 $M = \dfrac{u}{\sqrt{m}} = 0.28''$，$k = \dfrac{1.25}{\sqrt{m(m-1)}}$，$m$ 为测回数。

3.3.5 固定角测站平差

在高等点上设站进行低等观测时，应联测上两个高等方向。在观测完成后，将高等方向的方向夹角作为固定值，对低等观测方向值进行平差，称为固定角平差，其作用就是将低等方向值符合到高等方向值上。

其计算方法为：先计算出联测角观测值与已知的固定角值之差 W；再算出第一联测方向的改正数（$+W/2$）和第二联测方向的改正数（$-W/2$）。如果零方向为已知高等方向，则把上述的改正数归零并算出平差方向值，见表 3-8。

表 3 - 8   **固 定 角 测 站 平 差**

方向号	观测方向值	改正数	v 归零	平差方向值 /(° ′ ″)	已知方向值 /(° ′ ″)	备注
1	0　00　00.0	+0.89	0.0	0　00　00.0	38　16　45.28	
2	48　32　15.6		−0.9	48　32　14.7		
3	76　19　23.4	−0.89	−1.8	76　19　21.6	114　36　07.44	
4	130　38　32.8		−0.9	130　38　31.8		
5	216　54　44.5		−0.9	216　54　43.6		

$$W = 76°19′23.4″ - (114°36′07.44″ - 38°16′45.82″) = +1.78″$$

应当说明，上述的固定角平差计算只有在固定角闭合差合限的情况下才能进行。若固定角闭合差超限，应分析原因，然后重测。若重测后仍超限，应检查已知数据，以及分析判断已知点的稳定性。固定角闭合差的限值为

$$W_{限} = \pm 2 \sqrt{m_1^2 + m_2^2}$$

式中　m_1——原固定角的中误差；

　　　m_2——本期水平角观测的中误差。

3.4　精密光学经纬仪的仪器误差及其检校

前面几节具体介绍了光学经纬仪的主要部件及其相互关系。仪器的制造和安装不论如何精细，也不可能完全满足理论上对仪器各部件及其相互几何关系的要求，加之在仪器使用过程中产生的磨损、变形，以及外界条件对仪器的影响，必然给角度测定结果带来误差影响。这种因仪器结构不能完全满足理论上对各部件及其相互关系的要求而造成的测角误差称为仪器误差。

仪器误差包括三轴误差（视准轴误差、水平轴倾斜误差、垂直轴倾斜误差）、照准部旋转误差、分划误差（水平度盘分划误差、测微盘分划误差）以及光学测微器行差等。本节将介绍这些误差的产生原因、消除或减弱其影响的措施及检验方法。

3.4.1　三轴误差

经纬仪的三轴（视准轴、水平轴、垂直轴）之间在测角时应满足一定的几何关系，即视准轴与水平轴正交、水平轴与垂直轴正交、垂直轴与测站铅垂线一致。当这些关系不能满足时，将分别引起视准轴误差、水平轴倾斜误差、垂直轴倾斜误差。

1. 视准轴误差

（1）视准轴误差及其产生原因。望远镜的物镜光心与十字丝中心的连线称为视准轴。假设仪器已整置水平（即垂直轴与测站铅垂线一致），且水平轴与垂直轴正交，仅由于视准轴与水平轴不正交——即实际的视准轴与正确的视准轴存在夹角 C，称为视准轴误差，如图 3-28 所示。当实际的视准轴偏向垂直度盘一侧时，C 为正值，反之 C 为负值。

产生视准轴误差的原因是安装和调整不正确，使望远镜的十字丝中心偏离了正确的位置，造成视准轴与水平轴不正交，从而产生了视准轴误差。此外，外界温度的变化也会引起视准轴的位置变化，产生视准轴误差。

（2）视准轴误差对观测方向值的影响及消除影响的方法。视准轴误差 C 对观测方向值

的影响 ΔC 为

$$\Delta C = \frac{C}{\cos\alpha} \qquad (3-13)$$

式中 α——观测目标的垂直角。

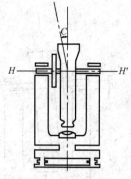

图 3-28 视准轴误差

由 ΔC 的表达式可知：

①ΔC 的大小不仅与 C 的大小成正比，而且与观测目标的垂直角 α 有关。当 α 越大时，ΔC 也越大，反之就越小；当 $\alpha=0$ 时，$\Delta C=C$。

②盘左观测时，实际视准轴位于正确视准轴的左侧，使正确的方向值 L_0 比含有视准轴误差的实际方向值 L 小 ΔC，即

$$L_0 = L - \Delta C$$

纵转望远镜，以盘右观测同一目标时，实际视准轴在正确视准轴的右侧，显然此时对方向值的影响恰好和盘左时的数值相同，符号相反，即正确的方向值较有误差的方向值 R 大，故

$$R_0 = R + \Delta C$$

取盘左与盘右的中数，得

$$\frac{1}{2}(L_0 + R_0) = \frac{1}{2}(L + R) \qquad (3-14)$$

可以看出：视准轴误差对观测方向值的影响，在望远镜纵转前后，大小相等，符号相反。因此，取盘左与盘右的中数可以消除视准轴误差的影响。

（3）计算 $2C$ 的作用及校正 $2C$ 的方法。在短暂的观测时间里，视准轴受温度等外界因素的影响所产生的变化是很小的。在观测过程中，$2C$ 变动的主要原因是观测照准读数等偶然误差的影响。因此，计算 $2C$ 并规定其变化范围可以作为判断观测质量的标准之一。

另外，$2C$ 的常值部分对观测结果是没有影响的，有影响的仅是它的变动部分。但是 $2C$ 数值过大时，对记录簿计算不太方便，因此 $2C$ 绝对值过大时需校正。$2C$ 的绝对值对于 J_{07}、J_1 型仪器应不大于 $20''$，对 J_2 型仪器应不大于 $30''$。

校正 $2C$ 的方法如下：

首先选择一个垂直角接近于 $0°$ 的目标，用盘左、盘右观测出 $2C$ 值，若 $2C$ 值的绝对值大于规范规定的限差，应进行 $2C$ 的校正。

对于无目镜测微器的仪器，先按 $R_0=R+C$（或 $L_0=L-C$）算出正确读数，然后用测微盘对准正确读数的不足度盘一格的零数，再用水平微动螺旋使水平度盘的上下分划像重合，使水平度盘读数等于 R_0 或 L_0，此时望远镜的十字丝中心偏离目标影像，再用十字丝网校正螺旋使十字丝照准目标。

不同类型的仪器，其十字丝校正螺旋亦不尽相同，如图 3-29 所示。校正时，应注意校正螺旋的对抗性，应先松开一个再紧另一个。校正后，通常应再检测一次，直到达到目的为止。

2. 水平轴倾斜误差

（1）水平轴倾斜误差及其产生原因。当视准轴与水平轴正交，且垂直轴与测站铅垂线一致时，仅由于水平

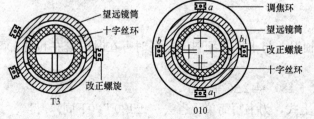

图 3-29 十字丝校正螺旋

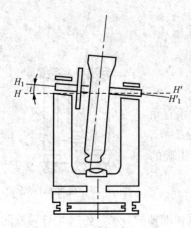

图 3 - 30 水平轴倾斜误差

轴与垂直轴不正交使水平轴倾斜一个小角 i，称为水平轴倾斜误差，如图 3 - 30 所示。

引起水平轴倾斜误差的主要原因是：在仪器安装、调整时不完善，致使仪器水平轴两支架不等高；或者水平轴两端的直径不相等。

（2）水平轴倾斜误差对观测方向值的影响及消除影响的方法。

水平轴倾斜误差 i 对观测方向值的影响 Δi 为

$$\Delta i = i \cdot \tan\alpha \tag{3 - 15}$$

式中 α——观测目标的垂直角。

由 Δi 的表达式可知：

①Δi 的大小不仅与 i 的大小成正比，而且与观测目标的垂直角 α 有关，当 α 越接近于 90°，Δi 亦越大，当 $\alpha = 0°$ 时，则 $\Delta i = 0°$。

②上述情况为盘左时，由于水平轴倾斜，视准轴偏向垂直度盘一侧，正确的方向值 L_0 较有误差的方向值 L 小 Δi，即

$$L_0 = L - \Delta i \tag{3 - 16}$$

纵转望远镜，在盘右位置观测时，正确读数较有误差的读数为大，故

$$R_0 = R + \Delta i \tag{3 - 17}$$

取盘左和盘右读数的中数，得

$$\frac{1}{2}(L_0 + R_0) = \frac{1}{2}(L + R)$$

上式说明，水平轴倾斜误差对观测方向值的影响，在盘左和盘右读数中可以得到消除。

③观测一个角度时，如果两个方向的垂直角相差不大且接近于 0° 时，水平轴倾斜误差在半测回角度值中可以得到减弱或消除。

④在望远镜纵转前后，同一方向上的盘左和盘右的观测值之差为

$$L - R \pm 180° = 2\Delta i \tag{3 - 18}$$

这说明，即使没有视准轴误差存在，但由于水平轴倾斜误差的存在，同一方向的盘左和盘右读数之差值中仍含有水平轴倾斜误差的影响。在山区，一个测站上的各个观测方向的垂直角相差较大，如果视准轴误差和水平轴误差同时存在，则有

$$L - R \pm 180° = 2\Delta C + 2\Delta i \tag{3 - 19}$$

这样，就不便于利用 2C 的变化来判断观测成果的质量。所以，对仪器的 i 角的大小要加以限制，《规范》规定，J_{07}、J_1 型仪器的 i 角不得超过 $\pm 10''$，J_2 型仪器不得超过 $\pm 15''$。若超过限差，应对仪器进行校正。

（3）水平轴倾斜误差的检验。

①检验公式。式（3 - 21）为视准轴误差与水平轴倾斜误差同时存在时的盘左和盘右读数之差，即

$$L - R \pm 180° = 2\Delta C + 2\Delta i$$

将式（3 - 13）和式（3 - 17）代入上式，为书写简单，省去 "±180°"（下同），得

$$L - R = \frac{2C}{\cos\alpha} + 2i \cdot \tan\alpha \tag{3 - 20}$$

若观测目标的垂直角 $\alpha > 0°$ 时，称之为高点。在盘左和盘右位置观测高点时，则

$$(L-R)_高 = \frac{2C}{\cos\alpha_高} + 2i \cdot \tan\alpha_高 \tag{3-21}$$

若观测目标的垂直角 $\alpha < 0°$ 时，称之为低点。观测低点时，有

$$(L-R)_低 = \frac{2C}{\cos\alpha_低} + 2i \cdot \tan\alpha_低 \tag{3-22}$$

在设置高点和低点时，若使

$$|\alpha_高| = |\alpha_低| = \alpha$$

把式（3-21）与式（3-22）相加和相减，可分别得到

$$\left.\begin{aligned} C &= \frac{1}{4}\big[(L-R)_高 + (L-R)_低\big]\cos\alpha \\ i &= \frac{1}{4}\big[(L-R)_高 - (L-R)_低\big]\cot\alpha \end{aligned}\right\} \tag{3-23}$$

若对高点和低点均观测 n 个测回，则有

$$\left.\begin{aligned} C &= \frac{1}{4n}\big[\sum(L-R)_高 + \sum(L-R)_低\big]\cos\alpha \\ i &= \frac{1}{4n}\big[\sum(L-R)_高 - \sum(L-R)_低\big]\cot\alpha \end{aligned}\right\} \tag{3-24}$$

令

$$\left.\begin{aligned} C_高 &= \frac{1}{2n}\sum(L-R)_高 \\ C_低 &= \frac{1}{2n}\sum(L-R)_低 \end{aligned}\right\} \tag{3-25}$$

则

$$\left.\begin{aligned} C &= \frac{1}{2}(C_高 + C_低)\cos\alpha \\ i &= \frac{1}{2}(C_高 - C_低)\cot\alpha \end{aligned}\right\} \tag{3-26}$$

这就是高、低点法检验视准轴误差及水平轴倾斜误差的公式。

②检验方法。此项检验可在室内或室外进行。在室内检验时，可以两个照准器（任何装有十字丝的仪器均可）作为照准目标。在室外检验时，可在距仪器 5 m 以外的地方设置两个目标。

对两个目标位置的要求是：高点和低点应大致在同一方向上，两目标的垂直角的绝对值应不小于 $3°$ 且大致相等，其差值不得超过 $30''$。

检验步骤：观测高点和低点间的水平角 6 测回，并在各测回间均匀分配度盘。在观测过程中，同一测回不得改变照准部的旋转方向，即半数测回顺时针方向旋转照准部，半数测回逆转。观测限差：各测回角度值互差，J_{07}、J_1 型仪器应小于 $\pm 3''$；J_2 型仪器不得超过 $\pm 8''$。$2C$ 变化：高点和低点的分别比较，J_{07}、J_1 型仪器不得超过 $\pm 8''$，J_2 型仪器不得超过 $\pm 10''$。

观测高点和低点的垂直角，用中丝法观测 3 个测回，垂直角、指标差的互差不得超过 $10''$（各种类型的仪器要求相同）。

若有超限者，应进行重测。

检验示例见表 3-9 和表 3-10。

顺便指出，当水平轴倾斜误差超限，需要对仪器进行校正时，应由仪器检修人员进行。所以，此项误差的校正不再叙述。

表 3-9　　　　水平轴不垂直于垂直轴之差的测定（一）

高、低两点间水平角的测定

仪器：北光 J_{07}　No：71001　　　　　　　　　　　　　　　　　　　　年　月　日

度盘位置	照准点	读数 盘左（L）(° ′ ″)	读数 盘左（L）(″)	读数 盘右（R）(° ′ ″)	读数 盘右（R）(″)	2C /(″)	$\frac{1}{2}$[左+(右±180°)] /(° ′ ″)	角度 /(° ′ ″)
（顺）0°	1 高点	0　00　00.5 / 00.6	01.1	179　58　55.8 / 55.8	111.6	+09.5	359　59　56.35	0 00 13.55
	2 低点	0　00　07.3 / 07.6	14.9	180　00　02.3 / 02.6	04.9	+10.0	0　00　09.90	
30°	1	30　04　14.3 / 14.6	28.9	210　04　08.5 / 08.3	16.8	+12.1	30　04　22.85	0 00 13.10
	2	30　04　20.3 / 20.4	40.7	210　04　15.4 / 15.8	31.2	+09.5	30　04　35.95	
60°	1	60　08　23.2 / 22.9	46.1	240　08　16.7 / 16.4	33.1	+13.0	60　08　39.60	0 00 13.00
	2	60　08　29.6 / 29.4	59.0	240　08　22.9 / 23.3	46.2	+12.8	60　08　52.60	
（逆）90°	1	90　12　31.9 / 31.6	63.5	270　12　25.6 / 25.7	51.3	+12.2	90　12　57.40	0 00 14.50
	2	90　12　38.2 / 38.2	76.4	270　12　33.8 / 33.6	67.4	+09.0	90　12　71.90	
120°	1	120　16　42.8 / 42.7	85.5	300　16　37.2 / 37.2	74.4	+11.1	120　16　79.95	0 00 17.10
	2	120　16　51.1 / 51.3	102.4	300　16　45.8 / 45.9	91.7	+10.7	120　16　97.05	
150°	1	150　20　51.1 / 50.9	102.0	330　20　45.7 / 45.4	91.1	+10.9	150　20　96.55	0 00 13.85
	2	150　20　57.8 / 57.8	115.6	330　20　52.6 / 52.6	105.2	+10.4	150　20　110.40	
重120°	1	120　16　41.4 / 41.6	83.0	300　16　36.6 / 37.0	73.6	+09.4	120　16　78.30	0 00 14.55
	2	120　16　48.8 / 48.5	97.3	300　16　44.2 / 44.2	88.4	+08.9	120　16　92.85	

注：120°位置为划去测回，不采用，重测于后。

$$\begin{cases} C_{\text{高}}=\dfrac{1}{2n}\sum_{1}^{n}(L-R)_{\text{高}}=\dfrac{1}{2\times 6}\times 67.1=+5.59'' \\[2mm] C_{\text{低}}=\dfrac{1}{2n}\sum_{1}^{n}(L-R)_{\text{低}}=\dfrac{1}{2\times 6}\times 60.6=+5.05'' \end{cases}$$

表 3 - 10   **水平轴不垂直于垂直轴之差的测定（二）**

高、低两点间水平角的测定

仪器：北光 J07   No：71001   年   月   日

照准点	测回	读 数				指标差 /(")	垂直角 /(° ′ ")
		盘左（L）		盘右（R）			
		(° ′ ")	(")	(° ′ ")	(")		
高 点	I	92 00 01.3		87 58 56.8			
		01.4	02.7	56.6	113.4	−03.9	+4 00 09.3
	II	92 00 01.3		87 58 57.0			
		01.3	02.6	57.2	114.2	−03.2	+4 00 08.4
	III	92 00 00.3		87 58 56.6			
		00.2	00.5	57.0	113.6	−05.9	+4 00 06.9
						中数	+4 00 08.2
低 点	I	87 58 57.8		92 00 00.1			
		58.1	115.9	00.2	00.3	−03.8	−4 00 04.4
	II	87 58 59.1		92 00 00.0			
		59.3	118.4	00.3	00.5	−01.1	−4 00 02.1
	III	87 58 58.2		92 00 00.6			
		58.5	116.7	00.5	01.1	−02.2	−4 00 04.4
						中数	−4 00 03.6
						α=	4 00 05.9

注：水平轴不垂直于垂直轴之差

$$i = \frac{1}{2}(C_{高} - C_{低})\cot\alpha = \frac{1}{2} \times (+5.59'' - 5.05'') \times 14.2948 = 3.86''$$

3. 垂直轴倾斜误差

（1）垂直轴倾斜误差及其产生的原因。当仪器三轴间的关系均已正确时，由于仪器未严格整置水平，而使仪器垂直轴偏离测站铅垂线一个微小的角度 v，称为垂直轴倾斜误差。如图 3 - 31 所示，OV 为与测站铅垂线一致的垂直轴位置，与之正交的水平轴为 HH_1，OV' 为与测站铅垂线不一致即倾斜一个小角 v 的垂直轴的位置，水平轴也随之倾斜至 $H'H'_1$ 位置。这样，与水平轴正交的视准轴也偏离了正确位置，当其绕水平轴俯仰时形成的照准面将不是垂直照准面，而是倾斜照准面，从而给水平方向观测带来误差。

（2）垂直轴倾斜误差对观测方向值的影响。如图 3 - 32 所示，当垂直轴与测站铅垂线一致时，与之正交的水平轴 HH_1 处于水平位置，若照准部绕垂直轴旋转一周，水平轴 HH_1 将始终处于水平面 H_1MHM_1 上。当垂直轴倾斜一个小角 v，而处于 OV' 位置时，与之正交的水平轴处于 $H'H'_1$ 位置，若照准部旋转一周，水平轴 $H'H'_1$ 将始终处于倾斜面 $H'_1MH'M_1$ 上。由此可以看出，由于垂直轴与测站铅垂线不一致，将引起与之正交的水平轴倾斜，从而给水平方向观测值带来误差影响。由图 3 - 32 可看出，水平轴 $H'H'_1$ 的倾斜量是变化的，当水平轴 $H'H'_1$ 与垂直轴倾斜面 VOV' 一致，水平轴倾斜量最大，为 v（与垂直轴倾斜的小角 v 相等）；当水平轴 $H'H'_1$ 转到 MOM_1 位置——与垂直轴倾斜面 VOV' 正交时最小——为零。

也就是说，在水平轴随照准部绕倾斜的垂直轴 OV' 由 $H'OH'_1$ 位置转动到 MOM_1 位置时，水平轴的倾斜量将由 $v{\to}0$。当水平轴 $H'H'_1$ 在 OH'_2 位置时，设水平轴的倾斜量为 i_v，若观测目标的垂直角为 α，则垂直轴倾斜误差 v 对水平方向观测值的影响可依式（3-15）写出，即

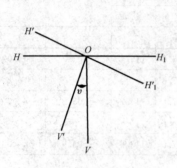

图 3-31　垂直轴倾斜误差

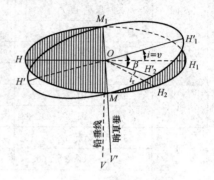

图 3-32　垂直轴倾斜误差对
观测方向值的影响

$$\Delta v = i_v \tan\alpha \qquad (3-27)$$

为了说明 i_v 与 v 的关系，过 H'_2 与 OV 作大圆弧，交 MH_1 于 H_2。水平轴由 OH'_1 转至 OH'_2 时的转角为 β，因为 OH'_1 与 OM 正交，则 $MN'_2 = 90° - \beta$，在球面三角形 $MH_2H'_2$ 中，因为 $\angle MH_2H'_2 = 90°$，$MH'_2 = 90° - \beta$，$\angle H_2MH'_2 = v$，$H_2H'_2 = i_v$，依正弦公式得

$$\sin i_v = \frac{\sin v \sin(90° - \beta)}{\sin 90°} = \sin v \cos\beta$$

因为 i_v 和 v 均为小角度，上式可写成

$$i_v = v \cos\beta \qquad (3-28)$$

代入式（3-27）可得

$$\Delta v = v \cdot \cos\beta \cdot \tan\alpha$$

（3）垂直轴倾斜误差对观测方向值的影响特性及减弱其影响的措施。通过上述分析可知，Δv 有如下特性：

①垂直轴倾斜的方向和大小不随照准部转动而变化，所引起的水平轴倾斜方向在望远镜纵转前后是相同的（即 Δv 的正负号不变），因而对任一观测方向不能期望通过盘左和盘右观测取中数而消除其误差影响。

②垂直轴倾斜误差对观测方向值的影响不仅与垂直轴倾斜量、观测目标的垂直角有关，而且随观测方向方位的不同而不同。

为了减弱或消除垂直轴倾斜误差的影响，作业过程中应采取以下措施：

①观测前要精密整平仪器，观测过程中要经常注意照准部水准器是否居中，其气泡偏离中央不得超出一格，否则应停止观测，重新整置仪器水平。

②在一站的观测过程中，适当的增加重新整平仪器的次数，以便改变垂直轴倾斜的方向，使其对观测结果的影响具有偶然性。

③当观测目标的垂直角较大时，可对其观测值加入垂直轴倾斜改正。为此，应事先测定仪器照准部水准器格值。在观测方向值中加入垂直轴倾斜改正的方法和测定照准部水准器格

值的方法见《规范》。

3.4.2 偏心差

仪器的水平度盘不但要求其刻划准确精密，而且要求安装时应使度盘分划中心与照准部旋转中心一致。同时，还要求度盘分划中心与度盘旋转中心一致，即要求三心（照准部旋转中心、度盘分划中心及度盘旋转中心）一致。这个要求如不能满足，就将产生照准部偏心差和水平度盘偏心差，现分别说明如下。

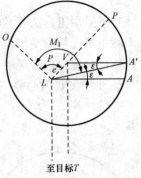

图 3-33 照准部偏心差

1. 照准部偏心差

（1）照准部偏心差的影响和性质。在水平角观测中，照准部绕垂直轴转动，若照准部旋转中心与水平度盘分划中心不一致，产生的误差叫照准偏心差。如图 3-33 所示，L 为水平度盘分划中心，V 是照准部旋转中心，两中心之间的距离 $LV=e$ 称为照准部偏心距。度盘零分划线 LO 与偏心距方向间的角度（$\angle OLP=P$）称为照准部偏心角。

当 V 与 L 重合时，照准目标 T，测微器的读数为 A，即正确读数应为 $\angle OLA$；当有照准部偏心差时，照准目标 T，测微器的读数为 A'，即读数为 $\angle OLA'=M_A$。二者的读数之差即是照准部偏心差对水平方向观测读数的影响。

在 $\triangle VA'L$ 中，$\angle VA'L=\varepsilon$，$\angle VLA'=M_A-P$，$VL=e$，因为偏心距很小，$VA'\approx LA\approx r$（r 为水平度盘半径）。

依正弦定理得

$$\sin\varepsilon = \frac{e}{r}\sin(M_A-P)$$

由于 ε 角很小，上式可写成

$$\varepsilon = \frac{e}{r}\rho''\sin(M_A-P) \tag{3-29}$$

上式就是照准部偏心差对水平方向读数影响的表达式。

由式可见，照准部偏心差的影响是以 2π 为周期的系统性误差。

（2）消除照准部偏心差影响的方法。如上所述，当存在照准部偏心差时，测微器 A 的水平度盘正确的读数 M 比实际读数 M_A 大 ε，即

$$M = M_A + \varepsilon$$

如果在距测微器 A180°处再安装一个测微器 B，那么测微器 B 在水平度盘上的实际读数应为

$$M_B = M_A + 180°$$

由式（3-29）可得照准部偏心差对测微器 A 和测微器 B 在水平度盘上的读数的影响分别为

$$\varepsilon_A = \frac{e}{r}\rho''\sin(M_A-P)$$

$$\varepsilon_B = \frac{e}{r}\rho''\sin(M_B-P) = \frac{e}{r}\rho''\sin(M_A+180°-P)$$

$$= -\frac{e}{r}\rho''\sin(M_A-P)$$

$$= -\varepsilon_A''$$

由此可以得出结论：相对 180°的两个测微器所得读数的平均值可以消除照准部偏心差的影响。

对于采用重合法读数的光学经纬仪，由于光学测微器的特殊构造，可以直接得到 A、B 两个测微器读数的平均值（即正、倒像分划线重合读数）。因此，采取对径 180°分划线重合法读数也可完全消除照准部偏心差的影响。

2. 水平度盘偏心差

前已提到，若水平度盘的旋转中心与其分划中心不重合，产生的偏心差称为水平度盘偏心差。

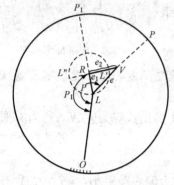

图 3-34 水平度盘偏心差

如图 3-34 所示，L 为水平度盘分划中心，R 为水平度盘旋转中心，$LR = e_1$ 为水平度盘偏心差，又称水平度盘偏心距；O 为水平度盘零分划，P_1 为 LR 的延长线与水平度盘相交的分划，零分划方向 LO 与偏心距方向 LR（即 LP_1）之间的角度 $P_1 = \angle OLP_1$，称为水平度盘偏心角。e_1、P_1 统称为水平度盘偏心元素。

我们知道，在水平角观测过程中，要在整测回之间变换水平度盘以减弱度盘分划误差影响。如图 3-34 所示，当变换水平度盘时（照准部保持不动），度盘分划中心 L 将在以度盘旋转中心 R 为圆心、以 r_1（RL）为半径的圆周上移动，从而使照准部的偏心元素 e、p 随之变动。当 L 转至 RV 的连线 L' 上时，照准部偏心元素 e 的数值为最小（为 $L'V = e - e_1$）；当 L 转至 RV 的延长线 L'' 上时，照准部偏心元素 e 的数值最大（为 $L''V = e + e_1$），这个位置称为度盘最不利位置；在 L 转至其他位置时，偏心距 e 的数值介于最小和最大之间。由此可见，当存在水平度盘偏心差时，转动水平度盘后，它对观测方向读数的影响是通过改变照准部偏心元素，并以照准部偏心差影响的形式表现出来，显然，消除其影响的方法亦是用度盘正、倒像分划重合法读数来实现。

水平度盘偏心差的检验应在照准部偏心差检验之后紧接着进行，其目的是：由于水平度盘偏心差的存在，变换水平度盘时将使照准部偏心差的大小发生变化。因此，为查明照准部偏心差可能达到的最大值，必须对水平度盘偏心差进行检验。《规范》规定，用于一、二等三角观测的仪器，每 2～3 年进行一次照准部偏心差和水平度盘偏心差的检验；对于三、四等三角观测，不进行此项检验，只需在每期作业开始前进行"照准部旋转是否正确"的检验。为此，不再介绍偏心差检验的具体方法，当需要进行此项检验时，按照《规范》规定的方法进行。

3.4.3 照准部旋转误差

观测中，观测方向是分布在测站四周的，只有通过旋转照准部和俯仰望远镜才能照准目标。因此，不仅要求垂直轴、水平轴、视准轴三者的关系正确，而且要求照准部旋转灵活、平稳。照准部转动平稳，就是转动时不产生偏斜和平移，照准部旋转时是否平稳的检验就是"照准部旋转是否正确的检验"；照准部转动灵活就是转动时没有紧滞现象，使固定在底座上的水平度盘没有丝毫的带动现象，否则将引起仪器底座位移而产生系统误差。为此，还要进行"照准部旋转时仪器底座位移而产生的系统误差的检验"。

1. 照准部旋转是否正确及其检验

我们知道，照准部是绕垂直轴旋转的。照准部转动时，若照准部产生晃动（倾斜或平移），就称为照准部旋转不正确。

照准部旋转不正确时将带来垂直轴倾斜误差和照准部偏心差，因为前一种误差对观测方向读数的影响不能通过正倒镜观测的方法消除，从而影响观测成果的质量。因此，进行此项检验是必要的。

照准部旋转不正确的原因是，垂直轴和轴套间的间隙过大；其间的润滑油较黏和油层分布不均匀。另外，某些类型的经纬仪采用半运动式柱形轴，它是用一组滚珠与轴套的锥形面接触，这些滚珠除承受仪器照准部的重量外，还对垂直轴的转动起定向作用，当各个滚珠的形状和大小有较大差异时，也将引起照准部旋转不正确。

照准部旋转不正确的表现形式是：仪器不易整置水平；在旋转 1~2 周的过程中，照准部水准器的气泡会从中央向一端偏离，而后经水准管中央逐渐偏向另一侧，然后回复到中央位置，呈现周期性。判断照准部旋转是否正确，就是以此为依据。

检验方法如下：

（1）整置仪器，使垂直轴垂直，读记照准部水准器气泡两端（或中间位置）的读数至 0.1 格。

（2）顺时针方向旋转照准部，每旋转照准部 45°，待气泡稳定后，按（1）中的方法读记照准部水准器气泡一次，如此连续顺转三周。

（3）紧接着（2）中的操作，逆时针方向旋转照准部，每旋转 45°读记水准器气泡一次，连续逆转三周。

在上述操作过程中，照准部不得有多余旋转。

各个位置气泡读数互差，对于 J_{07}、J_1 型仪器不超过 2 格（按气泡两端读数之和进行比较为 4 格），对于 J_2 型仪器不得超过 1 格（按气泡两端读数之和比较为 2 格）。如果超出上述限差，并以照准部旋转两周为周期而变化，则照准部旋转不正确，应对仪器进行检修。

照准部旋转是否正确的检验示例见表 3-11。

表 3-11　　　　　　　　　　照准部旋转是否正确的检验

仪器：T2 经纬仪　No：51910　　　　　　　　　　1988 年 5 月 11 日

照准部位置	气泡读数			照准部位置	气泡读数		
	左	右	和或中数		左	右	和或中数
旋 转 第 一 周							
0	g	g	g	0	g	g	g
0	06.9	13.2	20.1	180	07.0	13.4	20.4
45	06.9	13.3	20.2	225	07.1	13.5	20.6
90	06.9	13.4	20.3	270	07.1	13.5	20.6
135	06.9	13.3	20.2	315	07.0	13.4	20.4
旋 转 第 二 周							
0	07.2	13.6	20.8	180	07.0	13.3	20.3
45	07.2	13.8	21.0	225	06.9	13.3	20.2
90	07.1	13.5	20.7	270	06.8	13.2	20.0
135	07.0	13.4	20.4	315	06.9	13.2	20.4

照准部位置	气泡读数			照准部位置	气泡读数		
	左	右	和或中数		左	右	和或中数
旋 转 第 三 周							
0	06.9	13.2	20.1	180	07.0	13.2	20.2
45	06.9	13.2	20.1	225	07.1	13.3	20.4
90	07.0	13.3	20.3	270	07.0	13.3	20.3
135	06.9	13.2	20.1	315	07.0	13.3	20.3
逆 转 第 一 周							
315	07.1	13.4	20.5	135	07.0	13.3	20.3
270	07.1	13.5	20.6	90	06.8	13.2	20.0
225	07.2	13.5	20.7	45	06.9	13.2	20.1
180	07.0	13.4	20.4	0	06.8	13.1	19.9
逆 转 第 二 周							
315	06.9	13.2	20.1	135	06.5	12.8	19.3
270	07.0	13.2	20.2	90	06.6	12.9	19.5
225	06.8	13.1	19.9	45	06.6	12.9	19.5
180	06.7	13.0	19.7	0	06.8	13.1	19.9
逆 转 第 三 周							
315	07.1	13.3	20.4	135	06.8	13.0	19.8
270	07.0	13.2	20.2	90	06.6	12.9	19.5
225	06.8	13.0	19.8	45	06.8	12.9	19.7
180	06.7	13.0	19.7	0	06.9	13.0	19.9
最大变动 1.5				中心变化位置 0.74			

2. 照准部旋转时仪器底座位移而产生的系统误差的检验

前面已经指出，仪器的水平度盘是与底座固定在一起的，如果在转动照准部时底座有带动现象，将使水平度盘与照准部一起转动，从而给水平方向观测带来系统误差。照准部转动时，仪器底座产生位移的原因是：由于支承仪器底座脚螺旋与螺孔之间常有空隙存在，当照准部转动时，垂直轴与轴套间的摩擦力可能使脚螺旋在螺孔内移动，因而使底座连同水平度盘产生微小的方位变动；垂直轴与轴套间的摩擦力，使底座产生弹性扭曲，从而带动底座和水平度盘、三脚架架头和脚架间的松动，使底座和水平度盘产生带动。

进行此项检验，实质上是鉴定仪器的稳定性。

检验方法如下：在仪器墩或牢固的脚架上整置好仪器，选一清晰的目标（或设置一目标），顺转照准部一周照准目标读数，再顺转一周照准目标读数；然后，逆转一周照准目标读数，再逆转一周照准目标读数。以上操作为一测回，连续测定十个测回，分别计算顺、逆转二次照准目标的读数的差值，并取十次的平均值，此值的绝对值对于 J_1 型仪器应不超过 $0.3''$，对于 J_2 型仪器应不超过 $1.0''$。

检验记录、计算示例见表 3-12。

表 3 - 12　　　　　　照准部旋转时仪器底座位移而产生的系统误差的检验

仪器：L经纬仪　No：59918　　　　　　　　　　　　　年　月　日

序号	项　　目	度盘位置	测微器之读数			一周之系统差
			Ⅰ	Ⅱ	和或中数	
		°	g	g	″	
Ⅰ 测 回						
1	顺转一周照准目标读数	0	02.9	02.6	05.5	
2	再顺转一周照准目标读数		02.4	02.2	04.6	−0.9
3	逆转一周照准目标读数		02.0	01.9	03.9	
4	再逆转一周照准目标读数		02.3	02.1	04.4	+0.5
Ⅱ 测 回						
1	顺转一周照准目标读数	18	01.1	01.3	02.4	
2	再顺转一周照准目标读数		01.2	01.2	02.4	0.0
3	逆转一周照准目标读数		01.4	01.2	02.6	
4	再逆转一周照准目标读数		01.8	01.8	03.6	+1.0
Ⅲ 测 回						
1	顺转一周照准目标读数	36	04.6	04.8	09.4	
2	再顺转一周照准目标读数		05.1	05.1	10.2	+0.8
3	逆转一周照准目标读数		04.9	04.9	09.8	
4	再逆转一周照准目标读数		04.6	04.8	09.4	−0.4
Ⅳ 测 回						
1	顺转一周照准目标读数	54	08.8	08.9	17.7	
2	再顺转一周照准目标读数		08.9	08.9	17.8	+0.1
3	逆转一周照准目标读数		08.4	08.4	16.8	
4	再逆转一周照准目标读数		08.3	08.4	16.7	−0.1
X 测 回						
1	顺转一周照准目标读数	162	04.8	04.5	09.3	
2	再顺转一周照准目标读数		04.5	04.6	09.1	−0.2
3	逆转一周照准目标读数		04.8	04.9	09.7	
4	再逆转一周照准目标读数		04.8	05.0	09.8	+0.1

注：顺转一周之系统差平均值−0.08″；逆转一周之系统差平均值+0.20″。

3.4.4　水平度盘分划误差

　　水平方向或水平角的观测值是通过在水平度盘上的分划读数求得的，如果度盘分划线的位置不正确，将影响到测角的精度。

　　1. 水平度盘分划误差的种类

　　根据误差产生的原因和特性，水平度盘分划误差可分为三种：

　　(1) 分划偶然误差。水平度盘在用刻度机刻度的过程中，因外界偶然因素的影响，刻度机在度盘上刻出的某些分划线时而偏左，时而偏右，没有明显的周期性规律，这种误差称为分划偶然误差，它的大小在±0.20″～±0.25″以下。只要在较多的度盘位置上进行观测读数，这种误差影响就可得到较好的抵偿。

（2）度盘分划长周期误差。因为被刻度盘的旋转中心与刻度机的标准盘旋转中心不重合，被刻度盘与标准盘不平行，标准齿盘有误差等，刻出的度盘分划线存在着一种以水平度盘全周为周期，有规律性变化的系统性误差，这种误差称为分划长周期误差，其大小可达 $\pm2''$。这种误差的最重要特点是，在它的一个周期内，其数值一半为正，一半为负，总和为零。

（3）度盘分划短周期误差。因刻度机的扇形轮和涡轮有偏心差，扇形轮和涡轮有齿距误差，刻出的度盘分划线产生一种以度盘一小段弧（约 $30'\sim1°$）为周期，并在度盘全周上多次重复出现有规律变化的系统误差，这种误差称为分划短周期误差，其大小可达 $\pm1.0''\sim\pm1.2''$。

2. 减弱水平度盘分划误差影响的方法

根据上述度盘分划误差的产生原因和基本特性可知，对于分划偶然误差，只要在度盘的多个位置上进行观测就可减弱；对于长周期误差，按其周期性的特点，将观测的各测回均匀地分布在一个周期内（即度盘的全周），取各测回观测值的中数，即可减弱或消除其影响。

应当指出，测微器分划也存在周期性系统误差，为了减弱它的影响，各测回观测的测微器位置也要均匀地分配在测微器的全周上。

综上所述，为了减弱度盘分划误差和测微器分划误差的影响，在进行水平方向观测或水平角观测时，各测回零方向应对准的度盘位置和测微器位置可按下式计算，即

$$\left.\begin{array}{l} J_{07}、J_1 \text{型仪器：} \dfrac{180°}{m}(i-1) + 4'(i-1) + \dfrac{120''}{m}\left(i-\dfrac{1}{2}\right) \\[3mm] J_2 \text{型仪器：} \dfrac{180°}{m}(i-1) + 10'(i-1) + \dfrac{600''}{m}\left(i-\dfrac{1}{2}\right) \end{array}\right\} \tag{3-30}$$

式中　i——测回序号，即 $i=1，2，3，\cdots，m$。

3.4.5　光学测微器行差及其测定

由光学测微器的测微原理知道，若开始时测微盘位于 0 秒分划，当转动测微轮使度盘的上、下分划像各移动半格（即相对移动一格）时，测微盘应由 0 秒分划转到 n_0 秒分划。这里 n_0 为测微器理论测程，即度盘最小格值 G 的一半。例如，对于 J_{07}、J_1 型仪器，$n_0=120''$，对于 J_2 型仪器，$n_0=600''$。但实际上度盘分划像移动半格时，测微盘不一定恰好转动 n_0 秒，而是转动了 n 秒。n_0 与 n 之差称为测微器行差，以 r 表示，即

$$r = n_0 - n \tag{3-31}$$

1. 测微器行差的产生原因和性质

如上所述，测微器行差是度盘分划像移动半格时测微盘转动的理论格数 n_0 与测微盘实际

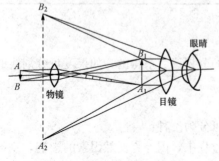

图 3-35　测微器行差与读数物镜离度盘的距离有关

转动格数 n 之差，这只是表现出来的现象。我们知道，在测微器读数窗中看到的度盘分划影像是由显微镜将度盘加以放大后形成的。如图 3-35，AB 为度盘分划，经物镜在成像面上生成实像 A_1B_1，再经目镜在明视距离上形成放大的虚像 A_2B_2，即是在测微器目镜中看到的度盘分划影像。由几何光学知道，度盘分划像 A_1B_1 的宽窄与显微镜物镜的位置有关：当物镜向下移动，即靠近度盘分划时，分划像 A_1B_1 变宽，使 $n_0 < n$，r 为负；当物镜向上移动，分划像 A_1B_1，将变窄，

$n_0 > n$，r 为正。所以说，测微器行差实质是由于显微镜物镜位置不正确而产生的。另一方面，如果度盘对径分划经过的光路不正确，将使正像和倒像分划的宽窄不相等。这样，正像分划的行差 $r_{正}$ 与倒像分划的行差 $r_{倒}$ 也不相等。因此，《规范》规定应计算出 $r = \frac{1}{2}(r_{正} + r_{倒})$ 和 $\Delta r = r_{正} - r_{倒}$，r 和 Δr 的绝对值，对 J_{07}、J_1 型仪器不应超过 $1''$，对于 J_2 型仪器不超过 $2''$。

造成物镜位置不正确的原因是：安装和调整不正确及外界因素（如振动等）的影响。因此，当测微器行差超出上述规定时，就要由仪器修理人员调整测微器物镜的位置。

由上述的分析可以看出，测微器行差具有如下性质：

（1）对于某一台仪器来说，它的测微器行差可能为正（即 $n_0 > n$），也可能为负（$n_0 < n$），是确定值。因此，对于某一台仪器来说，其行差是系统性误差，其影响在观测值中不能消除。

（2）行差对观测读数的影响随测微盘上读数的增大而增大，因为行差是代表测微盘 n_0 个分格的误差，那么测微盘一个分格的行差应为 $r_1 = r/n_0$。

若测微盘读数为 C，则 C 所含的行差为

$$r_C = C \cdot r/n_0 \tag{3-32}$$

式（3-32）即为计算行差改正数的公式，代入不同仪器的 n_0，有

$$\left.\begin{array}{l} J_{07}、J_1 \text{ 型仪器}: r_C = C \cdot r/120'' \\ J_2 \text{ 型仪器}: r_C = C \cdot r/600'' \end{array}\right\} \tag{3-33}$$

2. 行差的测定

既然行差是系统性误差，对观测读数的影响不能消除，就应该测定出行差的大小，采取必要的措施，将其影响限定在允许的范围内。因此，《规范》规定，光学经纬仪的行差应在每期业务开始前和结束后各测定一次；在作业过程中，每隔两个月还需测定一次。

由式（3-31）可知，n_0 为已知，只要当度盘正、倒分划影像移动半格时，分别测出测微盘转动的格数 $n_{正}$、$n_{倒}$，就可以求出行差。

如图 3-36 为读数窗里的对径分划像，记中间的正像分划线为 A，其左边的分划线为 B，与 A 对径 $180°$ 的分划线为 A'，A' 右边的分划线为 C。由光学经纬仪的读数原理可知，正、倒像分划像是相对移动的，且移动量相同，因此可按下述思路测定行差：以倒像 A' 为指标线，先让其与 A 分划重合，读取测微盘读数，再转动测微轮，使 A' 与 B 重合，并读取测微盘读数，两次读数之差即为 $n_{正}$。同样，以 A 为指标线，先后与 A'、C 重合，并读取测微盘读数，可算得 n 倒，这样

$$\left.\begin{array}{l} r_{正} = n_0 - n_{正} \\ r_{倒} = n_0 - n_{倒} \end{array}\right\} \tag{3-34}$$

$$r = \frac{1}{2}(r_{正} + r_{倒}) \tag{3-35}$$

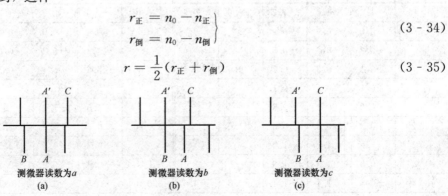

A' C	A' C	A' C
B A	B A	B A
测微器读数为 a	测微器读数为 b	测微器读数为 c
(a)	(b)	(c)

图 3-36 行差测定

按上述测定行差的基本方法，在每个度盘配置位置上测定行差的操作方法是：

(1) 将测微盘零分划线对准指标线，用度盘变换钮变换度盘至要求的位置。

(2) 用水平微动螺旋使 A 分划线与对径的 A' 分划重合，如图 3 - 36 (a) 所示，然后转动测微轮，使 A 与 A' 分划线精密重合，读取测微轮上的读数 a（若读数小于零时，读数作负数）。

(3) 转动测微轮，以 A' 分划线为指标，使分划线 A' 与 B 分划线精密重合，如图 3 - 36 (b) 所示，读取测微盘上的读数 b，注意实测时这里的 b 为实际读数减 n_0 之值。

(4) 以 A 分划线为指标，使 A 与 C 两分划线精密重合，如图 3 - 36 (c) 所示，读取测微盘上的读数 c，同样这里的 c 为实际读数减 n_0 之值。

以上在读取 a、b、c 时，均应进行两次重合读数。

按上述测定结果可算出行差值。由测定方法知

$$\begin{cases} n_正 = n_0 + b - a \\ n_倒 = n_0 + c - a \end{cases}$$

将上式代入式 (3 - 34)，得

$$\left. \begin{array}{l} n_正 = n_0 - (n_0 + b - a) = a - b \\ n_倒 = n_0 - (n_0 + c - a) = a - c \end{array} \right\} \tag{3 - 36}$$

将各个度盘位置测得的 $(a-b)$ 和 $(a-c)$ 之值取平均值代入式 (3 - 35)，即可求得 $r''_正$ 和 $r''_倒$，进而求得 r'' 和 $(r''_正 - r''_倒)$，作为行差最后测定结果。行差测定示例见表 3 - 13。

表 3 - 13 　　　　　水平度盘光学测微器行差测定

仪器：蔡司 010，No：68711　　　　　　　　　　1992 年 5 月 9 日

度盘位置 /(° ')	a /(")	b /(")	c /(")	$a-b$ /(")	$a-c$ /(")	度盘位置 /(° ')	a /(")	b /(")	c /(")	$a-b$ /(")	$a-c$ /(")
	+0.2	−0.3	−0.5				−1.0	−1.7	−1.1		
	+0.2	−0.3	−0.7				−0.8	−1.5	−1.5		
0 0	+0.2	−0.3	−0.6	+0.5	+0.8	180 00	−0.9	−1.6	−1.3	+0.7	+0.4
	−1.0	−1.7	−1.9				+0.1	−0.2	−0.3		
	−1.2	−1.5	−2.1				+0.2	−0.2	−0.1		
30 20	−1.1	−1.6	−2.0	+0.5	+0.9	210 20	0.0	−0.2	−0.2	+0.2	+0.2
	−0.9	−1.6	−1.5				−0.4	−1.0	−1.4		
	−1.0	−1.7	−1.0				−0.7	−1.0	−1.6		
60 40	−1.0	−1.6	−1.2	+0.6	+0.2	240 40	−0.6	−0.9	−1.5	+0.3	+0.9
	+0.0	−0.9	−0.9				+0.4	+0.0	−0.4		
	+0.2	−0.6	−0.5				+0.8	−0.2	−0.6		
90 00	+0.1	−0.8	−0.7	+0.9	+0.8	270 00	+0.6	−0.1	−0.5	+0.7	+1.1
	+0.1	−0.7	−0.1				−0.5	−1.1	−1.4		
	+0.2	−0.9	−0.5				−0.8	−1.0	−1.4		
120 20	+0.2	−0.8	−0.3	+1.0	+0.5	300 20	−0.6	−1.2	−1.4	+0.6	+0.8
	−0.8	−1.4	−1.2				+0.3	+0.0	+0.2		
	−0.8	−1.5	−1.6				+0.3	−0.2	+0.1		
150 40	−0.8	−1.4	−1.4	+0.6	+0.6	330 40	+0.3	−0.1	+0.2	+0.4	+0.1

注：$r_正 = +0.58''$，$r_倒 = +0.61''$，$r = +0.60''$，$r = -0.03''$。

3. 行差超限时的计算改正

按上述方法测得的行差值，如果超出《规范》规定的范围，若在观测作业之前，应对仪进行校正；若在外业观测过程中，应在观测成果中加入行差改正。行差改正数的计算公式为式（3 - 33）。因为每一个读数中均应加入此项改正，工作量很大，为使计算改正简便易行，可先依据测得的行差 r''，按式（3 - 33）编制出"行差改正数表"。

3.4.6 垂直微动螺旋使用正确性的检验

望远镜在小范围内俯仰时，都是通过转动垂直微动螺旋来进行的，即用垂直微动螺旋通过制动臂来转动水平轴。但是由于仪器的水平轴系的结构特点（重量偏于垂直度盘一端，以及制动臂与水平轴结合不良等），用垂直微动螺旋转动水平轴时，可能使水平轴产生水平位移，从而引起视准轴变动，给水平方向观测值带来误差。

检验方法：首先精确整平仪器，然后用望远镜照准一悬挂有垂球的细线，转动垂直微动螺旋，使望远镜俯仰 $2°\sim3°$，观察望远镜的十字丝中心与垂球线是否始终一致。如果十字丝中心离开了垂球线，说明垂直微动螺旋使用不正确。在进行水平角观测时，禁止使用垂直微动螺旋俯仰望远镜，而用手俯仰望远镜。

3.5 水平角观测主要误差和操作基本规则

水平角观测是在野外复杂条件下进行的，由于各种因素的影响，观测中不可避免会有误差。为使观测结果满足精度要求，需要研究各种误差来源及影响规律，以便采取有效措施，减弱或消除其影响。

水平角观测误差主要来源于三个方面：一是观测者在观测过程中引起的误差；二是外界条件引起的误差；三是仪器误差。

3.5.1 外界条件引起的误差

外界条件主要是指观测时大气的温度、太阳照射方位及地形、地物及视线高等因素。它对测角精度的影响主要表现在观测目标成像的质量、观测视线的弯曲、觇标或脚架的扭转等方面。

1. 目标成像质量

观测目标的成像好坏直接影响着照准精度。如果成像清晰、稳定，照准精度就高；成像模糊、跳动，照准精度就低。

目标影像是目标的光线在大气中传播一定距离后进入望远镜而形成的。假如大气层保持静止，大气中没有水汽和灰尘，目标成像一定是清晰、稳定的。但实际的大气层不可能是静止的，也不可能没有水汽和灰尘。日出以后，由于阳光的照射，地面受热，近地面处的空气受热膨胀不断上升，而远离地面的冷空气下降，形成近地面处空气的上下对流。当视线通过时，其方向、路径不断变化，从而引起目标影像上下跳动。由于地面的起伏及土质、植被的不同，各处的受热程度也不同，因此空气不仅有上下对流，还会产生水平方向上的对流，当视线通过时，目标影像就左右摆动。

另外，随着空气的对流，地面灰尘、水汽也随之上升，空气中的灰尘、水汽越来越多；光线通过时其亮度的损失也越大，目标成像就越不清晰。

由上可知，目标成像跳动或摆动的原因是空气的对流，目标成像是否清晰主要取决于空气中灰尘和水汽的多少。为了保证目标成像的质量，应采取如下措施。

（1）保证足够的视线高度。视线离地面越近，空气越不稳定，灰尘和水汽也越多，成像质量越差；反之，视线越远离地面，成像质量越好。在选点时，一定要按《规范》要求，确保视线有一定高度；在观测时，必要时也可采取适当措施，提高视线高度。

（2）选择有利的观测时间。如果仅考虑目标成像的质量，只要符合下列要求，就是有利的观测时间：不论观测水平角还是垂直角，均要求目标成像尽可能清晰；观测水平角时，成像应无左右摆动；观测垂直角时应无上下跳动。

但是选择观测时间的时候，不仅要考虑到目标的成像质量，还要考虑到其他因素对测角精度的影响，如折光的影响等，不可顾此失彼。

2. 水平折光

光线通过密度不均匀的介质时会发生折射，使光线的行程不是一条直线而是曲线。由于越近地面空气的密度越大，垂直方向大气密度呈上疏下密的垂直密度梯度，而使光线产生垂直方向的折光，称为垂直折光。空气在水平方向上密度也是不均匀的，形成水平密度梯度，而产生水平方向的折光称为水平折光。

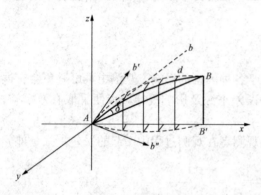

图 3-37　水平折光

光线通过密度不均匀的空气介质时，经连续折射形成一条曲线，并向密度大的一侧弯曲。如图 3-37 所示，来自目标 B 的光线进入望远镜时，望远镜所照准的方向是曲线 BdA 的切线 Ab，这个方向显然与正确方向 AB 不一致，有一个微小的夹角 δ，称为微分折光。微分折光 δ 在水平面上的投影分量 $B'Ab''$（即水平分量）称为水平折光；微分折光 δ 在铅垂面上的投影分量 $\angle BAb'$（即垂直分量）称为垂直折光。产生水平折光的原因是大气在水平方向上的不均匀分布；产生垂直折光的原因是大气在垂直方向上的不均匀分布。水平折光影响水平方向观测，垂直折光影响垂直角观测。

（1）产生水平折光的原因。当相邻两地的地形和地面覆盖物不同时，在阳光照射下，会出现两地靠近地面处空气密度的差异，而产生水平对流现象。如图 3-38 所示，一部分为沙石地，另一部分是湖泊。沙石地面辐射强，气温上升快，大气密度较小；湖泊上方气温上升慢，大气密度较大，在温度升高时空气就由右向左连续对流，经过一段时间，对流逐渐缓慢，成像也较稳定，但在地类分界面附近，大气密度必然由密到稀，形成稳定的水平方向的密度差异。当观测视线从分界面附近通过密度不同的空气层时，成为弯向一侧的曲线，产生水平折光，视线两侧的空气密度差别越大，则水平折光影响就越大。

可见，产生水平折光的根本原因就在于视线通过的大气层的水平方向的密度不同。

（2）水平折光影响的规律。一般情况下，除视线远离地面，或视线两侧的地形和地面覆盖物完全相同外，都会在不同程度上存在水平折光影响。由于视线很长，它所通过的大气层的情况非常复杂，因此无法用一个算式来计算出水平折光的数值，只能根据水平折光产生的原因、条件以及光线传播的物理特性和实践经验，找出水平折光对水

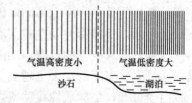

气温高密度小　　气温低密度大

沙石　　　　　湖泊

图 3-38　产生水平折光的原因

平角观测影响的一般规律：

①由于白天和夜间大气温度变化的情况相反，水平折光对方向值的影响白天与夜间的数值大小趋近相等，符号相反。如图 3-39 所示，在 A 点设站观测 B 点。在白天，由于日光的照射，沙土地的温度高于水的温度，则沙土地上空的空气密度比水面上空的空气密度小。当视线通过时，成为一凹向湖泊的曲线，使 AB 方向的方向观测值偏小；在夜间，沙土地面的温度比水的温度低，视线成为凹向沙土地的曲线，使 AB 方向的方向观测值偏大。

②视线越靠近对热量吸收和辐射快的地形、地物，水平折光影响就越大。

③视线通过形成水平折光的地形、地物的距离越长，影响就越大。

④引起空气密度分布不均匀的地形、地物越靠近测站，水平折光影响就越大。如图 3-40 所示，$\delta_2 > \delta_1$。

⑤视线两侧空气密度悬殊越大，水平折光的影响就越大。

⑥视线方向与水平密度梯度方向越垂直，水平折光影响越大。

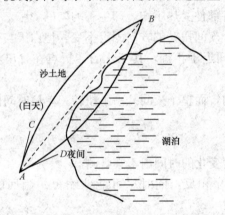

图 3-39　白天和夜间的水平折光

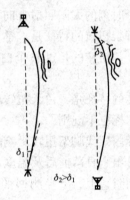

图 3-40　折光影响的不对称现象

从上述的规律不难看出，水平折光影响的性质是：就一测站的某一方向而言，在相同的一观测时间和类似的气象条件下，水平折光总是偏向某一侧，对观测方向值产生系统性影响。但是在大面积三角锁网中，每一条视线所受的影响各不相同，对锁网中所有方向来讲，具有偶然特性。如果锁网中有大的山脉、河流等，则沿它们边沿的一系列视线就会含有同符号的系统影响。

（3）减弱水平折光影响的措施。根据作业实践证明，水平折光是影响测角精度比较严重、数值较大的误差，应该采取有力的措施减弱其影响。作业中常用的措施有：

①选点时，要保证视线超越或旁离障碍物一定的距离。视线应尽量避免从斜坡、大的河流、较大的城镇及工矿区的边沿通过。若无法避开时，应采取适当措施，如增加视线高度。

②造标时，应使视线至觇标各部位保持一定的距离，如一、二等应不小于 20cm，三、四等应不小于 10cm。

③一等水平角观测，一份成果的全部测回应在三个以上时间段完成（上午、下午、夜间各为一个时间段）。每一角度的各测回应尽可能在不同条件下观测，至少应分配在两个不同的时间段，同一角度不得连续观测。二等点上的观测，一般应在两个以上不同时间段内完成。每个角度的全部测回分配在上、下午观测。

④选择有利的观测时间。稳定的大气层，尽管目标成像稳定，但不能说明没有水平折光

的影响。与此相反，在成像微有跳动的情况下，正是大气层相互对流的时候，对减弱水平折光是有利的。因此，在选择观测时间时，不但要考虑到目标成像清晰、稳定，还要照顾到对减弱水平折光影响有利。在日出前后、日落前后、大雨前后，虽然目标成像是理想的，但这时水平折光影响也最大，应停止观测。

⑤在水平折光严重的地理条件下，应适当缩短边长或尽量避开。

3. 觇标内架或仪器脚架扭转的影响

觇标上观测时，仪器安置在觇标内架上；在地面观测时，通常把仪器安置在脚架上，当觇标内架或脚架发生扭转时，仪器基座（包括水平度盘）也随之发生变动，给观测结果带来误差影响。

产生扭转的原因，木标或脚架与钢标不同。引起木标或脚架扭转的主要原因是：外界湿度的变化，使木标或脚架的各部件发生不均匀胀缩，引起扭转；一定的风力影响使木标产生弹性变形。引起钢标扭转的主要原因是：温度的变化，使钢标各部件受热不均匀而引起扭转；白天各个时刻的太阳照射方向不同，钢标各部件受热不均，产生不均匀的膨胀，造成扭转。木标或脚架扭转的特征是：整个白天或整个夜间扭转的方向固定不变，但白天与夜间的扭转方向相反，扭转的角度整个白天与整个夜间近于相等，其变化的转折点在日出和日落前后。

钢标扭转的特征是：白天扭转剧烈且不均匀，而整个夜间几乎不扭转；单位时间内扭转量的变化比木标更不规则。

减弱觇标内架或脚架扭转影响的措施：

（1）在日出、日落前后及温度、湿度有显著变化的时间内不宜观测。

（2）观测时，上、下半测回照准目标的顺序相反，同时尽可能地缩短一测回的观测时间。

（3）将仪器脚架存放在阴凉、干燥的地方，避免受潮或雨淋。观测时不要让日光直接照射脚架。

4. 照准目标的相位差

在二、三、四等水平角观测中，照准目标是觇标的圆筒。理想的情况是，应照准圆筒的中心轴线。但由于日光的照射，圆筒上会出现明亮和阴暗两部分，如图 3-41 所示。如果背景是阴暗的，往往照准其较明亮的部分；如果背景是明亮的，会照准其较暗的部分。这样，照准的实际位置就不是圆筒的中心轴线，从而给方向观测带来误差影响，这种误差叫做相位差。

相位差的影响不仅随日光照射方向变化，也随目标的颜色、大小、形状、视线方位及背景的不同而变化。在一个观测时间段内，对某一方向的影响基本相同，呈系统性影响。但上午与下午的观测结果中会出现系统差异。在二、三、四等水平角观测中，其影响不容忽视。

减弱相位差影响的措施是：一个点上最好在上午和下午各观测半数测回；要求观测者仔细辨别圆筒的实际轮廓进行照准；或根据背景情况将圆筒涂成黑色

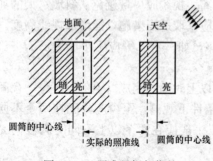

图 3-41 照准目标相位差

或白色；亦可使用反射光线较小的圆筒（如微相位差圆筒）。此外，如果可能，对个别相位差影响较大的方向，可照准回光进行观测。

3.5.2　仪器操作中的误差对测角精度的影响

影响观测精度的因素除上述外界条件之外，还有仪器误差，如视准轴误差、水平轴倾斜误差、垂直轴倾斜误差、测微器行差、照准部及水平度盘偏心差、度盘和测微器分划误差等。下面进一步讨论在观测过程中仪器转动时可能产生的一些误差。

1. 照准部转动时的弹性带动误差

当照准部转动时，垂直轴与轴套间的摩擦力使仪器的基座部分产生弹性扭转，与基座相连的水平度盘也被带动而发生微小的方位变动。这种带动主要发生在照准部开始转动时，因为必须克服轴与轴套间互相密接的惯力，而照准部在转动过程中，只需克服较小的摩擦力，故当照准部向右转动时，水平度盘也随之向右带动一个微小的角度，使读数偏小；向左转动照准部时，使读数偏大，这就给观测结果带来系统性影响。

消除其影响的方法是：在半测回中，照准部旋转方向保持不变，这样就使照准各个目标所产生的误差影响的符号相同，大小基本相等，则由各方向组成的角度值中可基本消除。

2. 脚螺旋的空隙带动

由于仪器脚螺旋与螺孔之间存在微小空隙，当转动照准部时，就带动基座，使脚螺旋杆靠近螺孔壁的一侧，直到空隙完全消失为止。这样在观测过程中，基座连同水平度盘就产生微小的方位移动，使观测结果受到误差影响。这种微小的方位移动就叫做脚螺旋空隙带动。

显然，这种误差对在改变照准部旋转方向后照准的第一个目标影响最大，若保持照准部旋转方向不变，对以后各方向的观测结果的影响逐渐减小。减弱这种误差影响的方法是：在开始照准目标之前，先将照准部按预定旋转方向转动 1～2 周，再照准目标进行观测，以后在一测回或半测回中照准旋转方向始终不变。

3. 水平微动螺旋的隙动差

当水平微动螺旋弹簧的减弱或受油腻影响，旋退水平微动螺旋照准目标时，螺旋杆端就出现微小的空隙，在读数过程，弹簧才逐渐伸张而消除空隙，使视准轴离开目标，给读数带来误差，这就是水平微动螺旋的隙动差。

减弱其影响的方法是：照准每一目标，均需向"旋进"方向转动水平微动螺旋。所谓旋进方向，就是压紧弹簧的方向。对于光学经纬仪来说，当水平微动螺旋旋进时，望远镜所指方向将向左移动，所以在概略转动照准时，无论顺旋或逆旋，都要使目标在望远镜纵丝的左侧少许，在望远镜中观看，由于所见的是倒像，目标应在纵丝的右侧少许，然后用水平微动螺旋旋进照准目标。另外，要尽量使用水平微动螺旋的中间部分。为做到这一点，每一测回开始前，应将微动螺旋旋到中间部位。

通过以上分析可以看出，虽然点上的观测工作是在外界复杂条件下进行的，存在着较多的误差影响，但它们都有一定的规律，只要善于掌握这些规律，通过必要的措施，误差影响的绝大部分是可以消除的。

现将水平角观测的主要误差及其产生原因、影响性质、消除或减弱措施列表，如表 3-14 所示。

表 3 - 14　　　**水平角观测的主要误差及其产生原因、影响性质、消除或减弱措施**

项目		产生原因	影响性质	消除和减弱措施
外界条件引起的主要误差	目标成像质量不佳	（1）地面对阳光热量的吸收和辐射，使大气产生对流，引起目标影像跳动；（2）大气中的水汽和尘埃使空气透明度不好，造成目标成像不够清晰	对成果精度的影响呈偶然性	（1）使视线有足够的高度；（2）选择有利的观测时间
	水平折光	不同的地面对热量的吸收或辐射的能力不同，引起大气密度在水平方向上分布不均匀，视线通过时产生折射，使水平方向值蒙受误差影响	对某一方向或某一测站的方向值呈系统性影响	（1）选点时尽量避开容易形成水平折光的地形、地物；（2）选择有利的观测时间；（3）视线超越或旁离障碍物一定的距离
	觇标内架或脚架的扭转	木标或脚架：各部件湿度的不同和变化，引起不均匀胀缩；钢标：各部件温度的不同，产生不均衡的胀缩	呈系统性影响	（1）上、下半测回照准目标的次序相反；（2）缩短一测回观测时间；（3）温度或湿度剧变时停止观测；（4）不使脚架受潮，观测时不让日光直接照射；（5）必要时使用偏扭观察镜
	相位差	由于阳光照射方位的不同，圆筒分成明、暗两部分，随目标背景的不同，观测时照准较暗或较明亮的部分而不是圆筒的中心轴线	在同一观测时间段内，对某一方向的方向值产生系统性影响	（1）最好采用上午、下午各测半数测回；（2）观测时仔细分辨，照准圆筒的中心线部位；（3）使用反光较少的圆筒（如微位相差圆筒）；（4）照准回光进行观测
仪器误差	视准轴误差	（1）视准轴与水平轴不正交；（2）仪器望远镜单方向受热	对某一方向值的影响随目标高度变化；对盘左和盘右读数的影响大小相等，符号相反	（1）取盘左、盘右读数的中数；（2）防止仪器单方面受热或日光直接照射仪器
	水平轴倾斜误差	（1）水平轴两端支架不等高；（2）水平轴两端直径不等	对某一高度的影响随目标高度变化而变化；对左盘和右盘读数的影响大小相等，符号相反	取盘左和盘右读数的中数
	垂直轴倾斜误差	由于仪器没有整置水平，使垂直轴与测站垂线存有微小夹角	对方向值呈系统影响；影响大小随垂直轴倾斜方向目标高度变化；对盘左、盘右读数影响大小相同	（1）测前精密整平仪器；（2）观测过程中经常整平仪器；（3）当目标垂角值较大时，计算改正
	光学测微器行差	由于光学测微器的显微镜位置不正确，度盘的半个分格理论值与测微器所得的半个分格影像的实际值有一个差值	系统性影响	（1）调整显微镜至正确位置；（2）计算改正

项　目		产生原因	影响性质	消除和减弱措施
仪器误差	照准部偏心差	照准部旋转中心与水平度盘刻划圈中心不一致	以 2π 为周期的系统性影响	对径分划线重合读数,消除其影响
	水平度盘偏心差	水平度盘的旋转中心与水平度盘的刻划圈中心	对某一方向值的影响随目标高度变化;对盘左和盘右读数的影响大小相等,符号相反	(1) 取盘左、盘右读数的中数;(2) 防止仪器单方面受热或日光直接照射仪器
	水平度盘分划误差	刻度机各部分结构和配合不正确	周期性系统影响	各测回均匀分配度盘位置减弱之
	测微盘分划误差	刻度机各部分结构和配合不正确	周期性系统影响	各测回均匀分配度盘位置减弱之
	照准部转动时弹性带动误差	当照准部转动时,垂轴与其轴套间的摩擦力,使仪器底座产生弹性扭转	对方向值呈系统影响	半测回中照准部旋转方向保持不变
	脚螺旋的空隙带动	脚螺旋杆与孔壁之间存在空隙	改变照准部旋转方向后对第一目标值影响最大,以后逐渐减小,直到消失	开始照准目标前,先将照准部转动1~2周半测回不得回转照准部将仪器整平后,固定脚螺旋
	水平微动螺旋的隙动差	水平微动螺旋弹簧的弹力减弱,旋退水平微动螺旋照准目标时,螺杆端出现微小空隙	系统影响	(1) 照准目标时,一律"旋进"进水平微动螺旋;(2) 使用水平微动螺旋中部

3.5.3　水平角观测操作的基本规则

水平角观测操作的基本规则是根据各种误差对测角的影响规律制定出来的,实践证明,它对消除或减弱各种误差影响是行之有效的,应当自觉遵守。

(1) 一测回中不得变动望远镜焦距。观测前要认真调整望远镜焦距,消除视差,一测回中不得变动焦距。转动望远镜时,不要握住调焦环,以免碰动焦距。

其作用在于,避免因调焦透镜移动不正确而引起视准轴变化。

(2) 在各测回中,应将起始方向的读数均匀分配在度盘和测微盘上,这是为了消除或减弱度盘、测微盘分划误差的影响。

(3) 上、下半测回间纵转望远镜,使一测回的观测在盘左和盘右进行。

一般上半测回在盘左位置进行,下半测回在盘右位置进行,作用在于消除视准轴误差及水平轴倾斜误差的影响,并可获得二倍照准差的数值,借以判断观测质量。

(4) 下半测回与上半测回照准目标的顺序相反,并保持对每一观测目标的操作时间大致相等。其作用在于减弱觇标内架或脚架扭转的影响以及视准轴随时间、温度变化的影响等,就是说,在一测回观测中要连续均匀,不要由于某一目标成像不佳或其他原因而停留过久,在高标上观测更应注意此问题。

(5) 半测回中照准部的旋转方向应保持不变,这样可以减弱度盘带动和空隙带动的误差影响。若照准部已转过所照准的目标,就应按转动方向再转一周,重新照准,不得反向转动照准部。因此，在上、下半测回观测之前，照准部要按将要转动的方向先转 1~2 周。

（6）测微螺旋、微动螺旋的最后操作应一律"旋进"，并使用其中间部位，以消除或减弱螺旋的隙动差影响。

（7）观测中，照准部水准器的气泡偏离中央不得超过《规范》规定的格数。其作用在于减弱垂直轴倾斜误差的影响。在测回与测回之间应查看气泡的位置是否超出规定，若超出，应立即重新整平仪器。若一测回中发现气泡偏离超出规定，应将该测回作废，待整平后再重新观测该测回。

习 题

1. 精密测角仪器的主要几何关系有哪些？
2. 全站仪角度测量的原理是什么？
3. 如何减弱三轴误差的影响？试分别就其特点简要说明消减方法。
4. 水平角观测中包含哪些误差？应采用什么措施来减弱它的影响？
5. 水平角观测的基本规定有哪些？
6. 精密经纬仪的检验包括哪些方面？
7. 简述方向观测法的一测回的操作程序。
8. 请完成四等水平方向的记录计算（第 8 测回）

照准目标	水平读盘读数		(2C)	平均值	归零方向值
	盘左	盘右			
	(° ′ ″)	(° ′ ″)	(″)	(″)	(° ′ ″)
1 小学	140 18 24	320 18 21			
2 大山	200 29 09	20 29 07			
3 西岭	272 07 31	92 07 27			
4 东山	307 52 17	127 52 13			
1 小学	140 18 26	320 18 23			

9. 水平角观测的重测方向测回数计算

n \ m	I	II	III	IV	V	VI	VII	VIII	IX
0					×				
1	×			×		×			
2		×		×					
3					×			×	
4		×		×					
5		×							
重测方向测回数									

上述测回中需要重测整个测回的是第____测回。测站上的方向测回总数是____。

第 4 章　精密测距仪器与距离测量

4.1　电磁波测距的基本原理

随着近代光学、电子学的发展和各种新型光源的出现，物理测距技术得到迅速发展，出现了以激光、红外光、微波等为载波的电磁波测距仪。与钢尺量距和视距法测距相比，电磁波测距具有测程远、精度高、作业快、受地形限制少等优点。

4.1.1　电磁波测距的基本方法

电磁波测距是通过测定电磁波波束在待测距离上往返传播的时间来确定待测距离的。如图 4-1 所示，欲测量 A、B 两点间的距离 D，在 A 点安置电磁波测距仪主机，在 B 点安置反光镜或副机，主机发出的电磁波经反光镜或副机接受转发，又返回到主机。设光速 c 为已知，如果电磁波在待测距离 D 上的往返传播时间为 t，则距离 D 为

$$D = \frac{1}{2} c \cdot t \tag{4-1}$$

式中　c——电磁波在测线上的传播速度，约等于 $3 \times 10^8 \text{m/s}$；

　　　t——电磁波在被测距离上往返一个来回所用的时间。

不难看出，利用电磁波测距，只要在测程范围内，中间无障碍，任何地形条件下的距离均可测量。高山之间、江河之间，甚至星际之间（如激光测月、人卫激光测距）均可直接测量。目前，在大地测量、地形地籍测量以及其他测量中广泛应用着各种类型的电磁波测距仪。

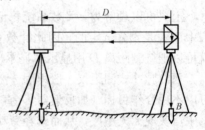

图 4-1　电磁波测距基本方法

4.1.2　电磁波测距的原理

电磁波测距从原理上可分为脉冲式测距和相位式测距两种，现分别介绍。

1. 脉冲法测距

脉冲法测距就是直接测定仪器所发射的光脉冲往返于被测距离的传播时间，从而得到待测距离值。图 4-2 为其基本原理框图。

由光电脉冲发射器发射出一束光脉冲，经发射光学系统投射到被测目标。与此同时，由仪器内的取样棱镜取出一小部分光脉冲送入接收光学系统，并由光电接收器转换为电脉冲，称为主波脉冲，作为计时的起点。而后从被测目标反射回来的光脉冲通过光学接收系统也被光电接收器接收，并转换为电脉冲，此为回波脉冲，作为计时的终点。可见，主波脉冲和回波脉冲之间的间隔就是光脉冲在测线上往返传播的时间 (t_{2D})，为了测定时间 t_{2D}，将主波脉冲和回波脉冲先后（它们相隔时间为 t_{2D}）送入门电路，分别控制"电子门"的"开门"和"关门"。由时标脉冲振荡器不断产生具有一定时间间隔（T）的电脉冲（称为时标脉冲），作时间计数标准来计数出"开门"和"关门"之间的时间。在测距之前，"电子门"是关闭

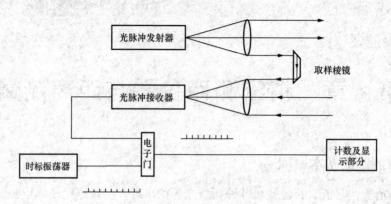

图 4-2　脉冲法测距的基本原理

的，时标脉冲不能通过"电子门"进入计数系统。测距时，在光脉冲发射的同一瞬间，主波脉冲把"电子门"打开，时标脉冲一个一个地通过"电子门"进入计数系统，计数系统便开始记录脉冲数目。当从目标反射回来的光脉冲到达测距仪时，回波脉冲立即把"电子门"关闭，时标脉冲就不能进入计数系统，计数器就停止计数。设计数器计数结果为 n，则主波脉冲和回波脉冲之间的时间间隔为 $t_{2D}=nT$，而待测距离为

$$D = \frac{1}{2}CnT$$

若令 $L=\frac{1}{2}CT$，则有

$$D = nL$$

上式可以理解为，计数系统每记录一个时标脉冲就等于计下一个单位距离 L。由于测距仪中 L 值是预先选定的，因此计数系统在计数出通过"电子门"的时标脉冲个数 n 之后，就可以把待测距离 D 用显示器显示出来。

目前脉冲式测距仪一般用固体激光器作光源，能发射出高频率的光脉冲，因而这类仪器可以不用合作目标（如反射器），直接用被目标对光脉冲产生的漫反射进行测距，在地形测量中可实现无人跑尺，从而减轻劳动强度，提高作业效率。特别是在悬崖陡壁等地方进行地形测量，这种仪器更具有实用意义。近年来，脉冲法测距在技术上有了新进展，精度指标有新的突破。

2. 相位法测距

相位法测距是通过测量连续的调制光波在待测距离上往返传播所产生的相位变化来间接测定传播时间，从而求得被测距离。

（1）相位式光电测距仪的基本公式。如图 4-3（a）所示，测定 A，B 两点的距离 D，将相位式光电测距仪整置于 A 点（称测站），反射器整置于另一点 B（称镜站）。测距仪发射出连续的调制光波，调制波通过测线到达反射器，经反射后被仪器接收器接收［图 4-3（b）］。调制波在经过往返距离 $2D$ 后相位延迟了 Φ。我们将 A，B 两点之间调制光的往程和返程展开在一直线上，用波形示意图将发射波与接收波的相位差表示出来，如图 4-3（c）所示。

设调制波的调制频率为 f，它的周期 $T=1/f$，相应的调制波长 $\lambda=cT=c/f$。由图 4-2（c）可知，调制波往返于测线传播过程所产生的总相位变化 Φ 中包括 N 个整周变化 $N\times2\pi$

和不足一周的相位尾数 $\Delta\Phi$，即

$$\Phi = N \times 2\pi + \Delta\dot\Phi \qquad (4-2)$$

根据相位 Φ 和时间 t_{2D} 的关系式 $\Phi = \omega t_{2D}$（其中 ω 为角频率），则

$$t_{2D} = \Phi/\omega = \frac{1}{2\pi f}(N \times 2\pi + \Delta\Phi)$$

将上式代入式（4-1）中，得

$$D = \frac{c}{2f}(N + \Delta\Phi/2\pi) = L(N + \Delta N)$$

$$(4-3)$$

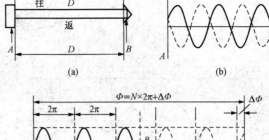

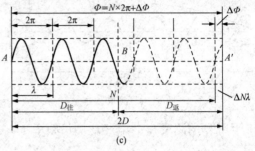

式中　$L = c/2f = \lambda/2$——测尺长度；

　　　　N——整周数；

　　　　$\Delta N = \Delta\Phi/2\pi$——不足一周的尾数。

式（4-3）为相位式光电测距的基本

图 4-3　相位式光电测距仪

公式。由此可以看出，这种测距方法同钢尺量距相类似，用一把长度为 $\lambda/2$ 的"尺子"来丈量距离，式中 N 为整尺段数，而 $\Delta N \times \frac{\lambda}{2} = \Delta L$ 为不足一尺段的余长，则

$$D = NL + \Delta L \qquad (4-4)$$

由于测相器只能测定 $\Delta\Phi$，而不能测出整周数 N，相位式测距公式（4-3）或式（4-4）产生多值解，可借助于若干个调制波的测量结果（ΔN_1，$\Delta N_2 \cdots$ 或 ΔL_1，$\Delta L_2 \cdots$）推算出 N 值，从而计算出待测距离 D。

ΔL 或 ΔN 和 N 的测算方法有可变频率法和固定频率法。可变频率法是在可变频带的两端取测尺频率 f_1 和 f_2，使 ΔL_1 或 ΔN_1 和 ΔL_2 或 ΔN_2 等于零，亦即 $\Delta\Phi_1$ 和 $\Delta\Phi_2$ 均等于零。这时在往返测线上恰好包括 N_1 个整波长 λ_1 和 N_2 个整波长 λ_2，同时记录出从 f_1 变至 f_2 时出现的信号强度作周期性变化的次数，即整波数差（$N_2 - N_1$）。于是由式（4-4），顾及 $L_1 = \lambda_1/2$，$L_2 = \lambda_2/2$ 和 $\Delta L_1 = \Delta L_2 = 0$，有

$$D = \frac{1}{2}N_1\lambda_1 = \frac{1}{2}N_2\lambda_2 \qquad (4-5)$$

解算上式，可得

$$N_1 = \frac{N_2 - N_1}{\lambda_1 - \lambda_2}\lambda_1$$

$$N_2 = \frac{N_2 - N_1}{\lambda_1 - \lambda_2}\lambda_2$$

按上式算出 N_1 或 N_2，将其代入式（4-5）便可求得距离 D，按这种方法设计的测距仪称为可变频率式光电测距仪。

固定频率法是采用两个以上的固定频率为测尺的频率，不同的测尺频率 ΔL 的 ΔN 或由仪器的测相器分别测定出来，然后按一定计算方法求得待测距离 D。这种测距仪称为固定频率式测距仪。现今的激光测距仪和微波测距仪大多属于固定频率式测距仪。

（2）测尺频率的选择。如前所述，由于在相位式测距仪中存在 N 的多值性问题，只有当被测距离 D 小于测尺长度 $\lambda/2$ 时（即整尺段数 $N = 0$）才可以根据 $\Delta\Phi$ 求得唯一确定的距

离值，即

$$D = \frac{\lambda}{2} \times \frac{\Delta\Phi}{2\pi} = L \times \Delta N$$

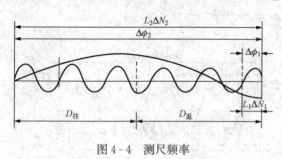

图 4 - 4 测尺频率

如只用一个测尺频率 $f_1 = 15\text{MHz}$ 时，我们只能测出不足一个测尺长度 L_1 $\left(L_1 = \frac{c}{2f_1} = 10\text{m}\right)$ 的尾数，若距离 D 超过 L_1（10m）的整尺段，就无法知道该距离的确切值，而只能测定不足一整尺的尾数值 $\Delta L_1 = L_1 \times \Delta N_1 = \Delta D$，如图 4 - 4 所示。若要测出该距离 D 的确切值，必须再选一把大于距离 D 的测尺 L_2，其相应测尺频率 f_2，测得不足一周的相位差 $\Delta\Phi_2$，求得距离的概略值 D' 为

$$D' = L_2 \times \Delta\Phi_2/2\pi = L_2 \times \Delta N_2$$

将两种频率的测尺 L_1 和 L_2 组合使用，测得的距离尾数 ΔD 和距离的概略值 D' 相加，得到该距离的确切值为

$$D = D' + \Delta D \tag{4 - 6}$$

综上所述，当待测距离较长时，为了既保证必需的测距精度，又满足测程的要求，在考虑到仪器的测相精度为千分之一情况下，我们可以在测距仪中设置几把不同的测尺频率，即相当于设置了几把长度不同、最小分划值也不相同的"尺子"，用它们同测某段距离，然后将各自所测的结果组合起来，就可得到单一的、精确的距离值。

①直接测尺频率方式。短、中程测距仪（激光或红外测距仪）常采用直接测尺频率方式，一般用两个或三个测尺频率，其中一个为精测尺频率，用它测定待测距离的尾数部分，保证测距精度；其余的为粗测尺频率，用它们测定距离的概值，满足测程要求。例如 AGA-116 型红外短程测距仪使用两个测尺频率，精测尺频率 15MHz，测尺长度为 10m；粗测尺频率为 150kHz，测尺长为 1000m。由于仪器的测定相位精度通常为千分之一，即测相结果具有三位有效数字，它对测距精度的影响随测尺长度的增大而增大，则精测尺可测量出厘米、分米和米位的数值；粗测尺可测量出米、十米和百米的数值。这两把测尺交替使用，将它们的测量结果组合起来，就可得出待测距离的全长。如果用这两把尺子来测定一段距离，则用 10m 的精测尺测得 5.82m，用 1000m 的粗测尺测得 785m，二者组合起来得出 785.82m。这种直接使用各测尺频率的测量结果组合成待测距离的方式称为"直接测尺频率"的方式。

②间接测尺频率方式。在测相精度一定的条件下，如要扩大测程，同时又保持测距精度不变，就必须增加测尺频率，见表 4 - 1。

表 4 - 1　　　　　　　　　　　　　　测 尺 频 率

测尺频率 (f)	15MHz	1.5MHz	150kHz	15kHz	1.5kHz
测尺长度 (L)	10m	100m	1km	10km	100km
精度	1cm	1dm	1m	10m	100m

由表 4-1 看出，各直接测尺频率彼此相差较大，而且测程越长时测尺频率相差越悬殊，此时最高测尺频率和最低测尺频率之间相差达万倍，使得电路中放大器和调制器难以对各种测尺频率具有相同的增益和相移稳定性。于是，有些远程测相位式测距仪改用一组数值上比较接近的测尺频率，利用其差频频率作为间接测尺频率，可得到与直接测尺频率方式同样的效果。其工作原理如下：

设用两个测尺频率 f_1 和 f_i 分别测量同一距离 D，按式（4-3）可写出

$$D = c(N_1 + \Delta N_1)/2f_1$$
$$D = c(N_i + \Delta N_i)/2f_i$$

上两式相减并移项后得

$$D = \frac{c}{2(f_1 - f_i)}[(N_1 - N_i) + (\Delta N_1 - \Delta N_i)] \tag{4-7}$$

令 $(f_1 - f_i) = f_{1i}$，称为间接测尺频率，$N_1 - N_i = N_{1i}$ 为间接测尺的整波数，$\Delta N_1 - \Delta N_i = \Delta N_{1i}$ 称为间接测尺的余波数，则上式可改写为

$$D = \frac{c}{2f_{1i}}(N_{1i} + \Delta N_{1i}) = L_{1i}(N_{1i} + \Delta N_{1i}) \tag{4-8}$$

式中 $L_{1i} = \dfrac{c}{2f_{1i}}$——间接测尺长度。

上式表明，同一距离上用两个测尺频率测得不足一整周的尾数 ΔN_1 和 ΔN_i，其差数 $(\Delta N_1 - \Delta N_i)$ 与直接用差频 f_{1i} 测得的尾数 ΔN_{1i} 是一致的。于是，我们可以选择一组相近的测尺频率 f_1，f_2，f_3…（见表 4-3 第一栏）进行测量，测得各自的尾数为 ΔN_1，ΔN_2，ΔN_3，…。若取 f_1 为精测尺频率，取 f_{12}，f_{13}，…为间接测尺频率，其尾数 ΔN_{12}，ΔN_{13}，…可按 $\Delta N_{1i} = \Delta N_1 - \Delta N_i$（$i = 2$，3，…）间接算得，则适当选取测尺频率 f_1，f_2，f_3，…的大小，就可形成一套测尺长度 L 为十进制的测尺系统，见表 4-2，这种用差频作为测尺频率进行测距的方式称为间接测尺频率方式。

表 4-2   十 进 制 的 测 尺 系 统

精尺和粗尺频率 f_i	精尺和间接测尺频率 f_1 和 f_i	测尺长度 $L = \frac{1}{2}\lambda$	精　　度
$f_1 = 15\text{MHz}$	$f_1 = 15\text{MHz}$	10m	1cm
$f_2 = 0.9f_1$	$f_{12} = f_1 - f_2 = 1.5\text{MHz}$	100m	10cm
$f_3 = 0.99f_1$	$f_{13} = f_1 - f_3 = 150\text{MHz}$	1km	1m
$f_4 = 0.999f_1$	$f_{14} = f_1 - f_4 = 15\text{kHz}$	10km	10m
$f_5 = 0.9999f_1$	$f_{15} = f_1 - f_5 = 1.5\text{kHz}$	100km	100m

从表 4-2 中可以看出，采用间接测尺频率方式，各频率（f_1，f_2，…，f_5）非常接近，最高与最低频率之差仅 1.5MHz，这样设计的远程测距仪仍能使放大器对各侧尺频率保持一致的增益和相移稳定性。我国研制的 JCY-2 型激光测距仪和国外的 AGA-8 型激光测距仪、EOK2000 红外测距仪等就是采用这种间接测尺频率方式。

③测尺频率的确定。测尺频率方式选定之后，就必须解决各测尺长度及测尺频率的确定问题。一般将用于决定仪器测距精度的测尺频率称精测尺频率，而将用于扩展测程的测尺频率称为粗测尺频率。

对于采用直接测尺频率方式的测距仪，精测尺频率的确定依据测相精度，主要考虑仪器的测程和测量结果的准确衔接，还要使确定的测尺长度便于计算。例如我国的 HGC-1 型及长征 DCH-1 型红外测距仪确定精测尺长 $L_1=10m$ 和粗测尺长 $L_2=1000m$ 的精测尺频率和粗测尺频率。

测尺频率可依下式确定，即

$$f_i = \frac{c}{2L_{1i}} = \frac{c_0}{2nL_i} \tag{4-9}$$

式中　　c——光波在大气中的传播速度；

$\quad\quad$ n——大气折射率；

$\quad\quad$ c_0——光波在真空中的传播速度；

$\quad\quad$ f_i——调制频率（测尺频率）。

电磁波在真空中的传播速度 c_0 即光速是自然界一个重要的物理常数。20 世纪以来，许多物理学家和大地测量学家用各种可能的方法，多次进行了光速值的测量。1957 年国际大地测量及地球物理联合会同意采用新的光速暂定值，建议在一切精密测量中使用，这个光速暂定值为

$$c_0 = 299\ 792\ 458(\pm 1.2)\text{m/s}, \frac{\partial c_0}{c_0} \approx 4 \times 10^{-9}$$

1960 年国际权度会议正式决定，规定长度 1m 等于光波速值的倒数，即 $1\text{m} = \frac{1}{c_0}\text{s}$。

由物理学知，光波在大气中传播时的折射率 n 取决于所使用的波长和在传播路径上的气象因素（温度 t、气压 p 和水汽压 e）。光波折射率随波长而改变的现象称为色散，也就是说，不同波长的单色光在大气中具有不同的传播速度（相速）。在标准气象情况下（温度为 0℃，气压为 101 325Pa，湿度为 0Pa 和含 0.03% CO_2），单色光在大气中的折射率 n_λ 与波长 λ 的关系式由巴雷尔-塞尔斯公式给出，即

$$n_\lambda = 1 + \left(287.604 + \frac{1.6288}{\lambda^2} + \frac{0.0136}{\lambda^4}\right) \times 10^{-6} \tag{4-10}$$

式中　　λ——群波中各单色波波长的平均值，以 μm 为单位。

但是光电测距仪中使用的光不是单色光波，而是由很多个频率相近的单色波叠加而成的群波，由于大气存在着色散的特性，各个单色波都以不同的速度（相速）传播着，群波的传播速度 c_g（群速）和各单色波的相速是不相同的。根据国际大地测量协会的决定，对调制光一律采用群速 c_g，即

$$c_g = \frac{c_0}{n_g}$$

在标准气象条件下，相应于群速 c_g 的调制光的大气折射率 n_g^0 和 n 有如下关系式，即

$$n_g^0 = n_\lambda - \frac{dn_\lambda}{d\lambda} \times \lambda \tag{4-11}$$

将式（4-10）的原式及它的微分式代入上式，得

$$n_g^0 = n_\lambda - \lambda\left(-\frac{2 \times 1.6288}{\lambda^3} - \frac{4 \times 0.0136}{\lambda^5}\right) \times 10^{-6}$$

$$= 1 + \left(287.604 + \frac{4.8864}{\lambda^2} + \frac{0.0680}{\lambda^4}\right) \times 10^{-6} \tag{4-12}$$

由式 (4-12) 计算标准气象条件下调制光的折射率 n_g^0。

在一般的大气条件下，群波的折射率 n_g 受气温、气压和湿度的影响，这时实际气象条件下的调制光的折射率 n_g 在我国一般采用柯尔若希公式，即

$$n_g = 1 + \frac{n_g^0 - 1}{1 + \alpha t} \times \frac{p}{101\ 325} - \frac{4.1 \times 10^{-10}}{1 + \alpha t} \times e \tag{4-13}$$

式中　t——大气摄氏温度；

p——大气压力，以 Pa 计；

e——大气中水汽压力（湿度），以 Pa 计；

α——气体膨胀系数，$\alpha = \dfrac{1}{273.16}$。

若测距仪选定的参考气象条件为 $t=15℃$，$p=101\ 325\text{Pa}$，$e=0\text{Pa}$，代入式 (4-13)，即可求出在仪器选定的参考气象条件下的调制光折射率 n_g'。若以仪器选定参考气象条件为准，则测量时的调制光折射率公式又可以写成

$$n_g = 1 + \frac{(n_g' - 1)}{1 + \alpha t} \times \frac{p}{101\ 325} - \frac{4.1 \times 10^{-10}}{1 + \alpha t} e \tag{4-14}$$

式中　t、p、e——测距时测得的气象数据。

例如某台短程红外测距仪采用的半导体 GaAs 发光二极管发出的光波长为 $0.93\mu\text{m}$，在标准气象条件下求出 10m 长的精测尺和 1000m 长的粗测尺的测尺频率值。

由式 (4-12) 求得 $n_g^0 = 1.000\ 293\ 34$，再利用式 (4-9) 即可求得精测尺频率及粗测尺频率，即

$$f_1 = \frac{c_0}{2 n_g^0 L_1} = 14.985\ 520\text{MHz}$$

$$f_2 = \frac{c_0}{2 n_g^0 L_2} = 149.855\ 20\text{kHz}$$

若该仪器设计的参考气象条件为 $t=15℃$，$p=101\ 325\text{Pa}$，$e=0\text{Pa}$ 时，求其测尺频率值。这时除按式 (4-12) 求得 n_g^0 外，还应按式 (4-13) 再求参考气象条件的 $n_g' = 1.000\ 278\ 07$，然后由式 (4-9) 求得其相应测尺频率值，即

$$f_1 = \frac{c_0}{2 n_g' L_1} = 14.985\ 460\text{MHz}$$

$$f_2 = \frac{c_0}{2 n_g' L_2} = 149.855\text{kHz}$$

(3) 相位式光电测距仪的工作原理。相位式光电测距仪的工作原理可按图 4-5 所示的方框图来说明。

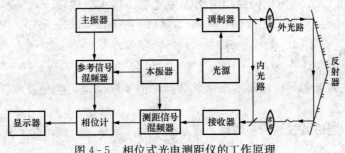

图 4-5　相位式光电测距仪的工作原理

由光源所发出的光波（红外光或激光）进入调制器后，被来自主控振荡器（简称主振）的高频测距信号 f_1 所调制，成为调幅波。这种调幅波经外光路进入接收器，汇聚在光电器件上，光信号立即转化为电信号。这个电信号就是调幅波往返于测线后经过解调的高频测距信号，它的相位已延迟了 Φ。

$$\Phi = 2\pi \times N + \Delta\Phi$$

这个高频测距信号与来自本机振荡器（简称本振）的高频信号 f_1' 经测距信号混频器进行光电混频，经过选频放大后得到一个低频（$\Delta f = f_1 - f_1'$）测距信号，用 e_D 表示。e_D 仍保留了高频测距信号原有的相位延迟 $\Phi = 2\pi \times N + \Delta\Phi$。为了进行比相，主振高频测距信号 f_1 的一部分称为参考信号，与本振高频信号 f_1' 同时送入参考信号混频器，经过选频放大后，得到可作为比相基准的低频（$\Delta f = f_1 - f_1'$）参考信号，e_0 表示，由于 e_0 没有经过往返测线的路程，e_0 不存在像 e_D 中产生的那一相位延迟 Φ。因此，e_D 和 e_0 同时送入相位器采用数字测相技术进行相位比较，在显示器上将显示出测距信号往返于测线的相位延迟结果。

当采用一个测尺频率 f_1 时，显示器上就只有不足一周的相位差 $\Delta\Phi$ 所相应的测距尾数，超过一周的整周数 N 所相应的测距整尺数就无法知道，为此，相位式测距仪的主振和本振两个部件中还包含一组粗测尺的振荡频率，即主振频率 f_2，f_3，… 和本振频率 f_2'，f_3'，…。如前所述，若用粗测尺频率进行同样的测量，把精测尺与一组粗测尺的结果组合起来，就能得到整个待测距离的数值了。

3. 脉冲法测距与相位法测距比较

（1）脉冲激光测距的激光是以短时间的脉冲出现的，激光瞬时功率很大，是直接利用计时电路测量出激光脉冲飞行时间来测定目标距离的。脉冲法测量距离的精度是一般是在 $\pm 1 m$ 左右，测量盲区一般是 15m 左右。有合作目标的情况下，脉冲激光测距可以达到极远的测程。在进行几公里的近程测距时，如果精度要求不高，即使不使用合作目标，只是利用被测目标对脉冲激光的漫反射所取得反射信号，也可以进行测距。例如美国 Bushnell 公司的 Yardage800，测程可达 731.52m。脉冲法测距系统结构较简单，信号易于处理，并且易于实现实时测量，具有测程长的优点，发展潜力很大。如何设计时刻鉴别单元以达到消除或减小漂移误差和时间抖动，是脉冲激光测距的重要研究课题之一。

（2）相位激光测距的激光是连续的，激光的功率不大，是先通过对激光的强度进行调制，测得发射与接收光波的相位变化间接测得时间，再进一步实现距离测量的。这项技术较为成熟，因此测距精度较高，目前的测距技术大多采用此法。例如徕卡 D2 激光测距仪测程为 0.05～60m，精度可达 1.5mm。型号为 PD40 的德国喜利得激光测距仪测程最长可达 200m，精度可达 1.0mm。但相位测距电路较为复杂，技术难度较大，测程短，限制了其在很多领域的应用。

4.2　电磁波测距仪的分类

目前，由于电磁波测距仪的迅速发展和新产品的不断问世，电磁波测距仪种类繁多，有多种不同的分类方法。

（1）按照测定电磁波往返传播时间 t 的方法不同（直接测定或间接测定）分为脉冲式和相位式测距仪两类。

　　脉冲式测距仪可直接测定仪器所发射的脉冲信号往返于被测距离的传播时间，从而求得距离值。脉冲式测距仪的主要优点是测程远，但由于脉冲宽度和计数器时间分辨能力的限制，直接测定时间一般达到 10^{-8}s，相应测距精度为 $\pm 1 \sim \pm 5$m，精度较低。人卫激光测距仪和地月激光测距仪就属于脉冲式测距仪。然而锁模激光器的问世为脉冲式测距仪的高精度测距创造了条件。现在已经有多个厂家生产出了用于常规测量、精度达到 $2\text{mm} + (1 \sim 2) \times 10^{-6}D$ 的脉冲式测距仪。

　　相位式测距仪是测定仪器所发射的连续测距信号往返于被测距离的滞后相位来间接推算信号的传播时间 t，从而求得所测距离。相位式测距仪与脉冲式测距仪相比较，测距仪测程较短，但测距精度高，目前生产上所用测距仪多为相位式测距仪。

　　（2）由于不同频率或波长的电磁波在特性上有很大差异，电磁波测距仪按载波源的不同又分为激光测距仪、红外测距仪、微波测距仪三类，其中激光测距仪与红外测距仪又合称光电测距仪。

　　第一台电磁波测距仪 1947 年在瑞典诞生，载波光源为白炽灯，后来的测距仪载波光源改进为高压水银灯，这类早期的仪器既笨重耗电，测程又不远。1960 年激光器的出现为光波测距仪提供了理想的光源，第二年就产生了世界上第一台激光测距仪。随着激光测距技术不断发展进步，激光测距仪的体积越来越小，重量越来越轻，耗电越来越少，测程越来越远，精度也越来越高。目前激光测距仪基本上是采用氦氖（He-Ne）气体激光器作光源，波长为 $0.6328\mu\text{m}$。激光测距仪由于测程长、精度高，主要用于中远程测距。近年来，在全站仪上使用了新的脉冲激光测距技术，近距离的距离测量不用反光镜，全站仪既可进行长边控制测量，又能方便地进行地形、地籍测量。

　　红外测距仪使用的载波为电磁波的红外线波段，光源为砷化镓发光二极管，发出的光为波长 $0.72 \sim 0.94\mu\text{m}$ 的红外线光。砷化镓发光二极管发出的红外光的光强可随注入的电信号的强度而变化，因此这种发光管兼有载波源和调制器的双重功能。又由于电子线路的集成化，红外线测距仪可以做的很小，现一般与测角仪器结合使用，或与电子经纬仪设计成一体，成为电子全站仪。红外线测距仪一般为相位式测距仪，其测程较短。现有的测距仪与电子全站仪以采用红外测距仪的居多。

　　微波测距仪的载波为无线电微波。目前生产的微波测距仪使用的波长有 10cm、3cm、8cm 几种。由于无线电微波的穿透能力强，工作中对大气能见度没有什么要求，在有雾、小雨、小雪时均可测量，并且两点之间只需概略照准。还可以利用仪器内的通信设备随时通话联系，使用比较机动灵活。微波测距仪以前精度较低，现已经提高到或基本达到与红外测距仪相当的水平。微波测距仪较适合于军事测量，民用测量中较少使用。

　　（3）按照测程的长短可分为短程测距仪、中程测距仪和远程测距仪。

　　短程光电测距仪：测程在 3km 以内，测距精度一般在 1cm 左右。这种仪器可用来测量三等以下的三角锁网的起始边，以及相应等级的精密导线和三边网的边长，适用于工程测量和矿山测量。这类测程的仪器很多，如瑞士的 ME3000，精度可达 $\pm(0.2\text{mm} + 0.5 \times 10^{-6}D)$；DM 502、DI3S、DI$_4$，瑞典的 AGA-112、AGA-116，美国的 HP3820A，英国的 CD6，日本的 RED2，SDM3E，原西德的 ELTA 2，ELDI2 等，精度均可达 $\pm(5\text{mm} + 5 \times 10^{-6}D)$；原东德的 EOT 2000，我国的 HGC-1、DCH-2、DCH3、DCH-05 等。短程光电测距仪多采用砷化镓（GaAs 或 GaAlAs）发光二极管作为光源（发出红外荧光），少数仪器也用氦-氖

（He-Ne）气体激光器作为光源。砷化镓发光二极管是一种能直接发射调制光的器件，即通过改变砷化镓发光二极管的电流密度来改变其发射的光强。

中程光电测距仪：测程在 $3\sim15km$ 左右的仪器称为中程光电测距仪，这类仪器适用于二、三、四等控制网的边长测量。如我国的 JCY-2、DCS-1，精度可达 $\pm(10mm+1\times10^{-6}D)$，瑞士的 ME5000 精度可达 $(0.2mm+0.2\times10^{-6}D)$，DI5、DI20、瑞典的 AGA-6、AGA-14A 等精度均可达到 $\pm(5mm+5\times10^{-6}D)$。

远程激光测距仪：测程在 15km 以上的光电测距仪精度一般可达 $\pm(5mm+1\times10^{-6}D)$，能满足国家一、二等控制网的边长测量，如瑞典的 AGA-8、AGA-600、美国的 Range master、我国研制成功的 JCY-3 型等。

中、远程光电测距仪多采用氦-氖（He-Ne）气体激光器作为光源，也有的采用砷化镓激光二极管作为光源，还有其他光源的，如二氧化碳（CO_2）激光器等。由于激光器发射激光具有方向性强、亮度高、单色性好等特点，其发射的瞬时功率大，在中、远程测距仪中多用激光作载波，称为激光测距仪。

（4）按测距精度（每千米测距中误差）可将测距仪分为Ⅰ、Ⅱ、Ⅲ、Ⅳ级。

电磁波测距仪的标称精度常用下式表示，即

$$m_D=\pm(a+b\times10^{-6}D)$$

式中　m_D——测距中误差，单位为 mm；

　　　a——固定误差，单位为 mm；

　　　b——比例误差系数；

　　　D——两点间的水平距离，单位为 mm。

当 D 为 1km 时，则 m_D 为 1km 的测距中误差。按此指标，将测距仪化分为Ⅰ、Ⅱ、Ⅲ级，见表 4 - 3。

表 4 - 3　　　　　　　　　　　　测距仪的精度分级

测距中误差/mm	测距仪精度等级	测距中误差/mm	测距仪精度等级
小于 5	Ⅰ	11～20	Ⅲ
5～10	Ⅱ		

（5）按反射目标可将测距仪分为具有漫反射目标（非合作目标即免棱镜）的测距仪、具有合作目标（平面反射镜、角反射镜等）的测距仪和具有有源反射器（同频载波应答机、非同频载波应答机等）的测距仪。

4.3　电磁波测距的误差来源及影响

测距误差的大小与仪器本身的质量、观测时的外界条件以及操作方法有着密切的关系。为了提高测距精度，必须正确地分析测距的误差来源、性质及大小，从而找到消除或削弱其影响的办法，使测距获得最优精度。

4.3.1　测距误差的主要来源

由式（4 - 3）可知，相位式测距的基本公式为

$$D = \frac{1}{2f} \frac{c_0}{n} \left(N + \frac{\Delta\Phi}{2\pi} \right) \tag{4 - 15}$$

式中

$$c_0 = c \cdot n$$

将其线性化并根据误差传播定律得测距误差

$$M_D^2 = D^2 \left\{ \left(\frac{m_{c0}}{c_0} \right)^2 + \left(\frac{m_f}{f} \right)^2 + \left(\frac{m_n}{n} \right)^2 \right\} + \left(\frac{\lambda}{4\pi} \right)^2 m_\Phi^2 \tag{4 - 16}$$

式中　c_0——光在真空中传播的速度；

　　　f——测尺频率；

　　　n——大气折射率；

　　　Φ——相位；

　　　λ——测尺波长。

上式表明，测距误差 M_D 是以上各项误差综合影响的结果。实际上，观测边长 S 的中误差 M_S 还应包括仪器加常数的测定误差 m_K 和测站及镜站的对中误差 m_l，即

$$M_S^2 = D^2 \left\{ \left(\frac{m_{c_0}}{c_0} \right)^2 + \left(\frac{m_f}{f} \right)^2 + \left(\frac{m_n}{n} \right)^2 \right\} + \left(\frac{\lambda}{4\pi} \right)^2 m_\Phi^2 + m_K^2 + m_l^2 \tag{4 - 17}$$

上式中的各项误差影响，就其方式来讲，有些是与距离成比例的，如 m_{c_0}，m_f 和 m_n 等，我们称这些误差为"比例误差"；另一些误差影响与距离长短无关，如 m_Φ，m_K 及 m_l 等，我们称其为"固定误差"。另外，就各项误差影响的性质来看，有系统的，如 m_{c_0}，m_f，m_K 及 m_n 中的一部分；也有偶然的，如 m_Φ，m_l 及 m_n 中的另一部分。对于偶然性误差的影响，我们可以采取不同条件下的多次观测来削弱其影响；而对系统性误差影响则不然，但我们可以事先通过精确检定缩小这类误差的数值，达到控制其影响的目的。

4.3.2　比例误差的影响

由式（4-25）可看出，光速值 c_0、调制频率 f 和大气折射率 n 的相对误差使测距误差随距离 D 而增加，它们属于比例误差。这类误差对短程测距影响不大，但对中远程精密测距影响十分显著。

1. 光速值 c_0 的误差影响

1975 年国际大地测量及地球物理联合会同意采用的光速暂定值为

$$c_0 = (299\ 792\ 458 \pm 1.2)\text{m/s}$$

这个暂定值是目前国际上通用的数值，其相对误差 $\frac{m_{c_0}}{c_0} = 4 \times 10^{-9}$，这样的精度是极高的，所以光速值 c_0 对测距误差的影响甚微，可以忽略不计。

2. 调制频率 f 的误差影响

调制频率的误差包括两个方面，即频率校正的误差（反映了频率的精确度）和频率的漂移误差（反映了频率稳定度）。前者可用 $10^{-8} \sim 10^{-7}$ 的高精度数字频率计进行频率的校正，因此这项误差是很小的。后者则是频率误差的主要来源，它与精测尺主控振荡器所用的石英晶体的质量、老化过程以及是否采用恒温措施密切相关。在主控振荡器的石英晶体不加恒温措施的情况下，其频率稳定度为 $\pm 1 \times 10^{-5}$。这个稳定度远不能满足精密测距的要求（一般要求 m_f/f 在 $0.5 \times 10^{-6} \sim 1.0 \times 10^{-6}$ 范围内），为此精密测距仪上的振荡器采用恒温装置或

者气温补偿装置，并采取了稳压电源的供电方式，以确保频率的稳定，尽量减少频率误差。目前，频率相对误差 m_f/f 估计为 -0.5×10^{-6}。

频率误差影响在精密中远程测距中是不容忽视的，作业前后应及时进行频率检校，必要时还得确定晶体的温度偏频曲线，以便给以频率改正。

3. 大气折射率 n 的误差影响

在式 (4-23) 中，若只是大气折射率 n 有误差，则有

$$dD/D = -dn/n \qquad (4-18)$$

通常，大气折射率 n 约为 1.0003，因 dn 是微小量，故这里取 $n=1$，于是

$$dD/D = -dn \qquad (4-19)$$

对于激光（$\lambda = 6328 \text{Å}$）测距来说，大气折射率 n 由下式给出，即

$$n = 1 + \frac{170.91 \times P - 15.02e}{273.2 + t} \times 10^{-6} \qquad (4-20)$$

由上式可以看出，大气折射率 n 的误差是由于确定测线上平均气象元素（P 气压、t 温度、e 湿度）的不正确引起的，这里包括测定误差和气象代表性误差（即测站与镜站上测定值之平均，经过前述的气象元素代表性改正后依旧存在的代表性误差）。各气象元素对 n 值的影响可按式 (4-20) 分别求微分，并取中等大气条件下的数值（$P=101.325 \text{kPa}$，$t=20 \text{℃}$，$e=1.333\,22 \text{kPa}$），代入后有

$$\left. \begin{aligned} dn_t &= -0.95 \times 10^{-6} dt \\ dn_p &= +0.37 \times 10^{-6} dp \\ dn_e &= -0.05 \times 10^{-6} de \end{aligned} \right\} \qquad (4-21)$$

由此可见，激光测距中温度误差对折射系数的影响最大。当 $dt=1\text{℃}$ 时，$dn_t = -0.95 \times 10^{-6}$，由此引起的测距误差约为一百万分之一。影响最小的是湿度误差。

从以上的误差分析来看，正确地测定测站和镜站上的气象元素，并使算得的大气折射系数与传播路径上的实际数值十分接近，从而大大地减少大气折射的误差影响，这对精密中、远程测距是十分重要的。因此，在实际作业中必须注意以下几点：

(1) 气象仪表必须经过检验，以保证仪表本身的正确性。读定气象元素前，应使气象仪表反映的气象状态与实地大气的气象状态充分一致。温度读至 0.2℃，其误差应小于 0.5℃；气压读至 0.0667kPa，其误差应小于 0.1333kPa。这样，由于气象元素的读数误差引起的测距误差可望小于 1×10^{-6}。

(2) 气象代表性的误差影响较为复杂，它受到测线周围的地形、地物和地表情况以及气象条件诸因素的影响。为了削弱这方面的影响，选点时应注意地形条件，尽量避免测线两端高差过大的情况，避免视线擦过水域。观测时应选择在空气能充分调和的有微风的天气或温度比较稳定的阴天。必要时可加测测线中间点的温度。

(3) 气象代表性的误差影响在不同的时间（如白天与黑夜）、不同的天气（如阴天和晴天）具有一定的偶然性，有相互抵消的作用。因此，采取不同气象条件下的多次观测取平均值，也能进一步地削弱气象代表性的误差影响。

4.3.3 固定误差的影响

如前所述，测相误差 m_Φ、仪器加常数误差 m_K 和对中误差 m_l 都属于固定误差，它们都具有一定的数值，与距离的长短无关，所以在精密的短程测距时这类误差将处于突出的

地位。

1. 对中误差 m_l

对于对中或归心误差的限制，在控制测量中一般要求对中误差在 3mm 以下，要求归心误差在 5mm 左右。但在精密短程测距时，由于精度要求高，必须采用强制归心方法，最大限度地削弱此项误差影响。

2. 仪器加常数误差 m_K

仪器加常数误差包括在已知线上检定时的测定误差和由于机内光电器件的老化变质和变位而产生加常数变更的影响。通常要求加常数测定误差 $m_K \leqslant 0.5m$，此处 m 为仪器设计（标称）的偶然中误差。对于仪器加常数变更的影响，则应经常对加常数进行及时检测，予以发现并改用新的加常数来避免这种影响。同时，要注意仪器的保养和安全运输，以减少仪器光电器件的变质和变位，从而减少仪器加常数可能出现的变更。

3. 测相误差 m_Φ

测相误差 m_Φ 是由多种误差综合而成，这些误差有测相设备本身的误差、内外光路光强相差悬殊而产生的幅相误差、发射光照准部位改变所致的照准误差以及仪器信噪比引起的误差。此外，由仪器内部的固定干扰信号而引起的周期误差也在测相结果中反映出来。

（1）测相设备本身的误差。目前常用方法有移相—鉴相平衡测相法和自动数字测相法两种。

当采用移相—鉴相平衡测相法时，测相设备本身的误差与电感移相器的质量、读数装置的正确性以及鉴相器的灵敏度等有关。其中电感移相器与机械计数器是联动的，由于移相器电路元件的变化和非线性误差影响，以及鉴相器的不灵敏，机械计数器的读数与应有值不符，而产生测相误差，对此必须提高移相器和鉴相器本身的质量。测距时，我们采用内外光路的多次交替观测，这样可以消除相位零点的漂移，提高测相精度。

当采用自动数字测相法时，数字相位计本身的误差与检相电路的时间分辨率、时间脉冲频率以及一次测相的检相次数有关。一般来说，检相触发器和门电路的启闭越灵敏，时标脉冲的频率越高，则测相精度越高，这自然和设备的质量有关。测相的灵敏度还与信号的强弱有关，而信号的强弱又与大气能见度、反光镜大小等因素有关。所以，选择良好的大气条件、配置适当的反光镜也可以减少数字相位计产生的测相误差。

（2）幅相误差。由信号幅度变化而引起的测距误差称为幅相误差。产生的原因是放大电路有畸变或检相电路有缺陷，当信号强弱不同时，移相量发生变化而影响测距结果，这种误差有时达 1～2cm。为了减小幅相误差，除了在制造工艺上改善电路系统外，尽量使内外光路信号强度大致相当。一般内光路光强调好后是不大改变的，因而必须对外光路接收信号作适当的调整，为此在机内设置了自动增益控制电路，还专门设置了手动减光板等设备，供作业时随时调节接收信号强度，使内外光路接收信号接近。通过这种措施，幅相误差可望小于 ±5mm。

（3）照准误差。当发射光束的不同部位照射反射镜时，测量结果将有所不同，这种因测量结果不一致而存在的偏差称为照准误差。产生照准误差的原因是发射光束的空间相位的不均匀性、相位漂移以及大气的光束漂移。据研究，$KD*P$ 调制器的发射光束空间相位不均匀性达 ±2°，当精尺长为 2.5m 时由此引起的照准误差约为 ±2～3cm。而且由于相位不均匀性，即使采用内外光路观测，也因二者不可能截取发射光束的相同部位无法消除这种误差影响。可见，照准误差是影响测相精度的一项主要误差来源。为了尽可能地消除这种误差影响，观测前要精确进行光电瞄准，使反射器处于光斑中央。多次精心照准和读数，取平均后的照准误差可望小于±5mm。大气光束漂移的影响可选择有利观测时间和多次观测的办法加以削弱。

（4）信噪比引起的误差。测相误差还与信噪比有关。由于大气抖动和仪器内部光电转换过程中可能产生的噪声（包括光噪声、电噪声和热噪声）使测相产生误差，这种误差是随机变化的，它的影响随信号强度的增强而减小（即随信噪比的增大而减小），为了削弱信噪比的影响，必须增大信号强度，并采用增多检相次数取平均值的办法。一般仪器一次自动测相的结果也是几百乃至几千次以上的检相平均值。

总的测相误差 m_Φ 为以上几项误差的综合。

（5）周期误差。所谓周期误差，是指以一定距离为周期而重复出现的误差。它是由于机内同频串扰信号的干扰而产生的。这种干扰主要由机内电信号的串扰而产生，如发射信号通过电子开关、电源线等通道或空间渠道的耦合串到接收部分；也可能由光串扰产生，如内光路漏光而串到接收部分。周期误差可采取测定其振幅和初相而在观测值中加以改正来消除其影响。

4.3.4 电磁波测距的要求
（1）严格执行仪器说明书规定的操作程序。
（2）测距前应检查电源电压是否符合要求。
（3）作业开始前，应使测距仪与周围温度相适应。测距时应使用电照准，试测后再正式测量。
（4）测距时选用的棱镜应与鉴定时使用的一致。
（5）晴天作业仪器应打伞遮阳，严禁将测距仪照准头对向太阳。
（6）测线方向上不应有多余的反光棱镜。

4.4 电磁波测距要求与测距成果归算

距离观测值的化算即将实测的距离初步值加上各项改正之后化算为两标石中心投影在椭球面上的正确距离。这些改正大致可分三类：第一类是由仪器本身所造成的改正；第二类是因大气折射而引起的改正，有气象改正和波道弯曲改正；第三类是属于归算方面的改正，即归心改正、倾斜改正和投影到椭球面上的改正、仪器加常数改正、周期误差改正。

4.4.1 频率改正
由相位式测距基本公式

$$D = \frac{c}{2f_1}(N_1 + \Delta N_1) \tag{4-22}$$

可以看出，若精测尺频率 f_1 有漂移，则式（4-22）中的精测尺长度 $u_1 = \frac{c}{2f_1}$ 就不准，测得的距离初步值 D_0 必须加一频率改正 ΔD_f。频率与距离的变化关系可由微分式（4-22）得，即

$$\frac{dD}{D_0} = \frac{-df_1}{f_1} \tag{4-23}$$

可见，频率变化对距离的影响是系统性的。频率增大，测尺缩短，使量得的距离过长，应加一负的改正。设精尺频率的漂移值为 Δf，由此引起的距离改正 ΔD_f 为

$$\Delta D_f = \frac{\Delta f}{f_1} D_0 \qquad (4-24)$$

通常，精测尺频率可通过检测用补偿的办法调整到规定的标准值，这时频率改正就不必加了。但是考虑到搬运振动、晶体老化等原因会导致频率变化，因此作业前后常常要进行频率对比，发现频率变化过大时（$\Delta f > 10\,\mathrm{Hz}$）就要考虑对测得的距离加上频率改正 ΔD_f。

4.4.2　气象改正 ΔD_n

相位式测距基本公式（4-22）可进一步写为

$$D = \frac{1}{2f_1} \frac{c_0}{n} (N_1 + \Delta N_1) \qquad (4-25)$$

式中　c_0——真空中的光速值；

　　　n——光波（或微波）沿测线传播时的大气折射率。

必须指出，在计算距离初步值时，亦即设计仪器精测尺长度 $u = \frac{1}{2f} \times \frac{c_0}{n}$ 时，常取标准或平均大气条件下的折射系数 n_0。而实际的大气折射率为 n，二者相差 $\Delta n = n - n_0$，由此引起距离改正 ΔD 为

$$\Delta D_n = -(n - n_0) D_0 \qquad (4-26)$$

JCY-2 型等激光测距仪设计时采用的折射率值 n_0 就是标准大气（$t = 0\,℃$，$P = 101.325\,\mathrm{kPa}$ 和 $e = 0$）情况下群波折射率值，即 $n_0 = n_\mathrm{g}^0 = 1.000\,300\,23$，而实际大气的折射率为

$$n = n_\mathrm{g} = 1 + \frac{809.394P - 112.660e}{273.2 + t} \times 10^{-6} \qquad (4-27)$$

将上式结果 $n_0 = n_\mathrm{g}^0 = 1.000\,300\,23$ 代入式（4-26）中便得到

$$\Delta D_n = \left(300.23 - \frac{809.394P - 112.660e}{273.2 + t}\right) D_0 \qquad (4-28)$$

式中　e——水汽压力，是空气干温 t、湿温 t' 及气压 P 的函数，即

$$e = E' - \delta(t - t')P(1 + 0.001\,146t') \qquad (4-29)$$

按照马格努斯经验公式，当湿温计的湿球不结冰时

$$\left.\begin{aligned} \delta &= 0.000\,662 \\ E' &= 0.610\,748 \times 10^{7.5t'/(237.3 + t')} \end{aligned}\right\} \qquad (4-30a)$$

当湿温计的湿球结冰时

$$\left.\begin{aligned} \delta &= 0.000\,583 \\ E' &= 0.610\,748 \times 10^{9.5t'/(265.5 + t')} \end{aligned}\right\} \qquad (4-30b)$$

上述各式中 P、e 的单位为 kPa，t 和 t' 的单位为 $℃$，ΔD_n 的单位为 mm，D_0 的单位为 km。必须说明，以前气压计的单位一般为 mmHg 或 mba（毫巴），现已禁止使用，若还使用旧仪表，则需将气压读数单位换算成 kPa 后再按上述公式计算，其换算公式为

$$1\,\mathrm{mmHg} = 133.322\,\mathrm{Pa} = 0.133\,322\,\mathrm{kPa}$$

$$1\,\mathrm{mba} = 10^5\,\mathrm{Pa} = 100\,\mathrm{kPa}$$

不难看出，气象改正数随温度和气压的变化而变化，因此气象元素（温度和气压）最好

是取测线上的平均值来计算。气象改正数的计算方法有四种：

（1）直接按式（4-28）计算。

（2）按公式编制诺莫图（如 DI1000）。

（3）按公式编制计算用表（如 JCY-2）。

（4）按公式制成改正系数盘（如 DCJ-32）。

例如 $t=30.9℃$，$t'=26.2℃$，$P=100.525\text{kPa}$，$D_0=10\ 652.425\text{m}$，则按式（4-29）计算气象改正数为

$$e = 3.0787\text{kPa}$$

代入式（4-28）得

$$\Delta D = 367.9\text{mm}$$

则经气象改正后的距离为

$$D = D_0 + \Delta D = 10\ 652.793\text{m}$$

4.4.3 波道弯曲改正 ΔD_ρ

波道弯曲改正数 ΔD_ρ 包括两个内容：其一是由于波道弯曲引起的弧长化为弦长的波道几何改正。若以 $(\Delta D_\rho)_1$ 表示此改正数，则有

$$(\Delta D_\rho)_1 = -\frac{D_0^3}{24\rho^2} = -\frac{K^2}{24R^2}D_0^3 \tag{4-31}$$

式中　K——光波或微波的折射系数,它是地球曲率半径 R 与波道曲率半径 ρ 之比,即

$$K = \frac{R}{\rho}$$

　　D_0——距离初步值。

其二是由于实际大气折射系数仅用测线两端的中值,而没有采用严格沿波道上的积分平均值,因此产生了所谓折射系数的代表性改正。

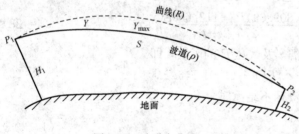

图 4-6 波道弯曲改正图

图 4-6 表示在地面上 P_1，P_2 两点之间进行电磁波测距的情况。P_1，P_2 两点间的一条曲线,它的半径等于地球半径 R,故它的弯曲程度与地球表面基本一致。

测距时,通常在 P_1，P_2 两点上测定气象元素,从而可计算出两点上的折射系数 n_1，n_2,取它们的平均值,即

$$n_m = \frac{1}{2}(n_1 + n_2)$$

由于虚线表示的曲线（R）与地球表面弯曲一致,n_m 只能表示沿虚线（R）上各点折射系数的平均值,而 n_m 绝不能代表波道上各点折射系数的平均值 $\bar{n} = \frac{1}{S}\int_0^s n\text{d}S$。为了求出二者的差值 $\Delta n = \bar{n} - n_m$,我们首先来计算波道（ρ）与虚曲线（R）之间的间距平均值,即

$$Y_m = \frac{1}{S}\int_0^s Y\text{d}S \tag{4-32}$$

为此,采用辛普松近似积分公式,得

$$Y_m = \frac{1}{6}(0 + 4Y_{max} + 0) = \frac{2}{3}Y_{max} \tag{4-33}$$

由图 4-6 知，间距 Y_{max} 是两条曲线矢径之差，即

$$Y_{max} = \frac{D_0^2}{8R} - \frac{D_0^2}{8\rho} = \frac{D_0^2}{8R}(1-K) \tag{4-34}$$

于是有

$$Y_m = \frac{2}{3}Y_{max} = \frac{D_0^2}{12R}(1-K) \tag{4-35}$$

求得了间距平均值 Y_m 后，根据折射系数的垂直梯度 $\dfrac{\mathrm{d}n}{\mathrm{d}H}$ 等于曲率 $-\dfrac{1}{\rho}$ 得出

$$\Delta n = -Y_m \frac{\mathrm{d}n}{\mathrm{d}H} = Y_m \frac{1}{\rho} = Y_m \frac{K}{R} \tag{4-36}$$

这样一来，折射系数代表性误差 Δn 对距离的改正 $(\Delta D_\rho)_2$ 可按式（4-36）算得，即

$$(\Delta D_\rho)_2 = -\Delta n \times D_0 = -Y_m \frac{K}{R}D_0 = -\frac{D_0^3}{12R^2}(K-K^2) \tag{4-37}$$

上式中各符号的意义与式（4-34）相同。波道弯曲改正 ΔD_ρ 为上述两项改正之和，即

$$\Delta D_\rho = (\Delta D_\rho)_1 + (\Delta D_\rho)_2 = -(2K-K^2)\frac{D_0^3}{24R^2} \tag{4-38}$$

因折射系数 $K < 1$，故波道弯曲改正 ΔD_ρ 恒为负值。ΔD_ρ 可直接按上式计算，也可制表后查取。K 值常随地点、时间的不同而异，其求定方法也有多种，此处不作赘述。通常在白天，对于光波，$\rho = 8R$，故 $K = 0.13$；对于微波，$\rho = 4R$，故 $K = 0.25$。在夜间，K 值还普遍高些。

设距离初步值为 20km，$K = 0.13$，取 $R = 6400$km，则按式（4-38）计算得 $\Delta D_\rho = -4$mm。

4.4.4　归心改正 ΔD_e

在某些情况下，如觇标橹柱遮挡了测距仪的视线、视线的中间有障碍物等，就要采用偏心观测。图 4-7 中，A 为测站，B 为镜站，D 为欲测边长，A' 为偏心观测站，它的偏心距为 e（量至 mm），偏心角为 θ（自 e 边顺时针起算，测至分）。设偏心时测得的距离初步值为 D_0，则 D_0 加上归心改正 ΔD_e 便是欲测边长，即 $D = D_0 + \Delta D_e$。由图 4-7 不难解得

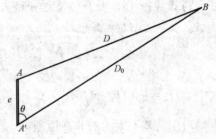

图 4-7　偏心观测

$$\Delta D_e = -e\cos\theta + \frac{(e\sin\theta)^2}{2D} \tag{4-39}$$

通常，e 不会很大（如在 2m 之内），而 D 常超过 1.5km，这种情况下，式（4-39）的第二项小于 1mm，可以忽略，采用如下的简化公式已足够，即

$$\Delta D_e = -e_1\cos\theta_1 - e_2\cos\theta_2 \tag{4-40}$$

式中，下标"1"表示测站偏心，下标"2"表示镜站偏心。

4.4.5 倾斜改正和投影改正 ΔD_S

经过以上各项改正之后，得到了两点间的倾斜距离。最后，还要将这一斜距投影到参考椭球面上。图4-8中 A 为测距仪中心，它的海拔高程

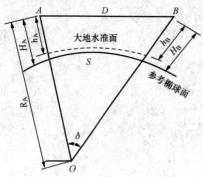

图4-8 倾斜改正和投影改正

为 h_A，超出参考椭球面的高度为 H_A；B 为反射镜中心，它的海拔高程和超出参考椭球面的高度分别为 h_B 和 H_B。未经投影的倾斜距离为 D，投影到参考椭球面上的长度为 S。由于距离 D 和地球半径相比较显然是一个微小量，故可以将这一部分的参考椭球面视作圆球面。圆球的半径用测线方向地球曲率半径 R_A 代替。

设弧长 S 所对的圆心角为 δ，则由平面三角的余弦定理得

$$\cos\delta = \frac{(R_A + H_A)^2 + (R_A + H_B)^2 - D^2}{2(R_A + H_A)(R_A + H_B)} \qquad (4-41)$$

另外，由图可知

$$\cos\delta = \cos\frac{S}{R_A} = 1 - 2\sin^2\frac{S}{2R_A} \qquad (4-42)$$

合并式（4-41）和式（4-42）并作适当简化后得

$$\frac{S}{2R_A} = \sin^{-1}\frac{D}{2R_A}\left[\frac{1 - \dfrac{\Delta h}{D^2}}{\left(1 + \dfrac{H_m}{R_A}\right)\left(1 + \dfrac{H_B}{R_A}\right)}\right]^{1/2} \qquad (4-43)$$

式中，$\Delta h = H_B - H_A = h_B - h_A$。

将式（4-43）展开经整理和略去微小项后可得

$$\Delta D_S = S - D$$
$$= -\left(\frac{1}{2}\frac{\Delta h^2}{D} + \frac{1}{8}\frac{\Delta h^4}{D^3}\right) - \left(D\frac{H_m}{R_A} - D\frac{H_m^2}{R_A^2} - \frac{H_m\Delta h^2}{2R_A D}\right) + \frac{D^3}{24R_A^2} \qquad (4-44)$$

式中，$H_m = \frac{1}{2}(H_A + H_B)$。

对于高差不太大的非高原地区，上式可以略去三个小项，于是可得

$$\Delta D_S = S - D = -\frac{1}{2}\frac{\Delta h^2}{D} - \frac{H_m}{R_A}D + \frac{D^3}{24R_A^2} \qquad (4-45)$$

上式就是作业时常用的计算公式。右端第一项是高差引起的倾斜改正，第二项是测线超出参考椭球面而引起的投影改正，而第三项就是弦长化为弧长的改正。

4.4.6 椭球面上水平距离的计算

设参考椭球面上的水平距离以 S 表示，则

$$S = D_0 + (C + \Delta D_f + \Delta D_\varphi) + (\Delta D_n + \Delta D_\rho) + (\Delta D_e + \Delta D_S) \qquad (4-54)$$

式中 C——仪器常数；

ΔD_φ——仪器周期误差改正。

应当指出，以上各项改正并非每项都要计算，根据仪器情况、边的长短和测边精度要

求，有些项实际上不存在或本身过小而无需计算。属于各测回不同的改正计算（如 D_n）必须在各测回内分别计算，而其余的改正项各测回都是一样的，则可在最后一次计算。

习　　题

1. 简述全站仪距离测量的原理。
2. 简述全站仪距离测量的操作步骤。
3. 测距仪是如何分类的？
4. 测距误差有哪些？哪些属于比例误差？哪些属于固定误差？
5. 测距时采取哪些措施可减小大气折射率误差的影响？
6. 电磁波测距有哪些要求？

第5章 导线测量外业观测

由于电磁波测距的普及，现在的实用常规平面控制网几乎全是导线网。在第2章中已经讲述了导线网的设计和选点、造标、埋石，本章讲述导线测量的外业观测，内容包括导线的边长观测、水平角观测、垂直角观测、归心元素的测定及归心改正。

5.1 导线的边长观测及水平角观测

5.1.1 边长观测

导线边长测量通常采用前面讲述的电磁波精密测距方法进行，在测边时应遵循相应的测量规范对导线边长观测的技术要求。

1. 导线边长测量的精度要求

国家等级导线边长测量精度要求见表5-1。

表5-1　　　　　　　　　　国家等级导线边长测量精度

导线等级	一	二	三	四
边长测量相对精度	≤1/250 000	≤1/200 000	≤150 000	≤1/100 000

《城市测量规范》对电磁波测距导线边长测量精度要求见第2章，《工程测量规范》的要求见表5-2。

表5-2　　　　　　　　　　　　导线测量的主要技术要求

等级	导线长度/km	平均边长/km	测角中误差/(″)	测距中误差/mm	测距相对中误差	测距数 DJ₁	测距数 DJ₂	测距数 DJ₆	方位角闭合差/(″)	相对闭合差
三等	14	3	1.8	20	≤1/150 000	6	10	—	$3.6\sqrt{n}$	≤1/55 000
四等	9	1.5	2.5	18	≤1/80 000	4	6	—	$5\sqrt{n}$	≤1/35 000
一级	4	0.5	5	15	≤1/30 000		2	4	$10\sqrt{n}$	≤1/15 000
二级	2.4	0.25	8	15	≤1/14 000		1	3	$16\sqrt{n}$	≤1/10 000
三级	1.2	0.1	12	15	≤1/7 000		1	2	$24\sqrt{n}$	≤1/5 000

注：1. 表中 n 为测站数。
　　2. 当测区测图的最大比例尺为1∶1000时，一、二、三级导线的平均边长及总长可适当放长，但最大长度不应大于表中规定的2倍。

2. 导线边长测量的技术要求

国家等级导线边长测量的技术要求可根据《国家三角测量和精密导线测量规范》的要求确定测边的精度及使用的仪器，国家精密导线边长测量应在两个或两个以上时间段内往、返观测，单测回数不少于4个，每测回读数次数不少于4次。

关于导线平面控制网对导线测距边观测的技术要求，在《城市测量规范》中作了具体规定，见表 5-3 和表 5-4。对于工程导线测距技术要求，《工程测量规范》的规定见表 5-5。

表 5-3　　　　　各等级平面控制网测距边测距的技术要求（《城市测量规范》）

控制网等级	测距仪	观测次数		测回总数	备　　注
		往	返		
二等	Ⅰ	1	1	6	1. Ⅱ 为须用 $\leqslant \pm (5mm + 3 \times 10^{-6}D)$ 的 Ⅱ 级测距仪 2. 1 测回是指照准目标一次，一般读数 4 次，可根据仪器出现的离散程度和大气透明度作适当增减；往返测回数各占总测回数一半 3. 根据具体情况，可采用不同时段观测代替往返观测，时段是指上、下午或不同的白天
	Ⅱ			8	
三等	Ⅰ	1	1	4	
	Ⅱ			6	
四等	Ⅰ	1	1	2	
	Ⅱ			4	
一等	Ⅱ	1	—	2	
二、三级	Ⅱ	1		1	

表 5-4　　　　　　　　光电测距各项较差的限值（《城市测量规范》）

项　目　　仪器等级	一测回读数校差/mm	单程测回间校差/mm	往返或不同时段的校差
Ⅰ 级	5	7	$2(a+b \cdot D)$
Ⅱ 级	10	15	

注：1. 往返校差应将斜距化算到同一水平面上方可进行比较。

　　2. $(a+b \cdot D)$ 为仪器标称精度。

表 5-5　　　　　　　　光电测距的技术要求（《工程测量规范》）

平面控制网等级	测距仪精度等级	观测次数		总测回数	一测回读数校差/mm	单程各测回校差/mm	往返校差
		往	返				
二、三等	Ⅰ	1	1	6	≤5	≤7	$\pm 2(a+b \cdot D)$
	Ⅱ			8	≤10	≤15	
四等	Ⅰ	1	1	4~6	≤5	≤7	
	Ⅱ			4~8	≤10	≤15	
一级	Ⅱ	1		2	≤10	≤15	—
	Ⅲ			4	≤20	≤30	
二、三级	Ⅱ	1		1~2	≤10	≤15	
	Ⅲ			1	≤20	≤30	

注：1. 测回是指照准目标 1 次，读数 2~4 次的过程。

　　2. 根据具体情况，测边可采取不同时间段观测代替往返观测。

3. 气象数据的测定要求

电磁波测距时，需要同时测定温度、气压等气象元素，以用于距离的气象改正。气象仪表宜选用通风干湿温度计和空盒气压计。《城市测量规范》中气象数据的测定要求见表 5-6。

（1）气象仪表宜选用通风干湿温度表和空盒气压表。在测距时使用的温度表及气压表宜和测距仪检定时一致。

（2）到达测站后，应立刻打开装气压表的盒子，置平气压表，避免受日光曝晒。温度表应悬挂在与测距视线同高、不受日光辐射影响和通风良好的地方，待气压表和温度表与周围温度一致后才能正式测记气象数据。

表 5-6　　　　　　　　　　　　气象数据的测定要求

等　级	最小读数		测定的时间间隔	气象数据的取用
	温度/℃	气压/Pa		
二、三、四等网的起始边和边长	0.2	50（或 0.5 mmHg）	一测站同时段观测的始末	测边两端的平均值
一级网的起始边和边长	0.5	100（或 1 mmHg）	每边测定一次	观测一端的数据
二级网的起始边和边长，以及三级导线边长	0.5	100（或 1 mmHg）	一时段始末各测定一次	取平均值作为各边测量的气象数据

4. 测距作业的其他注意事项

各等级边测距应在大气稳定和成像清晰的最佳观测条件下进行观测。晴天日出后和日落前半小时内不宜观测，中午前后阳光强烈时也不宜观测，阴天、有微风时可以全天观测。对于精密测距，除严格按最佳时间观测外，还应上午和下午对称观测。

测距仪开机后不宜立即观测读数，应有一定的预热时间，使仪器各电子部件达到正常稳定的工作状态时，方可进行正式的观测读数。

在晴天作业时仪器应打伞。不能将仪器对向太阳，也不宜顺光、逆光观测。另外还应注意在测线方向上不能有其他的反光镜或强反光物。以免降低测距精度或引起粗差。

测线应高出地面和离开障碍物 1.3m 以上，国家等级测量要求达到 1.5m。达不到要求时，应分别采用架高仪器或偏心观测等措施，以满足要求。

边长测量时，要测量测距仪和反射镜的高度各两次，读至 mm，各取平均值。

5.1.2　水平角观测

水平角精密测量的方向和基本原则在第 3 章已作过讲述，在此仅补充有关导线水平角观测的一些特殊规定和要求。

导线点上的水平角观测有两种情况：一种是只有两个方向，一种是有两个以上的方向。

在导线点上，当只有两个方向时，采用角观测法，在规定总测回数中应以奇数测回和偶数测回（各为总测回数的一半）分别观测导线前进方向的左角和右角。观测右角时仍以左角起始方向为准变换度盘位置。左角和右角分别取中数得 β_1 和 β_r 后，按 $\beta_1 + \beta_r - 360° = \Delta c$ 所计算的 Δc 值（即测站圆周角闭合差），三等不应超过 $\pm 3.0''$，四等不应超过 $\pm 5.0''$。

若 Δc 合限，以下式计算测站平差后的左、右角，即

$$\beta_左 = \beta_1 - \frac{1}{2}\Delta c \ \text{或} \ \beta_右 = 360° - \beta_左$$

在《城市测量规范》和《工程测量规范》中，都是规定 Δc 不超过相应等级测角中误差的 2 倍，见表 5-7。

表 5 - 7   国家等级导线网左、右角圆周角闭合差限差

导线等级	一	二	三	四
Δc	$\pm 1.5''$	$\pm 2.0''$	$\pm 3.5''$	$\pm 5.0''$

注：n 为测站数。

《城市测量规范》中导线水平角测回数规定见表 5 - 8。

当导线点上的观测方向数大于 2 时，国家一、二等导线采用全组合测角法，三、四等导线采用方向观测法。一、二等导线水平角观测的方向权数及三、四等导线水平角观测的测回数见表 5 - 9。

表 5 - 8   导线测量水平角观测的技术要求

等级	测角中误差/(")	测回数			方位角闭合差/(")
		DJ$_1$	DJ$_2$	DJ$_6$	
三等	$\leqslant \pm 1.5$	8	12	—	$\leqslant \pm 3\sqrt{n}$
四等	$\leqslant \pm 2.5$	4	6	—	$\leqslant \pm 5\sqrt{n}$
一级	$\leqslant \pm 5$	—	2	4	$\leqslant \pm 10\sqrt{n}$
二级	$\leqslant \pm 8$	—	1	3	$\leqslant \pm 16\sqrt{n}$
三级	$\leqslant \pm 12$	—	1	2	$\leqslant \pm 24\sqrt{n}$

表 5 - 9   国家等级导线网水平角观测的方向权数和测回数

导线等级	一	二	三	四
仪器类型	方向权 $P = m \times n$		测回数	
DJ$_1$ 型	60	42（40）	12	8
DJ$_2$ 型	—	—	16	12

5.1.3 三联脚架法测导线

在城市各等级精密导线测量中，为了提高测角、测距精度，在安置脚架方面普遍采用三联脚架法，以减弱仪器对中误差和目标偏心误差对测角、测距的影响。一般使用 3 个既能安置全站仪又能安置觇牌（或有觇牌的反射棱镜）的基座和三脚架，基座应具有通用的光学对中器。

具体做法是：如图 5 - 1 所示，施测时，在测站点 2 上安置好仪器，后站点、前站点安置觇牌，2 点水平角（即导线前进方向的左转折角）观测结束后，将 1 点的觇牌连同三脚架安置在 4 点，将 2 点的经纬仪和 3 点上的觇牌自基座上取下来，互相对调，此时 2、3 点上的三脚架同基座不能动，在 3 点上再进行水平角观测，以此类推，这样直到整条导线测完。

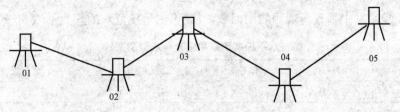

图 5 - 1 三联脚架法

三联脚架法的优点：

（1）减少了架脚架对中的次数，并可减少调平的工作量。同时由于在一点三次量高，可避免量高的粗差。

（2）由于每点只进行一次对中，因而各点对中误差只对本点坐标有影响，而不会在坐标推导中积累传递给其他点，因为对于每一个新推出的点来说，在此之前的所有经过的点都可认为只是临时过渡点。

不少生产单位的实践已经证明，三联脚架法确实可大大提高导线测量的精度和效率。

5.2 全站仪垂直角观测

在精密导线测量中，除一部分导线点需要采用水准测量的方法测定其高程外，大部分导线点是采用三角高程测量的方法传算点位高程的，这就要求在各测站上进行垂直角观测。

5.2.1 垂直角观测方法

垂直角的观测方法可采用"中丝法"或"三丝法"，观测时可根据情况任意选择。

1. 中丝法

中丝法的观测步骤为：

（1）在测站上安置仪器，对中，整平。

（2）以盘左照准目标，如果是指标带水准器的仪器，必须用指标微动螺旋使水准器气泡居中，然后读取竖盘读数 L，这称为上半测回。

（3）将望远镜倒转，以盘右用同样方法照准同一目标，使指标水准器气泡居中后读取竖盘读数 R，这称为下半测回。

以上观测为一测回。

2. 三丝法

当仪器有三根水平丝时，也可用三根水平丝依次照准同一目标来测定垂直角，一测回的具体观测方法如下：

（1）整置仪器水平以后，在盘左位置用上、中、下三根水平丝依次照准同一目标各一次，并分别读取垂直盘读数，得盘左读数。每次读数前都要调平垂直度盘的指标水准器。

（2）纵转望远镜，在盘右位置用上、中、下三根水平丝照准同一目标各一次，并分别读取垂直度盘读数，得盘右读数。同样，每次读数前应调平垂直度盘的指标水准器。

以上操作为一测回。

3. 测回数

国家各等级导线点上的垂直角观测，按中丝法应测 6 个测回，三丝法测 3 个测回，而国家各等级三角点按中丝法应测 4 测回，三丝法测 2 测回。

工程平面控制网中垂直角观测的测回数，《城市测量规范》的规定见表 5 - 10。

表 5 - 10 城市水平控制测量中垂直角观测测回数

平面网等级	二、三等	四等	一、二级小三角	一、二、三级导线	
仪器等级	J_1、J_2	J_2	J_6	J_2	J_6
中丝法测回数	4	2	4	1	2
三丝法测回数	2	1	2	—	1

一站上的垂直角观测,既可每次只测一个方向,连续观测完应测测回数;也可采用类似于水平方向观测的做法,一次对 n 个方向,先观测盘左,再观测盘右。

对于国家等级水平控制网,由于连长较长,垂直折光影响很大,《规范》规定,应该在地方时间 $10:00 \sim 16:00$ 之间,目标呈像清晰时观测垂直角。工程控制网连长较短,垂直折光影响相对小些,但也不宜在日出后和日落前半小时内观测。

5.2.2 手簿的记录、计算及观测限差

表 5-11 为按三丝法观测记录、计算示例。三丝法记录顺序是:盘左由上至下记录,盘右由下往上记录。观测使用仪器为 J_2 型。指标差 i 和垂直角 a 计算公式见表 5-11。

表 5-11　　　　　　　　　　三丝法观测记录、计算示例

点名:A 　　　　　　　　　　　　　　　　　　　　等级:四

天气:晴 　　　　　　　　　　　　　　　　　　　　日期:4 月 13 日

成像:清晰稳定 　　　　　　　　　　　　　　　　　起:10 时 15 分

仪器至标石面高:1.55m 　　　　　　　　　　　　　止:11 时 30 分

照准点名	盘左			盘右			指标差	垂直角
	(° ′ ″)	(″)		(° ′ ″)	(″)		(′ ″)	(° ′ ″)
B	90 47 16		16	269 46 43		43	+17 00	−0 30 16
	15				43			
	90 30 17		18	269 29 48		49	+0 04	−0 30 14
	18				50			
	90 12 53		53	269 12 20		20	−17 24	−0 30 16
	53				20			
B	90 47 18		18	269 46 44		44	+17 01	−0 30 17
	18				44			
	90 30 20		21	269 29 45		46	+0 04	−0 30 18
	22				46			
	90 12 49		49	269 12 21		20	−17 26	−0 30 14
	49				20			
中数								−0 30 16

表 5-12 是按中丝法观测的记录、计算示例,所用仪器为 J_1 型。指标差 i 和垂直角 a 计算公式见表 5-13。

垂直角观测限差按《城市测量规范》的规定,见表 5-14。国家等级测量则规定垂直角互差 $10''$,指标差互差 $15''$。

观测过程中,指标差绝对值不应大于 $30''$,否则应进行校正。对已完成的完整测回,若发现超出这一规定时,只要垂直角互差、指标差互差均不超限,该测回仍可采用。

垂直角互差的比较方法:同一方向的各测回进行比较。

指标差互差的比较方法:一测回中只观测一个方向时,对该方向的各测回同一根水平丝算得的结果互相比较;一测回内观测多个方向时,仅在同一测回内比较各方向同一根水平丝算得的结果。

表 5 - 12　　　　　　　　　　　**中丝法观测记录计算示例**

点名：*M*　　　　　　　　　　　　　　　　　　　　　　　等级：三

天气：晴　　　　　　　　　　　　　　　　　　　　　　　日期：4 月 18 日

成像：清晰稳定　　　　　　　　　　　　　　　　　　　　起：10 时 15 分

仪器至标石面高：1.85m　　　　　　　　　　　　　　　止：11 时 30 分

照准点名	盘左		盘右		指标差	垂直角
	(° ′ ″)	(″)	(° ′ ″)	(″)	(′ ″)	(° ′ ″)
N	90 06 27.0	54.0	89 52 38.6	77.0	+11.0	+0 13 38.0
	90 06 27.0		89 52 38.4			
	90 06 27.0	54.0	89 52 38.0	76.0	+11.0	+0 13 37.0
	90 06 27.0		89 52 38.0			
	90 06 27.3	55.0	89 52 38.1	76.5	+11.5	+0 13 38.5
	90 06 27.7		89 52 38.4			
	90 06 27.9	55.5	89 52 37.2	74.5	+10.0	+0 13 41.0
	90 06 27.6		89 52 37.3			
	中　　数					+0 13 38.6
P	90 20 52.0	104.1	89 38 14.0	28.1	+12.2	+0 43 16.0
	90 20 52.1		89 38 14.1			
	90 20 51.9	103.7	89 38 13.2	26.4	+10.1	+0 43 17.3
	90 20 51.8		89 38 13.2			
	90 20 52.2	104.7	89 38 14.7	29.2	+13.9	+0 43 15.5
	90 20 52.5		89 38 14.5			
	90 20 52.1	104.3	89 38 14.0	28.1	+12.4	+0 43 16.2
	90 20 52.2		89 38 14.1			
	中　　数					+0 43 16.2

表 5 - 13　　　　　　　　　　　**垂直角指标差计算公式**

仪器型号	指标差 i 计算公式	垂直角 a 计算公式
J_{07}　J_1	$L+R-180°$	$L-R$
J_2　J_2	$(L-R-360°)/2$	$(R-180°-L)/2$

表 5 - 14　　　　　　　　　**城市平面控制测量垂直角观测限差**

仪器类型	J_1	J_2	J_6
测微器两次读数互差	1″	3″	—
垂直角互差	10″	15″	25″
指标差互差	10″	15″	25″

　　重测规定：按三丝法观测时，若某一水平丝所测某一方向的垂直角互差或指标差互差超限，则此方向用中丝法重测一测回；若同一方向的一测回中有两根水平丝所测结果超限，该

方向须用三丝法重测一测回，或用中丝法重测两测回。按中丝法观测时，若某一测回超限，该测回须重测。

5.2.3 经纬仪高和觇标高度的量取

凡进行垂直角观测，必须量取经纬仪高和觇标（或觇牌）高。只测垂直角，忘了量高，是初学者易出的差错。

经纬仪高是指点位标志到经纬仪中心的垂直距离，觇标高则是指垂直观测时的照准位置与点位标志间的垂直距离。

现在的导线测量中，仪器高标高一般用钢尺量两次，两次应在钢尺的不同尺段上量，以避免出现粗差，读数到毫米，取两次量测结果的中数为最后结果。

垂直角观测后另一个要注意的问题是要现场检查垂直角观测结果有无粗差，以避免无谓的返工。检查的方法是现场计算对向观测高差不符值是否合限。

5.3 偏心观测与归心改正

三角点的点位以标石的标志中心（一般习惯称标石中心）为准，也就是说，三角点的坐标与三角点之间的方向和边长都是以三角点的标石中心为依据的，因此在观测时要求仪器中心、照准圆筒中心与标石中心位于同一垂线上，即所谓"三心"一致。

将仪器安置在三脚架上进行观测时，经过垂球或对中器的对中可以使仪器中心和标石中心在同一垂线上，如经纬仪安置在觇标内架的观测台上（也称仪器台）进行观测，则必须先将标石中心沿垂线投影到观测台上，然后再将仪器安置在标石中心在观测台上的投影点上，使仪器中心和标石中心在同一垂线上，但实际上往往不能严格做到。有时标石中心在观测台上的投影点落在观测台的边缘，甚至落在观测台的外面，这时为了仪器的稳定和观测的安全，仍将仪器安置在观测台的中央进行观测，也就是仪器中心偏离了通过标石中心的垂线；有时为了观测的需要，如觇标的橹柱挡住了某个照准方向，仪器也必须偏离通过标石中心的垂线进行观测，这种偏离称为测站偏心。为了将偏心观测的成果归算到测站的标石中心，必须加测站点归心改正数。

造标埋石时，虽然尽量将照准圆筒中心和标石中心安置在同一垂线上，但由于观测与造埋工作要相隔一段时间，会受到风、雨、阳光等外界因素的影响以及觇标橹柱脚的不均匀下沉等影响，使照准圆筒中心偏离了标石中心，这种偏离称为照准点偏心。将偏心观测的成果归算到照准点的标石中心，必须加照准点归心改正数。

5.3.1 测站点偏心及测站点归心改正数计算

在图 5-2 中，B 为三角点的标石中心，Y 为仪器中心，T 为照准点圆筒中心在同一水平面上的投影。

测站上应有正确观测方向为 BT，由于测站点的偏心，即仪器中心 Y 偏离了标石中心 B，实际的观测方向为 YT。由图 5-2 可知，实际观测方向值 M_{YT} 和应有的正确方向值 M_{BT} 之间差一个小角 c，实际上 c 就是测站点归心改正数，求出改正数 c 值后，即可求得应有的正确方向值 M_{BT}，即

$$M_{BT} = M_{YT} + c$$

测站点归心改正数 c 的计算公式可由图 5-2 中的 $\triangle BYT$ 解得，图中 e_Y 和 θ_Y 分别为测站偏心距和测站偏心角，统称为测站归心元素。测站偏心角 θ_Y 定义为：以仪器中心 Y 为顶

点，由测站偏心距 e_Y 起始，顺时针旋转到测站零方向的一个角度。

由 $\triangle BYT$，按正弦定理可得

$$\sin c = \frac{e_Y}{s}\sin(\theta_Y + M_{YT})$$

式中　s——测站点至照准点间的距离。

当 c 为小角时上式可写为

$$c'' = \frac{e_Y}{s}\sin(\theta_Y + M_{YT})\rho''$$

必须指出，若测站有偏心，则测站上所有观测方向值都要加测站归心改正数。显然，各方向与零方向之间的夹角 M 是不一样的（对于零方向而言 $M = 0°00'$），各方向的距离也不一样，如图 5-3 所示。所以，虽然测站元素 e_Y 和 θ_Y 相同，但各方向的测站归心改正数是不相等的，若 $(\theta_Y + M)$ 所在的象限不同，则改正数的正负号也不同。

测站归心改正数的计算公式可写成一般形式，即

$$c'' = \frac{e_Y}{s}\sin(\theta_Y + M)\rho'' \tag{5-1}$$

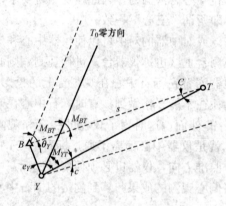

图 5-2　测站点偏心改正

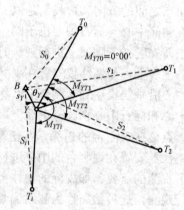

图 5-3　测站点归心改正

5.3.2　照准点偏心及照准点归心改正数计算

在图 5-4 中，B 为测站点的标石中心，照准圆筒中心 T_1 偏离标石中心 B_1，显然，由此而引起的照准点归心改正数为 r_1。

照准点归心改正数 r_1 可由三角形 BT_1B_1 按正弦定理解得，即

$$\sin r_1 = \frac{e_{T_1}}{s_1}\sin(\theta_{T_1} + M_1)$$

式中　e_{T_1}、θ_{T_1}——照准点的偏心距和偏心角，统称为照准点归心元素。

偏心角 θ_{T_1} 定义为：以照准圆筒中心 T_1 为顶点，由偏心距 e_{T_1} 起始顺时针旋转到照准点的零方向的夹角，M_1 为照准点的零方向顺转至改正方向间的夹角。

由于 r_1 为小角，上式可写为

$$r_1'' = \frac{e_{T_1}}{s_1}\sin(\theta_{T_1} + M_1)\rho''$$

计算不同方向的照准点归心改正数时，应根据不同照准点上的 e_T，θ_T，M 和 s，如图 5-

5 所示。

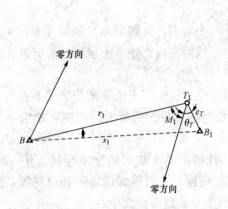

图 5 - 4　照准点偏心

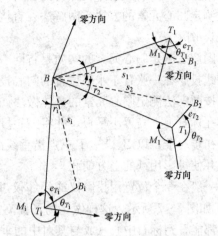

图 5 - 5　不同方向的照准点归心改正数

照准点归心改正数的计算公式可写成下列一般形式，即

$$r'' = \frac{e_T}{s} \sin(\theta_T + M)\rho'' \tag{5 - 2}$$

如测站点有测站点偏心，照准点有照准点偏心，则观测方向 YT_1 应加的总改正数为（$c'' + r''$），如图 5 - 6 所示，即观测方向 YT_1 加了测站归心改正数 c'' 后，成 BT_1 方向，再加照准点归心改正数 r'' 后，就将 BT_1 方向化归为应有的正确方向 BB_1，即通过测站点标石中心 B 和照准点标石中心 B_1 的正确方向。

按式（5 - 1）和式（5 - 2）计算归心改正数

图 5 - 6　测站与照准均偏心

时，c'' 和 r'' 的正负号取决于 $\sin(\theta_Y + M)$ 和 $\sin(\theta_T + M)$ 的正负号：当 $(\theta + M) > 180°$ 时，c'' 或 r'' 为负值；当 $(\theta + M) < 180°$ 时，c'' 或 r'' 为正值。

计算测站归心改正数 c'' 时，用观测站的测站归心元素 e_Y，θ_Y 和方向值 M；计算照准点归心改正数 r 时，用各照准点上的照准点归心元素 e_T，θ_T 和方向值 M。计算时必须注意测站点归心元素照准点归心元素和方向值 M 的正确取用。

在精密工程测量中，测角精度要求很高，但观测边长一般较短，因此在观测时特别要注意仪器和照准目标的严格对中。在特种精密短边工程测量中，一般采用专门特制的对中设备对仪器和照准目标实行强制对中。

5.3.3　归心元素的测定方法

按式（5 - 1）和式（5 - 2）计算归心改正数 c'' 和 r'' 时，必须知道归心元素 e_Y、θ_Y 和 e_T、θ_T，至于有关方向的 M 值可以从观测记簿中查取。距离可以用未加归心改正数的观测值近似解得，也可以从三角网图上量取。

由于觇标在外界因素的影响下产生变形，照准点归心元素 e_T 和 θ_T 发生变化，所以国家规范规定测定照准点归心元素的时间与对该点观测的时间相隔不得超过 3 个月（对于三、四等三角测量），当对觇标的稳定性发生怀疑时，还应随时测定归心元素。

测定归心元素的方法有图解法、直接法和解析法，其中以图解法应用得最为广泛。

1. 图解法

图解法测定归心元素的实质是将同一测站的标石中心 B、仪器中心 Y 和照准圆筒中心 T 沿垂线投影在一张置于水平位置的归心投影用纸上，然后在投影用纸上量取归心元素 e 和 θ。

按图解法测定归心元素的具体做法如下：

在标石上方安置小平板，并将归心投影用纸固定在平板上，再用垂球使平板中心与标石中心初步对准，以 B、Y、T 三点沿垂线的投影点均能落在投影用纸上为原则，然后整置平板，并使投影用纸的上方朝北。

一般在 3 个位置用投影仪或经纬仪进行投影，仪器的 3 个位置的交角应接近于 120°或 60°，如图 5-7 所示，这样做是为了提高投影的交会精度。安置投影仪器时必须使每个投影位置都能看到标石中心（或与其对中的垂线）、仪器中心和照准圆筒中心。

投影前，应检校用于投影的仪器，使仪器的视准轴误差和水平轴倾斜误差很小，投影时必须将投影仪器整平。

下面以投影标石中心为例来说明其投影的具体做法，仪器中心和照准圆筒中心的投影方法相同。

在投影位置Ⅰ上，盘左照准标石中心后，固定照准部，上仰望远镜对准平板，依照准方向指挥平板处的作业员在投影用纸的边缘标出前后两点，再用盘右照准标石中心，用同样方法依盘右的照准方向在投影用纸的边缘标出前后两点，然后连接前两点的中点和后两点的中点，这条线就是投影位置Ⅰ照准标石中心在投影用纸上的投影方向线，以 B_1B_1 表示，如图 5-8 所示。

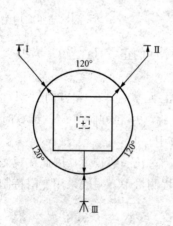

图 5-7　图解法测定归心元素仪器安置图

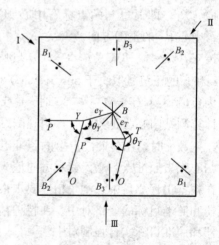

图 5-8　图解法测定归心元素计算图

在投影位置Ⅱ，Ⅲ分别用盘左、盘右照准标石中心，按同样的方法将照准方向线描绘在投影用纸上，如图 5-8 中的 B_2B_2 和 B_3B_3，三条投影方向线的交点就是标石中心在投影用纸上的投影点 B。按理三条投影方向线应相交于一点，但由于仪器检校的残余误差和操作误差等的影响，三条投影方向线往往不相交于一点，而形成一个示误三角形。示误三角形的大小反映了投影的质量，国家规范规定，示误三角形的最长边长对于标石中心 B 和仪器中心 Y 应小于 5mm，对于照准圆筒中心应小于 10mm，若在限差以内，则取示误三角形内切圆的中心作为投影点的位置。

用同样的方法，将仪器中心 Y 和照准圆筒中心 T 投影在投影用纸上，如图 5-8 所示。为了避免线条和注记太多，容易混淆，它们的投影方向线没有全部画出来，在正规作业时还是应该将全部方向线和注记标出，可参阅归心投影用纸示例。

投影照准圆筒中心 T 时，必须注意照准圆筒的中线，一般取照准圆筒左、右边缘的读数的中数作为照准中线的方向。

将 B、Y、T 在投影用纸上标定后，保持平板不动，用照准仪的直尺边缘分别切于 Y 点和 T 点，描绘出测站上一个目标比较清晰的方向线，最好是观测时的起始零方向，如图 5-8 中的 YO 和 TO。为了防止描绘方向线时的粗差，另外还应在点 Y 和 T 点上描绘一条指向另一个任意邻点的方向线，这条方向线叫检查方向线，如图 5-8 中的 YP 和 TP。方向线 YO 和 YP 以及 TO 和 TP 之间的夹角的图解值与观测值之差应小于 $2°$。

图 5-9 中的 $BY=e_Y$，$BT=e_T$，用直尺量至 mm。按偏心角的定义用量角器量 θ_Y 和 θ_T，量至 $15'$。

按图解法测定归心元素时，如果限于地形，选择 3 个投影位置有困难，则可选定 2 个投影位置，垂直投影面的交角最好接近 $90°$（或在 $50°\sim130°$），在每一投影位置投影一次后，稍微改变投影位置再投影一次，这样两次投影位置对每个点作出 4 条投影方向线，其示误四边形的对角线长度，对标石中心 B 和仪器中心 Y 的投影应小于 5mm，对照准圆筒中心 T 的投影应小于 10mm。

图解法测定归心元素的归心投影用纸示例如图 5-9 所示。

2. 直接法

当偏心距较大，在投影用纸上无法容纳时，可采用直接法测定归心元素。

将仪器中心和照准圆筒中心投影在地面设置的木桩顶面上，用钢尺直接量出偏心距 e_Y 和 e_T，为了检核丈量的正确性，要改变钢尺零点后重复丈量一次，两次之差应小于 10mm。

偏心角 θ_Y 和 θ_T 可用经纬仪直接测定，一般应观测两个测回，取至 $10''$。和图解法测定归心元素时一样，在投影点 Y 和 T 上测定 θ_Y 和 θ_T 时应联测与另一检查方向线之间的角度，以资检核。若偏心距小于投影仪器的最短视距（一般 2m 左右），则地面点在望远镜内不能成像，此时可将该方向用细线延长，以供照准。

直接测定的归心元素 e_Y、e_T、θ_Y、θ_T 均应记录在手簿上。此外，还应按一定比例尺缩绘在归心投影用纸上，作为投影资料，在投影用纸上应注明测定方法和手簿编号。

3. 解析法

当偏心距过大，又不能用直接法测定时，如利用旗杆、水塔顶端或避雷针作为三角点标志，可用解析法测定归心元素。常用的解析法是利用辅助基线和一些辅助角度的观测结果推算出归心元素 e 和 θ。

根据实地情况选定一个或两个辅助点，如图 5-10 (a, b) 中的 P_1 和 P_2，图中 b 为辅助基线，α，β 和 E，F 均为辅助角，根据辅助基线和辅助角的观测结果不难导得计算归心元素 e 和 θ 的公式。

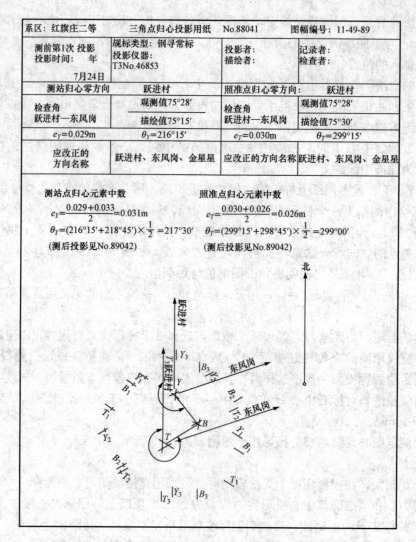

系区：红旗庄二等	三角点归心投影用纸	No.88041	图幅编号：11-49-89
测前第1次 投影 投影时间：年 7月24日	觇标类型：钢寻常标 投影仪器： T3No.46853	投影者： 描绘者：	记录者： 检查者：
测站归心零方向	跃进村	照准点归心零方向：	跃进村
检查角 跃进村—东风岗	观测值75°28′	检查角 跃进村—东风岗	观测值75°28′
	描绘值75°15′		描绘值75°30′
$e_Y=0.029\text{m}$	$\theta_Y=216°15′$	$e_T=0.030\text{m}$	$\theta_T=299°15′$
应改正的 方向名称	跃进村、东风岗、金星星	应改正的方向名称	跃进村、东风岗、金星星

测站点归心元素中数

$e_Y=\dfrac{0.029+0.033}{2}=0.031\text{m}$

$\theta_Y=(216°15′+218°45′)\times\dfrac{1}{2}=217°30′$

（测后投影见No.89042）

照准点归心元素中数

$e_T=\dfrac{0.030+0.026}{2}=0.026\text{m}$

$\theta_T=(299°15′+298°45′)\times\dfrac{1}{2}=299°00′$

（测后投影见No.89042）

图 5-9 三角点归心投影用纸

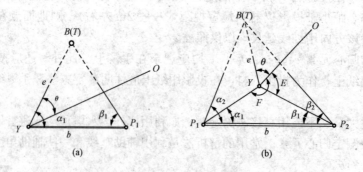

图 5-10 解析法测定归心元素图

习　　题

1. 与三角测量相比，导线测量具有哪些优缺点？在什么情况下采用导线作为平面控制网比较有利？

2. 简述导线测量的外业工作包括哪些方面？

3. 简述导线测量中左、右角观测的方法。

4. 三联脚架法导线测量具有哪些优点？

5. 简述垂直角观测的方法。

6. 什么是测站点偏心？什么是照准点偏心？如何进行归心元素测定？

7. 计算图示的归心改正后的方向值。已知李庄到高家庄的方向值为 $78°45'46''$，高家庄到李庄的方向值为 $120°36'46''$，求李庄到高家庄归心改正后的方向值。

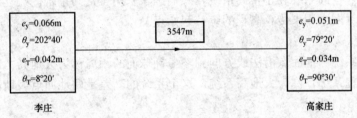

第6章 精密水准测量

6.1 高程基准建立与水准网布设

6.1.1 高程基准面和高程系统

建立统一的国家高程控制网，首先要选择高程系统和建立水准原点。选择高程系统，就是确定表示地面点高程的统一基准面。不同的高程基准面有不同的高程系统。常用的高程系统有大地高系统、正高系统和正常高系统，我们国家采用正常高系统。建立水准原点，就是确定国家高程控制网中用来传算高程的统一起始点。

1. 高程系统

(1) 大地高系统。地面点沿法线方向到参考椭球面的距离称为大地高。以参考椭球面为高程基准面的高程系统，称为大地高系统。这个系统的高差是两地面点大地高之差，称为大地高高差，如图 6-1 所示。

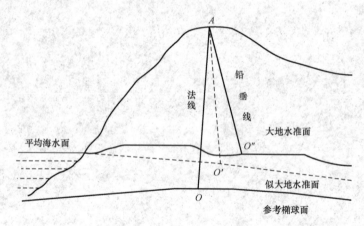

图 6-1 大地高系统

采用 GPS 直接测量的高程为大地高。在大地测量中，用三角高程测量方法进行高程控制测量时，用经过垂线偏差改正的垂直角求得量地面点间的高差，是大地高高差。

(2) 水准面的不平行性。如果假定不同高程的水准面是相互平行的，那么水准测量所测定的高差就是水准面间的垂直距离。这种假定在较短距离内与实际相差不大，而在较长距离时这种假定是不正确的。

在空间重力场中的任何物质都受到重力的作用而具有位能。对于水准面上的单位质点而言，它的位能大小与质点所处高度及该点重力加速度有关，我们把这种随着位置和重力加速度大小而变化的位能称为重力位能，并以 W 表示，则有

$$W = gh \tag{6-1}$$

式中　g——重力加速度；

　　　h——单位质点所处的高度。

我们知道，在同一水准面上各点的重力位能相等，因此水准面称为重力等位面，或称重力位水准面。如果将单位质点从一个水准面提高到相距 Δh 的另一个水准面，其所做功就等于两水准面的位能差，即 $\Delta W = g \Delta h$。在图 6-2 中，设 Δh_A、Δh_B 分别表示两个非常接近的水准面在 A，B 两点的垂直距离，g_A、g_B 为 A、B 两点的重力加速度。由于水准面具有重力位能相等的性质，A、B 两点所在水准面的位能差 ΔW 应有下列关系，即

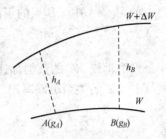

图 6-2　水准面不平行示意图

$$\Delta W = g_A \Delta h_A = g_B \Delta h_B \tag{6-2}$$

我们知道，在同一水准面上的不同点重力加速度 g 值是不同的，因此由式（6-2）可知，Δh_A 与 Δh_B 必定不相等，也就是说，任何两邻近的水准面之间的距离在不同的点上是不相等的，并且与作用在这些点上的重力成反比。以上的分析说明水准面不是相互平行的，这是水准面的一个重要特性，称为水准面不平行性。

重力加速度 g 值是随纬度的不同而变化的，在纬度较低的赤道处有较小的 g 值，而在两极处 g 值较大，因此水准面是相互不平行的，且为向两极收敛的、接近椭圆形的曲面。

水准面的不平行性对水准测量将产生什么影响呢？

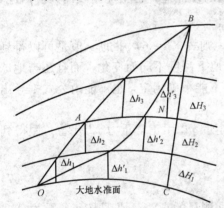

图 6-3　水准路线上各测站所得高差示意图

我们知道，水准测量所测定的高程是由水准路线上各测站所得高差求和而得到的。在图 6-3 中，地面点 B 的高程可以按水准路线 OAB 各测站测得高差 Δh_1，Δh_2，…之和求得，即

$$H^B_{测} = \sum_{OAB} \Delta h$$

如果沿另一条水准路线 ONB 施测，则 B 点的高程应为水准路线 ONB 各测站测得高差 $\Delta h'_1$，$\Delta h'_2$，…之和，即

$$H'^B_{测} = \sum_{ONB} \Delta h'$$

由水准面的不平行性可知 $\sum\limits_{OAB} \Delta h \neq \sum\limits_{ONB} \Delta h'$，因此

$H'^B_{测}$ 也必定不等，也就是说，用水准测量测得两点间高差的结果随测量所循水准路线的不同而有差异。

如果将水准路线构成闭合环形 $OABNO$，既然 $H^B_{测} \neq H'^B_{测}$，可见即使水准测量完全没有误差，这个水准环形路线的闭合差也不为零。在闭合环形水准路线中，由于水准面不平行所产生的闭合差称为理论闭合差。

由于水准面的不平行性，两固定点间的高差沿不同的测量路线所测得的结果不一致而产生多值性，为了使点的高程有唯一确定的数值，有必要合理地定义高程系，在大地测量中定义下面三种高程系统：正高、正常高及力高高程系。

（3）正高系统。地面点沿铅垂线方向到大地水准面的距离称为正高。以大地水准面为高程基准面的高程系统称为正高系统。

如图 6‑1 中，B 点的正高设以 $H_{正}^{B}$ 表示，则有

$$H_{正}^{B} = \sum_{BC} \Delta H = \int_{BC} \mathrm{d}H \tag{6‑3}$$

设沿垂线 BC 的重力加速度用 g_B 表示，在垂线 BC 的不同点上 g_B 也有不同的数值，由式（6‑1）的关系可以写出

$$g_B \mathrm{d}H = g \mathrm{d}h$$

或

$$\mathrm{d}H = \frac{g}{g_B} \mathrm{d}h \tag{6‑4}$$

将式（6‑4）代入式（6‑3）中，得

$$H_{正}^{B} = \int_{BC} \mathrm{d}H = \int_{OAB} \frac{g}{g_B} \mathrm{d}h \tag{6‑5}$$

如果取垂线 BC 上重力加速度的平均值为 g_m^{B}，上式又可写为

$$H_{正}^{B} = \frac{1}{g_m^{B}} \int_{OAB} g \mathrm{d}h \tag{6‑6}$$

从式（6‑6）可以看出，某点 B 的正高不随水准测量路线的不同而有差异，这是因为式中 g_m^{B} 为常数，$\int g \mathrm{d}h$ 为过 B 点的水准面与大地水准面之间的位能差，也不随路线而异。因此，正高高程是唯一确定的数值，可以用来表示地面的高程。

如果沿着水准路线每隔若干距离测定重力加速度，则式（6‑6）中的 g 值是可以得到的。但是由于沿垂线 BC 的重力加速度 g_B 不但随深入地下深度不同而变化，而且还与地球内部物质密度的分布有关，重力加速度的平均值 g_m^{B} 并不能精确测定，也不能由公式推导出来，所以严格说来，地面一点的正高高程不能精确求得。

（4）正常高高程系统。将正高系统中不能精确测定的 g_m^{B} 用正常重力 γ_m^{B} 代替，便得到另一种系统的高程，称其为正常高，用公式表达为

$$H_{常}^{B} = \frac{1}{\gamma_m^{B}} \int g \mathrm{d}h \tag{6‑7}$$

式中，g 由沿水准测量路线的重力测量得到；$\mathrm{d}h$ 是水准测量的高差，γ_m^{B} 是按正常重力公式算得的正常重力平均值，所以正常高可以精确求得，其数值也不随水准路线而异，是唯一确定的。因此，我国规定采用正常高高程系统作为我国高程的统一系统。

正常高与正高不同，它不是地面点到大地水准面的距离，而是地面点到一个与大地水准面极为接近的基准面的距离，这个基准面称为似大地水准面。因此，似大地水准面是由地面沿垂线向下量取正常高所得的点形成的连续曲面，它不是水准面，只是用以计算的辅助面。因此，我们可以把正常高定义为以似大地水准面为基准面的高程。海洋面上，大地水准面和似大地水准面重合，所以大地水准面的高程原点对似大地水准面也是适用的。

下面给出正常高高差的实际计算公式，即

$$H_{常}^{B} - H_{常}^{A} = \int_{AB} \mathrm{d}h + \varepsilon + \lambda \tag{6‑8}$$

上式中 ε 称为正常位水准面不平行引起的高差改正，λ 称为由重力异常引起的高差改正，经

过 ε 和 λ 改正后的高差称为正常高高差。

其中

$$\varepsilon = -0.000\ 001\ 539\ 5\sin2\varphi_m \cdot \Delta\varphi'H_m \tag{6-9}$$

或

$$\varepsilon = -A\Delta\varphi' \cdot H_m \tag{6-10}$$

式中，φ_m 是 A，B 两点平均纬度，系数 A 可按 φ_m 在水准测量规范中查取，$\Delta\varphi' = \varphi_B - \varphi_A$ 是 A、B 两点的纬度差，以分为单位。

$$\lambda = C + D$$

其中

$$C = (g-\gamma)_m \cdot \Delta H \cdot 10^{-6} \tag{6-11}$$

$$D = C \cdot \Delta\gamma \cdot 10^{-6} \tag{6-12}$$

$$\gamma_0^B - \gamma_0^A = \Delta\gamma \tag{6-13}$$

$$\gamma_0 = 978.030(1 + 0.005\ 302\sin^2\varphi - 0.000\ 007\sin^2 2\varphi) \tag{6-14}$$

计算时 $(g-\gamma)_m$ 以毫伽（mGal）为单位，取至 0.1mGal。ΔH 是 A、B 两点间的高差，取整米，C 的单位与 ΔH 相同。

注意：伽（Gal），单位 cms^{-2}，是重力加速度的量纲。它的千分之一称毫伽（mGal），单位是 $10^{-5}ms^{-2}$；千分之一毫伽称微伽（μGal）。

（5）力高系统。由上述正高和正常高的特性可知，同一水准面上各点的正高或正常高高程值可能不同。对于大规模的水利工程来说，使用很不方便。为使同一水准面上的各点有相同的高程值，可以采用力高系统。力高用下式计算，即

$$H_{力} = \frac{1}{\gamma_{\varphi0}}\int_{OB} g \cdot dh \tag{6-15}$$

式中，$\gamma_{\varphi0}$ 是经适当选择的某一纬度 φ_0 处的正常重力值。地面点的力高定义为：通过该点的水准面上纬度 φ_0 处的正高，即同一水准面上各点的力高都等于该水准面上纬度 φ_0 处的正高。力高一般不作为国家高程系统，只用于解决局部地区的有关水利建设问题。

2. 高程基准面及国家水准原点

布测全国统一的高程控制网，首先必须建立一个统一的高程基准面，所有水准测量测定的高程都以这个面为零起算，也就是以高程基准面作为零高面。用精密水准测量联测到陆地上预先设置好的一个固定点，定出这个点的高程作为全国水准测量的起算高程，这个固定点称为水准原点。

（1）高程基准面。高程基准面就是地面点高程的统一起算面，由于大地水准面所形成的体形——大地体是与整个地球最为接近的体形，通常采用大地水准面作为高程基准面。

大地水准面是假想海洋处于完全静止的平衡状态时的海水面延伸到大陆地面以下所形成的闭合曲面。事实上，海洋受着潮汐、风力的影响，永远不会处于完全静止的平衡状态，总是存在着不断的升降运动，但是可以在海洋近岸的一点处竖立水位标尺，成年累月地观测海水面的水位升降，根据长期观测的结果可以求出该点处海洋水面的平均位置，人们假定大地水准面就是通过这点处实测的平均海水面。

长期观测海水面水位升降的工作称为验潮，进行这项工作的场所称为验潮站。

各地的验潮结果表明，不同地点平均海水面之间还存在着差异，因此对于一个国家来

说，只能根据一个验潮站所求得的平均海水面作为全国高程的统一起算面——高程基准面。

新中国成立后的 1956 年，我国根据基本验潮站应具备的条件，认为青岛验潮站附合基本验潮站的要求：

①验潮站位于全国中纬度区和海岸中部，较适合国家海面的实际情况。

②所在港口有代表性，是有代表性的规律性半日潮港。

③所在地的地壳稳定，历史上无明显的垂直运动，属非地震烈震区，距昌邑至郯城大岩层断裂带较远。

④地质结构坚硬，验潮井坐落在海岸原始沉积层上。

⑤附近无大的江河入海口，有开阔的海面，海底平坦，水深在 10m 以上。

⑥验潮站有结构完整、消波性能好的验潮井，有技术性能良好的验潮设备和健全的验潮制度，有长期、完整、连续、准确、可靠的验潮资料。

⑦交通方便，利于一等水准测量。

⑧验潮站所在地有长期的天文、海洋、水文、气象、地质、地球物理等项测验和研究资料。

因此，在 1957 年确定青岛验潮站为我国基本验潮站，验潮井建在地质结构稳定的花岗石基岩上，以该站 1950～1956 年 7 年间的潮汐资料推求的平均海水面作为我国的高程基准面。以此高程基准面作为我国统一起算面的高程系统名谓"1956 年黄海高程系统"。

"1956 年黄海高程系统"的高程基准面的确立，对统一全国高程有其重要的历史意义，对国防和经济建设、科学研究等方面都起了重要的作用。但从潮汐变化周期来看，确立"1956 年黄海高程系统"的平均海水面所采用的验潮资料时间较短，还不到潮汐变化的一个周期（一个周期一般为 18.61 年），同时又发现验潮资料中含有粗差，因此有必要重新确定新的国家高程基准。

新的国家高程基准面是根据青岛验潮站 1952～1979 年验潮数据计算的 19 年周期平均值所确定的高程基准面和由水准原点网 1980 年观测成果确定的水准原点高程，被命名为"1985 国家高程基准"。该高程基准经国务院批准，由国家测绘局于 1987 年 5 月 26 日公布使用。

(2) 水准原点。为了长期、牢固地表示出高程基准面的位置，作为传递高程的起算点，必须建立稳固的水准原点，用精密水准测量方法将它与验潮站的水准标尺进行联测，以高程基准面为零推求水准原点的高程，以此高程作为全国各地推算高程的依据。

国家水准原点设于青岛市观象山上，1954 年 10 月建成。原点埋设在石屋中央标石井内，井长 105cm，宽 90cm，深 85cm，石屋内地坪至井底 2.0m，井口设有钢盖板。原点标石用花岗岩凿成，顶部为 35×35cm，底部为 60cm×60cm，高为 85cm，标石顶部正中嵌有露出半球体的玛瑙标志，标志上有铜护帽，帽外有石盖。石屋内地坪至标志顶为 1.89m。石屋内正面刻有"中华人民共和国水准原点，中国人民解放军总参谋部，一九五四年十月建"等字样。水准原点的标石构造如图 6-4 所示。

在"1956 年黄海高程系统"中，水准原点高程为 72.289；在"1985 国家高程基准"系统中，水准原点的高程为 72.260m。

"1985 国家高程基准"已经国家批准，并从 1988 年 1 月 1 日开始启用，以后凡涉及高程基准时，一律由原来的"1956 年黄海高程系统"改用"1985 国家高程基准"。由于新布测的国家一等水准网点是以"1985 国家高程基准"起算的，以后凡进行各等级水准测量、三角高程测量以及各种工程测量，尽可能与新布测的国家一等水准网点联测，也即使用国家一等水准测量成果作为传算高程的起算值，如不便于联测时，可在"1956 年黄海高程系统"的高程值上改正一固定数值，而得到以"1985 国家高程基准"为准的高程值。

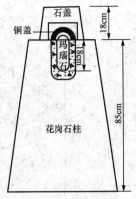

图 6 - 4　水准原点

必须指出，我国在解放前曾采用过以不同地点的平均海水面作为高程基准面，由于高程基准面不统一，高程比较混乱，因此在使用过去旧有的高程资料时应弄清楚当时采用的是以什么地点的平均海水面作为高程基准面。

6.1.2　高程控制网的布设

1. 国家水准网的布设方案和精度

国家高程控制测量主要是用水准测量方法进行国家水准网的布测。国家水准网是全国范围内施测各种比例尺地形图和各类工程建设的高程控制基础，并为地球科学研究提供精确的高程资料，如研究地壳垂直形变的规律、各海洋平均海水面的高程变化以及其他有关地质和地貌的研究等。

国家水准网的布设也是采用由高级到低级、从整体到局部逐级控制、逐级加密的原则。国家水准网分 4 个等级布设，一、二等水准测量路线是国家的精密高程控制网。一等水准测量路线构成的一等水准网是国家高程控制网的骨干，同时也是研究地壳和地面垂直运动以及有关科学问题的主要依据，每隔 15～20 年沿相同的路线重复观测一次。构成一等水准网的环线周长根据不同地形的地区，一般在 1000～2000km 之间。在一等水准环内布设的二等水准网是国家高程控制的全面基础，其环线周长根据不同地形的地区在 500～750km 之间。一、二等水准测量统称为精密水准测量。各等级水准测量的基本精度指标规定见表 6 - 1。

表 6 - 1　　　　　　　　各等级水准测量的基本精度指标规定　　　　　　　　单位：mm

等级 项目	一	二	三	四
每公里高差中数的 偶然中误差 M_Δ 限值	≤0.45	≤1.0	≤3.0	≤5.0
每公里高差中数的 全中误差 M_ω 限值	≤1.0	≤2.0	≤6.0	≤10.0

我国一等水准网由 289 条路线组成，其中 284 条路线构成 100 个闭合环，共计埋设各类标石近 2 万余座。全国一等水准网布设略图如图 6 - 5 所示。

二等水准网在一等水准网的基础上布设。我国已有 1138 条二等水准测量路线，总长为 13.7 万 km，构成 793 个二等环。

三、四等水准测量直接提供地形测图和各种工程建设所必需的高程控制点。三等水准测量路线一般可根据需要在高级水准网内加密，布设附合路线，并尽可能互相交叉，构成闭合环。单独的附合路线长度应不超过 200km；环线周长应不超过 300km。四等水准测量路线一般以附合路线布设于高级水准点之间，附合路线的长度应不超过 80km。

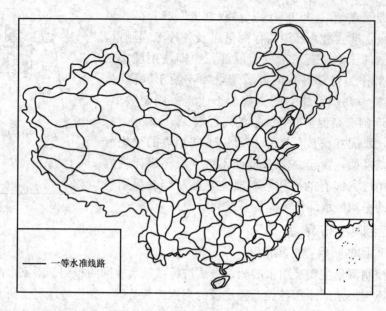

图 6-5 全国一等水准网布设略图

2. 城市和工程建设高程控制网的布设

城市和工程建设高程控制网一般按水准测量方法来建立。为了统一水准测量规格,考虑到城市和工程建设的特点,城市测量和工程测量技术规范规定:水准测量依次分为二、三、四等 3 个等级。首级高程控制网一般要求布设成闭合环形,加密时可布设成附合路线和结点图形。各等级水准测量的精度和国家水准测量相应等级的精度一致。

城市和工程建设水准测量是各种大比例尺测图、城市工程测量和城市地面沉降观测的高程控制基础,又是工程建设施工放样和监测工程建筑物垂直形变的依据。

6.1.3 实地选线和选点

水准测量的实施,其工作程序是:水准网的图上设计、水准点的选定、水准标石的埋设、水准测量观测、平差计算和成果表的编制。水准网的布设应力求做到经济合理,因此首先要对测区情况进行调查研究,搜集和分析测区已有的水准测量资料,从而拟定出比较合理的布设方案。如果测区的面积较大,则应先在 1:25 000 ~1:100 000 比例尺的地形图上进行图上设计。

图上设计应遵循以下几点原则:

(1)水准路线应尽量沿坡度小的道路布设,以减弱前后视折光误差的影响。尽量避免跨越河流、湖泊、沼泽等障碍物。

(2)水准路线若与高压输电线或地下电缆平行,则应使水准路线在输电线或电缆 50m以外布设,以避免电磁场对水准测量的影响。

(3)布设首级高程控制网时,应考虑到便于进一步加密。

(4)水准网应尽可能布设成环形网或结点网,个别情况下亦可布设成附合路线。水准点间的距离:一般地区为 2~4km;城市建筑区和工业区为 1~2km。

(5)应与国家水准点进行联测,以求得高程系统的统一。

(6)注意测区已有水准测量成果的利用。

　　根据上述要求，首先应在图上初步拟定水准网的布设方案，再到实地选定水准路线和水准点位置。在实地选线和选点时，除了要考虑上述要求外，还应注意使水准路线避开土质松软地段，确定水准点位置时，应考虑到水准标石埋设后点位的稳固安全，并能长期保存，便于施测。为此，水准点应设置在地质上最为可靠的地点，避免设置在水滩、沼泽、沙土、滑坡和地下水位高的地区；埋设在铁路、公路近旁时，一般要求离铁路的距离应大于 50m，离公路的距离应大于 20m，应尽量避免埋设在交通繁忙的岔道口；墙上水准点应选在永久性的大型建筑物上。

6.1.4　标石埋设

　　水准点选定后，就可以进行水准标石的埋设工作。我们知道，水准点的高程就是指嵌设在水准标石上面的水准标志顶面相对于高程基准面的高度，如果水准标石埋设质量不好，容易产生垂直位移或倾斜，那么即使水准测量观测质量再好，其最后成果也是不可靠的，因此务必十分重视水准标石的埋设质量。

　　国家水准点标石的制作材料、规格和埋设要求在《国家一、二等水准测量规范》（以下简称水准规范）中都有具体的规定和说明。

　　水准标石分为三大类，即基岩水准标石、基本水准标石和普通水准标石。具体分类见表 6-2。

　　基岩水准标石是研究地壳和地面垂直运动的主要依据。由国家测绘部门会同地质、地震部门同一规划和布设。一般每个省（市、自治区）至少有两座。

表 6-2　　　　　　　　　　　水　准　标　石　分　类

序号	水准标石的类型	各类水准标石的分类
1	基岩水准标石	深层基岩水准标石
		浅层基岩水准标石
2	基本水准标石	混凝土基本水准标石
		钢管基本水准标石
		岩层基本水准标石
3	普通水准标石	混凝土普通水准标石
		钢管普通水准标石
		岩层普通水准标石
		混凝土柱普通水准标石
		爆破型混凝土柱普通水准标石
		墙角水准标志

　　工程测量中常用的普通水准标石是由柱石和盘石两部分组成的，如图 6-6 所示，标石可用混凝土浇制或用天然岩石制成。水准标石上面嵌设有铜材或不锈钢金属标志，如图 6-7 所示。

　　首级水准路线上的结点应埋设基本水准标石，基本水准标石及其埋设如图 6-8 所示。

　　墙上水准标志如图 6-9 所示，一般嵌设在地基已经稳固的永久性建筑物的基础部分，水准测量时水准标尺安放在标志的突出部分。

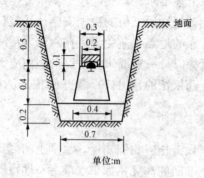

图 6-6 水准点标石

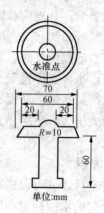

图 6-7 水准标石上的金属标志

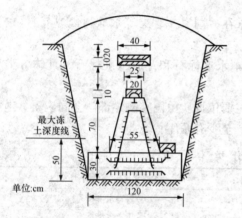

图 6-8 基本水准标石及其埋设图

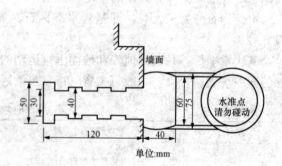

图 6-9 墙上水准标志

埋设水准标石时，一定要将底部及周围的泥土夯实，标石埋设后应绘制点之记，并办理托管手续。

6.2 精密水准仪、水准尺结构分析与使用

6.2.1 精密水准仪、水准尺的结构及要求

1. 精密水准仪的构造特点

对于精密水准测量的精度而言，除一些外界因素的影响外，观测仪器——水准仪在结构上的精确性与可靠性是具有重要意义的。为此，对精密水准仪必须具备的一些条件提出下列要求。

（1）高质量的望远镜光学系统。为了在望远镜中能获得水准标尺上分划线的清晰影像，望远镜必须具有足够的放大倍率和较大的物镜孔径。一般精密水准仪的放大倍率应大于 40 倍，物镜的孔径应大于 50mm。

（2）坚固稳定的仪器结构。仪器的结构必须使视准轴与水准轴之间的联系相对稳定，不因外界条件的变化而改变它们之间的关系。一般精密水准仪的主要构件均用特殊的合金钢制成，并在仪器上套有起隔热作用的防护罩。

（3）高精度的测微器装置。精密水准仪必须有光学测微器装置，借以精密测定小于水准

标尺最小分划线间格值的尾数，从而提高在水准标尺上的读数精度。一般精密水准仪的光学测微器可以读到 0.1mm，估读到 0.01mm。

（4）高灵敏的管水准器。一般精密水准仪的管水准器的格值为 $10''/2mm$。由于水准器的灵敏度愈高，观测时要使水准器气泡迅速置中也就愈困难，为此在精密水准仪上必须有倾斜螺旋（又称微倾螺旋）的装置，借以使视准轴与水准轴同时产生微量变化，从而使水准气泡较为容易地精确置中，以达到视准轴的精确整平。

（5）高性能的补偿器装置。自动安平水准仪补偿元件的质量以及补偿器装置的精密度都可以影响补偿器性能的可靠性。如果补偿器不能给出正确的补偿量，或是补偿不足，或是补偿过量，都会影响精密水准测量观测成果的精度。

我国水准仪系列按精度分类有 S05 型，S1 型，S3 型等。S 是"水"字的汉语拼音第一个字母，S 后面的数字表示每公里往返平均高差的偶然中误差的毫米数。

我国水准仪系列及基本技术参数列于表 6-3。

表 6-3　　　　　　　　　　我国水准仪系列及基本技术参数

技术参数项目		水准仪系列型号			
		S05	S1	S3	S10
每公里往返平均高差中误差		≤0.5mm	≤1mm	≤3mm	≤10mm
望远镜放大率		≥40 倍	≥40 倍	≥30 倍	≥25 倍
望远镜有效孔径		≥60mm	≥50mm	≥42mm	≥35mm
管状水准器格值		$10''/2mm$	$10''/2mm$	$20''/mm$	$20''/2mm$
测微器有效量测范围		5mm	5mm		
测微器最小分格值		0.1mm	0.1mm		
自动安平水准仪	补偿范围	±8′	±8′	±8′	±10′
	安平精度	±0.1″	±0.2″	±0.5″	±2″
补偿性能	安平时间不长于	2s	2s	2s	2s

2. 精密水准标尺的构造特点

水准标尺是测定高差的长度标准，如果水准标尺的长度有误差，则对精密水准测量的观测成果带来系统性质的误差影响，为此对精密水准标尺提出如下要求：

（1）当空气的温度和湿度发生变化时，水准标尺分划间的长度必须保持稳定，或仅有微小的变化。一般精密水准尺的分划是漆在因瓦合金带上，因瓦合金带则以一定的拉力引张在木质尺身的沟槽中，这样因瓦合金带的长度不会受木质尺身伸缩变形影响。水准标尺分划的数字是注记在因瓦合金带两旁的木质尺身上，如图 6-10（a，b）所示。

（2）水准标尺的分划必须十分正确与精密，分划的偶然误差和系统误差都应很小。水准标尺分划的偶然误差和系统误差的大小主要决定于分划刻度工艺的水平，当前精密水准标尺分划的偶然中误差一般在 $8\sim11\mu m$。由于精密水准标尺分划的系统误差可以通过水准标尺的平均每米真长加以改正，分划的偶然误差代表水准标尺分划的综合精度。

（3）水准标尺在构造上应保证全长笔直，并且尺身不易发生长度和弯扭等变形。一般精密水准标尺的木质尺身均应以经过特殊处理的优质木料制作。为了避免水准标尺在使用中尺

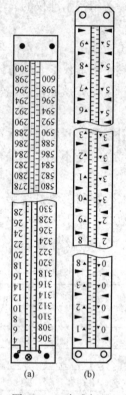

图 6 - 10　水准标尺

身底部磨损而改变尺身的长度，在水准标尺的底面必须钉有坚固耐磨的金属底板。

在精密水准测量作业时，水准标尺应竖立于特制的具有一定重量的尺垫或尺桩上。

（4）在精密水准标尺的尺身上应附有圆水准器装置，作业时扶尺者借以使水准标尺保持在垂直位置。在尺身上一般还应有扶尺环的装置，以便扶尺者使水准标尺稳定在垂直位置。

（5）为了提高对水准标尺分划的照准精度，水准标尺分划的形式和颜色与水准标尺的颜色相协调，一般精密水准标尺都为黑色线条分划，和浅黄色的尺面相配合，有利于观测时对水准标尺分划精确照准。

线条分划精密水准标尺的分格值有 10mm 和 5mm 两种。分格值为 10mm 的精密水准标尺如图 6 - 10（a）所示，它有两排分划，尺面右边一排分划注记为 0～300cm，称为基本分划；左边一排分记为 300～600cm，称为辅助分划。同一高度的基本分划与辅助分划读数相差一个常数，称为基辅差，通常又称尺常数，水准测量作业时可以用以检查读数的正确性。分格值为 5mm 的精密水准尺如图 6 - 10（b）所示，它也有两排分划，但两排分划彼此错开 5mm，所以实际上左边是单数分划，右边是双数分划，也就是单数分划和双数分划各占一排，而没有辅助分划。木质尺面右边注记的是米数，左边注记的是分米数，整个注记为 0.1～5.9m，实际分格值为 5mm，分划注记比实际数值大了一倍，所以用这种水准标尺所测得的高差值必须除以 2 才是实际的高差值。

6.2.2　常用精密水准仪的种类

1. Wild N3 精密水准仪

Wild N3 精密水准仪的外形如图 6 - 11 所示。望远镜物镜的有效孔径为 50mm，放大倍率为 40 倍，管状水准器格值为 10″/2mm。N3 精密水准仪与分格值为 10mm 的精密因瓦水准标尺配套使用，标尺的基辅差为 301.55cm。在望远镜目镜的左边上下有两个小目镜，它们是符合气泡观察目镜和测微器读数目镜，在 3 个不同的目镜中所见到的影像如图 6 - 12 所示。

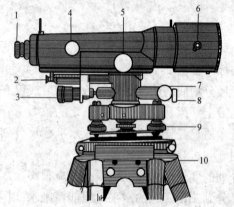

图 6 - 11　WildN3 精密水准仪

1—望远镜目镜；2—水准气泡反光镜；3—倾斜螺旋；
4—调焦螺旋；5—平行玻璃板测微螺旋；6—平行
玻璃板旋转轴；7—水平微动螺旋；8—水平制动
螺旋；9—脚螺旋；10—脚架

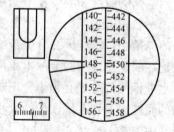

图 6 - 12　目镜成像

转动倾斜螺旋，使符合气泡观察目镜的水准气泡两端符合，则视线精确水平，此时可转动测微螺旋，使望远镜目镜中看到的楔形丝夹准水准标尺上的148分划线，也就是使148分划线平分楔角，再在测微器目镜中读出测微器读数653（即6.53mm），故水平视线在水准标尺上的全部读数为148.653cm。

2. Zeiss Ni 004 精密水准仪

Zeiss Ni 004 精密水准仪的外形如图6-13所示。

这种仪器的主要特点是对热影响的感应较小，即当外界温度变化时，水准轴与视准轴之间的交角 i 的变化很小，这是因为望远镜、管状水准器和平行玻璃板的倾斜设备等部件都装在一个附有绝热层的金属套筒内，这样就保证了水准仪上这些部件的温度迅速达到平衡。仪器物镜的有效孔径为56mm，望远镜放大倍率为44倍，望远镜目镜视场内有左、右两组楔形丝，如图6-14所示，右边一组楔形丝的交角较小，在视距较远时使用；左边一组楔形丝的交角较大，在视距较近时使用，管状水准器格值为10″/2mm。转动测微螺旋可使水平视线在10mm范围内平移，测微器的分划鼓直接与测微螺旋相连（图6-14），通过放大镜在测微鼓上进行读数，测微鼓上有100个分格，所以测微鼓最小格值为0.1mm。从望远镜目镜视场中所看到的影像如图6-14所示，视场下部是水准器的符合气泡影像。

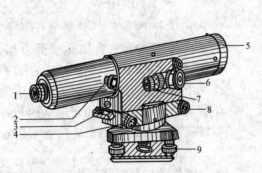

图 6-13　Zeiss Ni 004 精密水准仪

1—望远镜目镜；2—调焦螺旋；3—概略置平水准器；
4—倾斜螺旋；5—望远镜物镜；6—测微螺旋；7—读数
放大镜；8—水平微动螺旋；9—脚螺旋

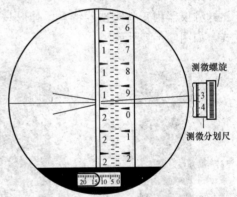

图 6-14　精密水准仪计数视窗

Ni 004 精密水准仪与分格值为5mm的精密因瓦水准尺配套使用。在图6-14中，使用测微螺旋使楔形丝夹准水准标尺上197分划，在测微分划鼓上的读数为340，即3.40mm，水准标尺上的全部读数为197.340cm。

3. 国产 S1 型精密水准仪

S1 型精密水准仪是北京测绘仪器厂生产的，其外形如图6-15所示。仪器物镜的有效孔径为50mm，望远镜放大倍率为40倍，管状水准器格值为10″/2mm。转动测微螺旋可，使水平视线在10mm范围内作平移。测微器分划尺有100个分格，故测微器分划尺最小格值为0.1mm。望远镜目镜视场中所看到的影像如图6-16所示，视场左边是水准器的符合气泡影像，测微器读数显微镜在望远镜目镜的右下方。

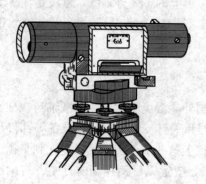

图 6 - 15 S1 型精密水准仪

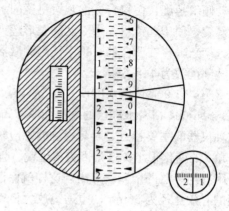

图 6 - 16 分格值为 5mm 的精密水准仪标尺

国产 S1 型精密水准仪与分格值为 5mm 的精密水准标尺配套使用。

在图 6 - 16 中，使用测微螺旋使楔形丝夹准 198 分划，在测微器读数显微镜中的读数为 150，即 1.50mm，水准标尺上的全部读数为 198.150cm。

4. Zeiss Koni007 自动安平水准仪简介

这种仪器由于其构造的特点，外形与一般卧式水准仪不同，成直立圆筒状，一般称为直立式，如图 6 - 17 所示。

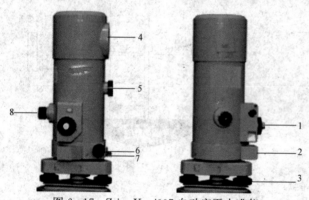

图 6 - 17 Zeiss Koni007 自动安平水准仪

1—测微器；2—圆水准器；3—脚螺旋；4—物镜；5—调焦螺旋；6—制动扳手；7—微动螺旋；8—目镜

光学补偿器是一块等腰直角棱镜，用弹性薄簧片悬挂形成重力摆，以摆轴为中心可以自由摆动，在重力作用下最后静止在与重力方向一致的位置上。由于补偿器的光学结构与补偿棱镜悬挂长度等因素，仪器采用直立式的结构。

测微器的量测范围为 5mm，在实际作业时可配合分格为 5mm 的因瓦水准尺使用，其读数比实际值放大了一倍，所以测得的高差应除以 2。

Koni 007 自动安平水准仪补偿器的最大作用范围为 ±10″，圆水准器的灵敏度为 8′/2mm，因此只要圆水准气泡偏离中央不超过 2mm，补偿器就可以给出正确的补偿。

5. 数字水准仪

用于精密水准测量的自动安平数字水准仪主要有 Leica DNA10/03（图 6 - 18）、Zeiss DINI10（图 6 - 19）以及 Topcon DL101/102 等（图 6 - 20）。

数字水准仪采用编码图像识别处理系统和相应的编码图像标尺。编码标尺的图像如图 6 - 21 所示，由宽窄不同和间隔不等的条码组成，所以又称条码标尺。数字水准仪的图像识别系统则由光敏二极管阵列探测器和相关的电子数字图像处理系统构成。

图 6 - 18　Leica DNA10/03

图 6 - 19　Zeiss DINI10

图 6 - 20　Topcon DL101/102

图 6 - 21　编码标尺图像

观测时，经自动调焦和自动置平后，水准标尺条形码分划影像射到分光镜上，并将其分为两部分：一部分是可见光，通过十字丝和目镜，供照准用；另一部分是红外光射向探测器，它将望远镜接收到的光图像信息转换称电影像信号，并传输给信息处理机，与机内原有的关于水准标尺的条形码本源信息进行相关处理，从而得到水准标尺上水平视线的读数，如图 6 - 22 所示。

用 DNA03 数字水准仪进行水准测量，可将原来记入观测手簿的许多信息和数据一并存

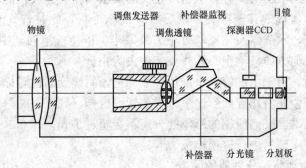

图 6 - 22　数字水准仪的内部部件

入内存和存储卡中，因而在开机后要进行一些信息和数据的输入、选择作业程序、设置限差等操作。观测方法比较简单，望远镜照准水准标尺，精密调焦，按测量键，3s 即完成一次观测，中丝读数和视距显示于屏幕，再按存储键即可存入内存。观测过程中，仪器会提示奇偶站，该观测哪根标尺；可显示视距、测站视距差、累距、中丝读数、测站高差、前视点高程等。若有超限，则立即显示超限项目，并让操作员选择是否重测。

水准仪的结构即各部件应满足的要求在制造、安装和调整的过程中不可能完全满足，即使在制造时满足了这些要求，在搬运和使用过程也会发生变化，产生仪器误差，给观测结果带来影响。

6.2.3　精密水准仪的检验

作业前应检验的项目：

(1) 检视。

(2) 圆水准器的检校。

(3) 光学测微器隙动差和分划值的测定。

(4) 气泡式水准仪交叉误差的测定。

(5) 气泡式水准仪 i 角检校。

(6) 自动安平水准仪自动安平性能的测定。

新购仪器应进行望远镜调焦透镜运行误差的测定、倾斜螺旋隙动差、分划误差和分划值的测定、自动安平仪器补偿误差和磁致（磁性感应）误差的测定。

1. 水准仪的检视

对水准仪做检视是在外观上对水准仪做出评价，检视情况要做记载。检视内容如下：

(1) 外观。各部件是否清洁；有无碰伤划痕、污点、脱胶、镀膜脱落等现象。

(2) 转动部件。转动部件、各转动轴和调整转动螺旋，转动是否灵活、平稳；各部件有无松动，失调明显晃动；螺纹的磨损程度等。

(3) 光学性能。望远镜视场是否明亮、清晰、均匀，调焦性能是否正常等。若距离 100～150m 的标尺分划成像模糊，则此仪器不能使用。

(4) 补偿性能。自动安平水准仪的补偿器是否正常，有无粘摆现象。

(5) 设备件数。仪器部件及附件和备用零件是否齐全。

2. 圆水准器安置正确性的检校

对于水准管式水准仪，其概略整平水准器的形式，不同的仪器也将有所不同，但必须满足水准器的水准器轴与仪器的垂直轴平行或正交的要求。检验和校正的方法是：

用脚螺旋使水准器气泡移至中央，然后旋转仪器 180°，此时若气泡偏离中央，则用脚螺旋改正偏差的一半，水准器改正螺丝改正另外一半，以使气泡回到中央。如此反复检校，直到仪器无论转到任何方向气泡中心始终位于中央为止。

上述检校完成后，对于水准管式水准仪应立即把倾斜螺旋的位置标记下来。在作业过程中，每站结束后，应使倾斜螺旋回到这个标准位置。这样，到下一站只要使概略整平水准器气泡置居中，管状水准器气泡两端的影像的分离不会超过 1cm。

在作业过程中，应随时进行这项检校。

3. 光学测微器隙动差和分划值的测定

由光学测微器构造和原理知道，光学测微器的作用在于精确量取标尺整分划以下的数值。因此，当转动测微螺旋使望远镜水平中丝在标尺上移动一个分格时，测微尺必须从其零分划线移动到最末一个分划线，即测微尺的长度必须与标尺的一个整分格的长度相等，否则就将给观测结果带来误差的影响。为此，要进行光学测微器分划值的测定，见表 6-4。另外，在使用测微器进行读数时，不论旋出或旋进测微螺旋，其测量结果应相同，否则说明光学测微器具有隙动差，应测定隙动差的大小。

表 6-4　　　　　　　　　　　　　光学测微器隙动差和分划值的测定

仪器：Ni002，№430271　　　　　　日期：1989-7-28　　　　　距离：8m

观测者：　　　　　　　　　记录者：　　　　　　　　检查者：

组数	时间和温度	测回	检测尺读数 往返	504	505	506	507	508	509	始末分划转动量 L
				测　微　器　读　数						
I	日期：7月28日 始 15：00 末 15：15	1	往测 a	00.4	20.8	40.4	60.4	80.4	100.2	99.8
			返测 b	01.6	21.4	40.8	61.6	81.2	100.8	99.2
		2	往测 a	00.4	20.0	40.4	61.0	80.6	100.0	99.6
			返测 b	00.8	21.4	41.8	61.6	81.8	101.4	100.4
		3	往测 a	00.6	21.0	40.8	60.4	80.8	100.2	99.6
			返测 b	01.8	21.6	41.4	61.6	82.0	101.8	100.0
		4	往测 a	01.0	20.6	40.2	60.6	80.2	100.2	99.2
			返测 b	01.8	21.0	41.6	61.4	81.4	101.8	100.0
		5	往测 a	0	20.2	40.4	60.8	80.4	100.8	
			返测 b	01.0	21.4	41.4	61.8	81.0	101.4	100.4
	始 28.0℃ 末 28.5℃	中数	往测 a_0	0.48	20.52	40.44	60.64	80.48	100.28	99.80
			返测 b_0	1.40	21.36	41.40	61.60	81.48	101.44	100.04
		差	$a_0 - b_0$	−0.92	−0.84	−0.96	−0.96	−1.00	−1.16	−5.84
II	日期：7月29日 始 15：00 末 15：21	1	往测 a	01.8	21.4	42.0	61.8	82.2	101.0	99.2
			返测 b	03.8	23.4	44.0	63.8	83.6	102.8	99.0
		2	往测 a	03.8	22.6	43.4	62.8	82.6	103.0	99.2
			返测 b	03.0	23.2	43.4	64.0	83.8	103.8	100.8
		3	往测 a	03.0	22.8	42.6	62.4	82.4	102.4	99.4
			返测 b	03.0	22.8	43.2	62.4	82.8	103.0	100.0
		4	往测 a	02.8	22.4	42.6	62.2	82.8	103.2	100.4
			返测 b	03.6	23.2	43.4	63.4	83.0	103.8	100.2
		5	往测 a	02.8	22.4	43.0	62.6	82.8	103.8	101.0
			返测 b	03.0	23.6	42.8	63.2	83.0	103.0	100.0
	始 20.0℃ 末 20.5℃	中数	往测 a_0	2.84	22.32	42.72	62.36	82.56	102.68	99.84
			返测 b_0	3.28	23.24	43.44	63.36	83.24	103.28	100.00
		差	$a_0 - b_0$	−0.44	−0.92	−0.72	−1.00	−0.68	−0.60	−4.36

转动测微螺旋，使测微器移动 L 个分划，视线在标尺上相应的移动一段距离 d，则测微

器的格值 g 为

$$g = \frac{d}{L} \tag{6-16}$$

第Ⅲ组观测记录与计算略去。

对标尺的同一分划，用测微器进行旋进和旋出读数，根据旋进和旋出的读数之差 Δ 的大小就可以评定测微器效用的正确性。

以上两项测定同时进行，方法如下：

在距仪器 5~6m 处垂直竖立一支三等标准金属线纹尺或其他同等精度钢尺作标准尺，用其 1mm 分划面进行此项检验。

测定开始时将仪器整置水平，并将测微器转到零分划附近，调整标准尺高度，使十字丝中丝与一标准尺分划线重合，此时测微器上的读数应在 0~3 格范围。

一测回操作如下。

往测：旋进（或旋出）光学测微器，依次照准标准尺上的 6 根分划线（间隔共 5mm），每次照准时使中丝与分划线精密重合，并读取测微器读数为 a。

返测：往测后马上进行返测，旋出（或旋进）光学测微器，以相反的方向依次照准往测测过的 6 根分划线，读取测微器读数为 b。

以上为一个测回，5 各测回构成一组。共应进行三组观测。若为新仪器首次测定，则三组应在不同温度下进行。

测定的记录和计算格式见表 6-4。算得的测微器平均格值 g 与名义格值之差不大于 0.001mm。最后算得的平均测微器隙动差不得大于 2 格。上述两项指标若有超限的，该仪器禁止使用，应送厂修理。

在实际作业中，为了避免光学测微器效用不正确给观测结果带来误差，测微器最后的旋转应是旋进。

计算方法：

（1）求出测微器隙动差。

$$\Delta = \sum (a_0 - b_0)/18 \tag{6-17}$$

式中 a_0，b_0——标准尺每根分划线的读数 a，b 的平均值。

（2）求出测微器分划值

$$g = \sum l / \sum L$$

式中 l——中丝对准标准尺首、末分划间隔，单位为 mm；

L——对准首、末分划时测微器转动量，单位为格。

计算表格见表 6-5。

表 6-5　　　　　　　　光学测微器隙动差与分划值计算

组别	温度 /℃	往测（旋进）返测（旋出）	标准尺始末分划间隔 /mm	l 间隔在测微器上的转动量格
Ⅰ	28.2	往测	5	99.80
		返测	5	100.04
Ⅱ	20.2	往测	5	99.84
		返测	5	100.00

组别	温度 /℃	往测（旋进） 返测（旋出）	标准尺始末分划间隔 /mm	l 间隔在测微器上的转动量格
Ⅲ	14.5	往测	5	99.98
		返测	5	100.04
总和			30	599.70
计算		$g = \sum l / \sum L = 30/599.70 = 0.0503 \text{mm/格}$ $\sum (a_0 - b_0) = -11.88 t$ $\Delta = -11.88/18 = -0.66 t$		

4. 视准轴与水准轴相互关系的检验与校正

视准轴与水准轴必须满足相互平行这一重要条件，但一般视准轴与水准轴既不在同一平面内，也不互相平行，而是两条空间直线，在垂直平面上投影的交角称为 i 角误差，在水平平面上投影的交角称为 φ 角误差，也叫交叉误差。

（1）检验校正交叉误差和 i 角误差的目的。水准仪测定的高差是在视准轴水平的条件下照准前后标尺读数而得到的。视准轴的水平是借助水准器调平的。如果视准轴与符合水准器轴不平行，那么当把符合水准器水准轴调整水平以后，视准轴并不水平；对于自动安平水准仪，i 角的存在，就是指经补偿后的视准线仍不水平。i 角的存在必然给观测高差带来误差。另外，外界因素的影响也能引起仪器结构的关系的微小变化，即 i 角随外界因素的变化而变化。因此，规范规定：作业开始后的第一个星期内水准管式水准仪每天检验 i 角二次，上、下午各一次。自动安平水准仪可只每天检验一次。若 i 角较稳定，以后每隔 15 天检验一次。经检验，若 i 角超出规定的限值，就要进行校正。

对于水准管式水准仪，经过 i 角校正，即使 i 角为零，也只能使视准轴与水准器轴在垂直面内平行，交叉误差仍然存在。这时，就是在某一方向上视准轴水平，当改变仪器的照准方向以后仍不能保证视准轴水平，从而给观测带来误差影响。因此，在进行 i 角检校的同时，还必须进行交叉误差的检校。

（2）交叉误差的检验与校正。检校时，应先进行交叉误差的检校，接着进行 i 角误差的检校。

若不存在交叉误差，仪器整平后，仪器绕视准轴左右倾斜时，符合水准器气泡将不发生偏离；若偏离，说明存在交叉误差。根据这一特征，采取下述方法进行检校。

①将水准仪安置在距标尺约 50m 处，并使其一个脚螺旋位于仪器至标尺的照准面内。

②整平仪器，并用倾斜螺旋使符合水准器气泡两端精密符合。转动测微螺旋，精确照准标尺，读、记读数。

③按图 6 - 23 所示的脚螺旋的旋转方向，将视准轴左侧的脚螺旋旋转两周，再旋转视准轴右侧的脚螺旋，使仪器仍照准上款所照准的标尺分划线，观察气泡两端是否符合或相互偏离若干距离，然后反向转动两侧的脚螺旋，使之在保持原有读数

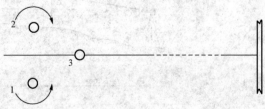

图 6 - 23　交叉误差校正图

的情况下气泡恢复符合的位置。

④同法，使仪器向另一侧倾斜，并观察在保持原读数不变的情况下，气泡两端是否符合或相离开若干距离。

⑤通过上述检验，仪器分别向两侧倾斜时，若气泡保持符合或向同一方向分离相等的距离，则表示不存在交叉误差；若气泡异向偏离，说明有交叉误差存在。当异向偏离大于2mm时，须按下述方法校正：

将符合水准器侧方的一个改正螺旋旋松，将另一改正螺旋旋紧，使符合气泡左、右移动，直至气泡恢复符合为止。

对于某一台水准仪来说，可能同时存在交叉误差和 i 角。当水准轴与视准轴之间只存在 i 角时，仪器绕视准轴向左或向右倾斜相同角度时，符合水准器气泡移动方向相同、移动量相等。根据这一原理，在检验交叉误差的过程中，使仪器分别向左、右倾斜相同量时，作出如下判断：

①符合水准器气泡两半影像保持吻合，说明仪器既无交叉误差也无 i 角。

②气泡同方向移动相同距离时，无交叉误差但有 i 角。

③气泡异向移动相同距离时，有交叉误差无 i 角。

④气泡异向移动不同距离时，既有交叉误差又有 i 角，且交叉误差大于 i 角误差。

⑤气泡同向移动不同距离时，i 角大于交叉误差。

（3）i 角误差检验与校正。

①场地准备。在平坦地面上选取一条直线上的四个点，点间距离为 20.6m，打下木桩。两端点为架仪器点，中间两点为立尺点，如图 6-24 所示。

②观测方法。将仪器置于 J_1 点，整平，照准 a、b 尺读数 4 次，然后在 J_2 点照准 a、b 尺读数 4 次。

③计算。

$$\begin{cases} h'_1 = a'_1 - b'_1 = (a_1 - \Delta) - (b_1 - 2\Delta) = a_1 - b_1 + \Delta = h_1 + \Delta \\ h'_2 = a'_2 - b'_2 = (a_2 - 2\Delta) - (b_2 - \Delta) = a_2 - b_2 - \Delta = h_2 - \Delta \end{cases} \qquad (6-18)$$

$$\Delta = \frac{1}{2}(h_2 - h_1) \qquad (6-19)$$

$$i'' = 10\Delta \qquad (6-20)$$

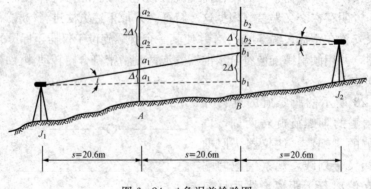

图 6-24 i 角误差检验图

观测计算示例见表 6-6。

表 6-6   **i 角 的 检 校**

仪器：Ni 004   №71001   观测者：_____
日期：1989-8-10   标尺：10796 10797 记录者：_____
时间：8：10   呈像：清晰稳定   检查者：_____

仪器站	J_1		J_2	
观测次序	A 尺读数 a_1	B 尺读数 b_1	A 尺读数 a_2	B 尺读数 b_2
1	298 712	299 140	310 952	311 394
2	704	142	956	410
3	708	154	944	396
4	708	150	958	400
中数	298 708	299 146	310 952	311 400
高差 $(a-b)$/mm	−2.19		−2.24	

$\Delta=[(a_2-b_2)-(a_1-b_1)]/2=-0.025(\text{mm})$ $i''=10\Delta=\underline{\quad -0.25''\quad}$

校正：

$a_2'=a_2-2\Delta=\underline{\qquad\qquad}$ $b_2'=b_2-\Delta=\underline{\qquad\qquad}$

(4) i 角校正的有关规定和方法。

用于一、二等水准测量的仪器，其 i 角不得超过 $\pm15''$。

校正在 J_2 测站上进行，先求出 A 标尺上的正确读数 $a/2=a_2-2\Delta$，对好读数，再校正气泡两端符合。

6.2.4 精密水准标尺的检验

作业前应检验的项目：

(1) 检视。

(2) 标尺上圆水准器的检校。

(3) 标尺分划面弯曲差的测定。

(4) 标尺名义尺长及分划偶然误差的测定。

(5) 标尺尺带拉力的测定。

(6) 一对标尺零点不等差及基辅分划读数差的测定。

上述的 (4)、(5) 两项检验应送有关部门进行检验，其余由测量作业人员进行。此外，对一、二等水准测量，当测区水准点间平均高差超过 150m 时，每月应使用野外比长器进行一次一对标尺名义米长的检测，作业期超过三个月时，也应增加标尺名义米长的野外检测和标尺分划面弯曲差各测定一次。

1. 水准标尺的检视

首先检视标尺结构是否完好，因瓦合金带与尺身的连接是否牢固，还应检视标尺扶持环是否灵活，标尺底板有无损坏，标尺圆水准器是否完好，刻划线和注记是否粗细均匀、清晰、有无异常伤痕，能否读数等。

2. 水准标尺上圆水准器安置正确性的检验和校正

水准测量，要求标尺垂直竖立（即标尺与立尺点铅垂线一致），否则将给观测结果带来误差影响。标尺是否垂直竖立，是依靠标尺圆水准器来指示的。因此，标尺圆水准器安置是否正确，即圆水准器轴与标尺轴线是否平行，应加以检验和校正。

先将水准仪整置水平，在距水准仪约 50m 处竖立标尺。扶尺员按观测员的指挥，使标尺的边沿和视野中垂直丝重合，此时标尺圆水准器应居中，否则应用改针调整圆水准器上的改正螺旋使气泡居中。此时说明，在这个方向上标尺圆水准器水准轴与标尺轴线已经平行；再将标尺转 90°，使标尺使标尺的边沿和视野中垂直丝重合，观察气泡是否居中。如此反复进行多次，直至上述两个位置的标尺边沿与垂直丝重合时圆水准气泡居中为止。

3. 水准标尺分划面弯曲差的测定

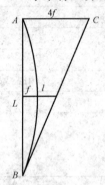

图 6-25 标尺弯曲测定图

标尺分划面全长应该笔直，如果有弯曲，将使观测读数偏大，对水准路线的高差造成系统性的误差影响。

标尺分划面是否垂直，用弯曲差（矢距）来表示。所谓矢距，就是分划面两端点连线的中点到标尺分划面的垂距。矢距越大，表示弯曲差越大，如图 6-25 所示。

测定矢距的方法是：在标尺两端之间引张一条很细的直线，在标尺尺面的两端及中点分别量取到标尺分划面到此直线的距离。两端距离读数的中数与中点读数之差即为矢距。对于线条式因瓦合金标尺，矢距不得大于 4mm、弯曲的尺 l 伸直可认为 BC，而观测的情况是 L。

$$L^2 = l^2 - (4f)^2$$

$$L = l\sqrt{1 - \frac{16f^2}{l^2}} = l\left(1 - \frac{16f^2}{2l^2}\right) = l - \frac{8f^2}{l}$$

$$\Delta l = l - L = \frac{8f^2}{l}$$

尺长一般 3m，每米改正数

$$\Delta l = \frac{8f^2}{3l} \tag{6-21}$$

4. 标尺名义米长及分划偶然中误差的测定

标尺上的名义相距 1m 的两条分划线之间的真实长度如果与其名义长度不相等，将给观测高差带来系统性的误差影响。这种误差影响在观测过程中无法发现，而且无法通过观测程序消除。尤其在高差较大地区，这种误差影响不容忽视。因而要对标尺名义米长进行检测，根据检测结果采取计算改正数或避免使用该标尺等措施。

名义米长的检测时用一级线纹米尺作为检查尺，在标尺上取若干 1m 间隔进行测定，以各个间隔测定的结果的中数作为这根标尺的平均名义米长。两根标尺的平均名义米长的中数就是一副标尺的平均名义米长。

一级线纹米尺的全长为 105cm，尺面的两边分别刻有 102cm 的分划线，一边的分划间隔为 1mm，另一边的分划间隔为 0.2mm。尺身上装有两个放大镜，可沿尺身滑动，以便读数。在尺身中间凹槽内装有一个温度计。

每根检查尺都有其尺长方程式，尺长方程式的一般形式为

$$L = 1000\text{mm} + \Delta L + \alpha(t - t_0) \tag{6-22}$$

经国家计量部门对该尺检查尺检定后，给出这根检查尺的 ΔL，α，t_0 的数值。其中，t_0 是国家计量部门检定这根检查尺尺长时的标准温度；ΔL 是温度为 t_0 时的尺长改正数；α 为这根检查尺的膨胀系数。例如№1119 号检查尺，经国家计量部门对其进行检定后，得到的尺长方程式为

$$L = 1000\text{mm} - 0.07\text{mm} + 18.5\text{mm} \times 10^{-3}(t - 20℃)$$

用一级线纹米尺测定标尺名义米长的方法是：

测定开始前两小时，将检查尺和被检标尺取出，放在温度稳定的室内，使尺子的温度充分一致，然后将被检水准尺平放在一平台上，使标尺背面与平台充分接触。

对每根标尺的两排分划线均应测定。每排分划要进行往、返测。每排分划的往、返测各取三个米间隔（以有基本分划和辅助分划的线条式因瓦合金标尺为例），具体数字如下。

基本分划：

往测：0.25m——1.25m，0.85m——1.85m，1.45m——2.45m。

返测：2.75m——1.75m，2.15m——1.15m，1.55m——0.55m。

辅助分划：

往测：0.40m——1.40m，1.00m——2.00m，1.60m——2.60m。

返测：2.90m——1.90m，2.30m——1.30m，1.70m——0.70m。

往测：首先测定第一个间隔（0.25～1.25m）。把检查尺放在被检标尺尺身上，使检查尺有 0.2mm 分划的一边与标尺的因瓦带尺相合。两个观测员分别用两个放大镜在 0.25m 和 1.25m 处读数。读数时分别以标尺的 0.25m 和 1.25m 分划线的下边沿作为指标，两观测员分别用两个放大镜 0.25m 和 1.25m 处读数。读数时分别以标尺的 0.25m 和 1.25m 分划线的下边沿作为指标，两观测员同时读出检查尺的分划数（估读至 0.02mm）；以同样的方法，再以标尺的两个分划线的上边沿为指标进行读数。两次左、右两端读数差的校差不应大于 0.06mm，否则应立即重测。如此依次再测定两个间隔，共三个间隔。每测定一个间隔读取温度一次。

返测：返测时，两观测员互换位置，按上述方法测定返测的三个间隔。

测定的记录、计算示例见表 6-7。

表 6-7　　　　　　　　　　　　**水准标尺名义米长的测定**

标尺：线条式因瓦合金水准标尺 10797　　　　　　　观测者：×××

检查尺：一级线纹米尺№1119　　　　　　　　　　记录者：×××

日期：1993 年 5 月 20 日　　　　　　　　　　　检查者：×××

$L = 1000\text{mm} - 0.07\text{mm} + 18.5\text{mm} \times 10^{-3}(t - 20℃)$

分划面	往返侧	标尺分划间隔	温度	检查尺读数			中数	检查尺长及温度改正	分划面名义米长
				左端	右端	右一左			
1	2	3	4	5	6	7	8	9	10
基本分划	往测	0.25—1.25	24.7	1.24	1001.22	999.98	999.97	+0.017	999.987
				4.24	1004.20	999.96			
		0.85—1.85	24.9	0.48	1000.46	999.98	999.99	+0.021	1000.011
				3.48	1003.48	1000.00			
		1.45—2.45	24.9	2.38	1002.40	1000.02	1000.02	+0.021	1000.041
				5.36	1005.38	1000.02			

分划面	往返侧	标尺分划间隔	温度	检查尺读数			中数	检查尺长及温度改正	分划面名义米长
				左端	右端	右一左			
1	2	3	4	5	6	7	8	9	10
基本分划	返测	2.75—1.75	25.0	0.42	1000.38	999.96	999.97	+0.022	999.992
				3.42	1003.40	999.98			
		2.15—1.15	25.0	0.72	1000.68	999.96	999.97	+0.022	999.992
				3.70	1003.68	999.98			
		1.55—0.55	25.0	0.52	1000.48	999.96	999.97	+0.022	999.992
				3.52	1003.48	999.96			
辅助分划	往测	0.40—1.40	25.0	1.30	1001.28	999.98	999.97	+0.022	999.992
				4.32	1004.28	999.96			
		1.00—2.00	25.0	1.82	1001.76	999.94	999.96	+0.022	999.982
				4.80	1004.78	999.98			
		1.60—2.60	25.0	0.78	1000.76	999.98	999.99	+0.022	1000.012
				3.76	1003.76	1000.00			
	返测	2.90—1.90	25.0	2.30	1002.30	1000.00	999.99	+0.022	1000.012
				5.26	1005.24	999.98			
		2.30—1.30	25.0	1.56	1001.56	1000.00	999.99	+0.022	1000.012
				4.54	1004.52	999.98			
		1.55—0.55	25.0	0.52	1000.48	999.96	999.99	+0.022	1000.012
				3.62	1003.62	1000.00			

5. 一对水准标尺零点不等差及基辅分划读数差的测定

水准标尺的零分划线应与标尺底面一致，否则即是标尺地面不为零的误差，称为标尺零点差。一对标尺的零点不等差指的是两根标尺零点差之差，它对观测高差会带来误差影响，必须加以检验。另外，标尺的基、辅分划读书差为一常数。例如，1cm 分划的因瓦标尺的基辅差名义为 30155。水准标尺的基辅差的名义值不可能与其实际的基辅差完全相同，因此需要测定出标尺的实际基辅差。标尺基辅差的测定值与名义值之差不应超过 0.05mm，如果超过此限值，在作业过程中采用基辅差实际测定值来检核基辅分划的读数差。

在距离水准仪一定距离（一般为 20～30m）处打下三个至仪器距离相等的木桩，木桩顶面钉圆帽钉。三个木桩钉面高差约为 20cm。

对于因瓦标尺，应观测三个测回。在每一测回中，依次将两根标尺竖立于每一木桩上，整置水准仪精平后，用光学测微法对基本分划和辅助分划各照准读数三次，在此过程中不得调焦。以上为一个测回，测回之间应变换仪器高度。

6.3 二等水准测量外业观测与记录

精密水准测量一般指国家一、二等水准测量，在各项工程的不同建设阶段的高程控制测量中极少进行一等水准测量，故在工程测量技术规范中将水准测量分为二、三、四等三个等级，其精度指标与国家水准测量的相应等级一致。

下面以二等水准测量为例来说明精密水准测量的实施。

6.3.1 精密水准测量作业的一般规定

在前一节中，分析了有关水准测量的各项主要误差的来源及其影响。根据各种误差的性质及其影响规律，水准规范中对精密水准测量的实施作出了各种相应的规定，目的在于尽可能消除或减弱各种误差对观测成果的影响。

（1）观测前 30min，应将仪器置于露天阴影处，使仪器与外界气温趋于一致；观测时应用测伞遮蔽阳光；迁站时应罩以仪器罩。

（2）仪器距前、后视水准标尺的距离应尽量相等，其差应小于规定的限值：二等水准测量中规定，一测站前、后视距差应小于 1.0m，前、后视距累积差应小于 3m，这样可以消除或削弱与距离有关的各种误差对观测高差的影响，如 i 角误差和垂直折光等影响。

（3）对气泡式水准仪，观测前应测出倾斜螺旋的置平零点，并作标记，随着气温变化，应随时调整置平零点的位置。对于自动安平水准仪的圆水准器，须严格置平。

（4）同一测站上观测时，不得两次调焦；转动仪器的倾斜螺旋和测微螺旋，其最后旋转方向均应为旋进，以避免倾斜螺旋和测微器隙动差对观测成果的影响。

（5）在两相邻测站上，应按奇、偶数测站的观测程序进行观测，对于往测奇数测站按"后前前后"、偶数测站按"前后后前"的观测程序在相邻测站上交替进行。返测时，奇数测站与偶数测站的观测程序与往测时相反，即奇数测站由前视开始，偶数测站由后视开始。这样的观测程序可以消除或减弱与时间成比例均匀变化的误差对观测高差的影响，如 i 角的变化和仪器的垂直位移等影响。

（6）在连续各测站上安置水准仪时，应使其中两脚螺旋与水准路线方向平行，而第三脚螺旋轮换置于路线方向的左侧与右侧。

（7）每一测段的往测与返测，其测站数均应为偶数，由往测转向返测时，两水准标尺应互换位置，并应重新整置仪器。在水准路线上每一测段仪器测站安排成偶数，可以削减两水准标尺零点不等差等误差对观测高差的影响。

（8）每一测段的水准测量路线应进行往测和返测，这样可以消除或减弱性质相同、正负号也相同的误差影响，如水准标尺垂直位移的误差影响。

（9）一个测段的水准测量路线的往测和返测应在不同的气象条件下进行，如分别在上午和下午观测。

（10）使用补偿式自动安平水准仪观测的操作程序与水准器水准仪相同。观测前对圆水准器应严格检验与校正，观测时应严格使圆水准器气泡居中。

（11）水准测量的观测工作间歇时，最好能结束在固定的水准点上，否则应选择两个坚稳可靠、光滑突出、便于放置水准标尺的固定点，作为间歇点加以标记，间歇后应对两个间歇点的高差进行检测，检测结果如符合限差要求（对于二等水准测量，规定检测间歇点高差之差应≤1.0mm），就可以从间歇点起测。若仅能选定一个固定点作为间歇点，则在间歇后应仔细检视，确认没有发生任何位移方可由间歇点起测。

6.3.2 精密水准测量观测

1. 测站观测程序

往测时，奇数测站照准水准标尺分划的顺序为：

后视标尺的基本分划；

前视标尺的基本分划；

前视标尺的辅助分划；

后视标尺的辅助分划。

往测时，偶数测站照准水准标尺分划的顺序为：

前视标尺的基本分划；

后视标尺的基本分划；

后视标尺的辅助分划；

前视标尺的辅助分划。

返测时，奇、偶数测站照准标尺的顺序分别与往测偶、奇数测站相同。

按光学测微法进行观测，以往测奇数测站为例，一测站的操作程序如下：

（1）置平仪器。气泡式水准仪望远镜绕垂直轴旋转时，水准气泡两端影像的分离不得超过 1cm，对于自动安平水准仪，要求圆气泡位于指标圆环中央。

（2）将望远镜照准后视水准标尺，使符合水准气泡两端影像近于符合（双摆位自动安平水准仪置于第 I 摆位）。随后用上、下丝分别照准标尺基本分划进行视距读数［如表 6-8 中的（1）和（2）］。视距读取 4 位，第四位数由测微器直接读得。然后使符合水准气泡两端影像精确符合，使用测微螺旋用楔形平分线精确照准标尺的基本分划，并读取标尺基本分划和测微分划的读数（3）。测微分划读数取至测微器最小分划。

表 6-8　　　　　　　　　　　水准测量观测手簿

测自_____至_____　　　　　　　20　年　月　日

时间　始　时　分　末　时　分　　　　成　像_____

温度_____云量_____　　　　　　风向风速_____

天气_____土质_____　　　　　　太阳方向_____

测站编号	后尺	下丝	前尺	下丝	方尺及向号	标尺读数		基+K减辅（一减二）	备考
		上丝		上丝					
	后距		前距			基本分划（一次）	辅助分划（二次）		
	视距差 d		$\sum d$						
	（1）		（5）		后	（3）	（8）	（14）	
	（2）		（6）		前	（4）	（7）	（13）	
	（9）		（10）		后一前	（15）	（16）	（17）	
	（11）		（12）		h	—		（18）	
					后				
					前				
					后一前				
					h				

（3）旋转望远镜照准前视标尺，并使符合水准气泡两端影像精确符合（双摆位自动安平水准仪仍在第 I 摆位），用楔形平分线照准标尺基本分划，并读取标尺基本分划和测微分划

的读数（4）。然后用上、下丝分别照准标尺基本分划进行视距读数（5）和（6）。

（4）用水平微动螺旋使望远镜照准前视标尺的辅助分划，并使符合气泡两端影像精确符合（双摆位自动安平水准仪置于第Ⅱ摆位），用楔形平分线精确照准，并进行标尺辅助分划与测微分划读数（7）。

（5）旋转望远镜，照准后视标尺的辅助分划，并使符合水准气泡两端影像精确符合（双摆位自动安平水准仪仍在第Ⅱ摆位），用楔形平分线精确照准并进行辅助分划与测微分划读数（8）。表 6-8 中第（1）～（8）栏是读数的记录部分，（9）～（18）栏是计算部分，现以往测奇数测站的观测程序为例，来说明计算内容与计算步骤。

视距部分的计算：

$$(9) = (1) - (2)$$
$$(10) = (5) - (6)$$
$$(11) = (9) - (10)$$
$$(12) = (11) + 前站(12)$$

高差部分的计算与检核：

$$(14) = (3) + K - (8)$$

式中　K——基辅差（对于 N3 水准标尺而言 $K = 3.0155$m）。

$$(13) = (4) + K - (7)$$
$$(15) = (3) - (4)$$
$$(16) = (8) - (7)$$
$$(17) = (14) - (13) = (15) - (16) 检核$$
$$(18) = \frac{1}{2}[(15) + (16)]$$

以上即一测站全部操作与观测过程。一、二等精密水准测量外业计算取位见表 6-9。精密水准测量测站限差见表 6-10。

表 6-9　　　　　　　　　一、二等精密水准测量外业计算取位

项目 等级	往（返）测距离 总和/km	测段距离 中数/km	各测站高差 /mm	往（返）测高差 总和/mm	测段高差 中数/mm	水准点 高程/mm
一	0.01	0.1	0.01	0.01	0.1	1
二	0.01	0.1	0.01	0.01	0.1	1

表 6-10　　　　　　　　　精密水准测量测站限差要求

等级	视线长度		前后 视距差 /m	前后视距 累积差 /m	视线高度 （下丝读数） /m	基辅分划 读数之差 /mm	基辅分划 所得高差 之差/mm	上下丝读数平均值 与中丝读数之差		检测间歇 点高差 之差/mm
	仪器类型	视线长度 /m						0.5cm 分划 标尺/mm	1cm 分划 标尺/mm	
一	S05	≤30	≤0.5	≤1.5	≥0.5	≤0.3	≤0.4	≤1.5	≤3.0	≤0.7
二	S1	≤50	≤1.0	≤3.0	≥0.3	≤0.4	≤0.6	≤1.5	≤3.0	≤1.0
	S05	≤50								

表 6-8 中的观测数据系用 N3 精密水准仪测得的，当用 S1 型或 Ni 004 精密水准仪进行观测时，由于与这种水准仪配套的水准标尺无辅助分划，故在记录表格中基本分划与辅助分划的记录栏内分别记入第一次和第二次读数。

2. 水准测量限差

测段路线往返测高差不符值、附合路线和环线闭合差以及检测已测测段高差之差的限值见表 6-11。

表 6-11 精密水准测量测段限差要求

项目等级	测段路线往返测高差不符值/mm	附合路线闭合差/mm	环线闭合差/mm	检测已测测段高差之差/mm
一等	$\pm2\sqrt{K}$	$\pm2\sqrt{L}$	$\pm2\sqrt{F}$	$\pm3\sqrt{R}$
二等	$\pm4\sqrt{K}$	$\pm4\sqrt{L}$	$\pm4\sqrt{F}$	$\pm6\sqrt{R}$

若测段路线往返测不符值超限，应先就可靠程度较小的往测或返测进行整测段重测；附合路线和环线闭合差超限，应就路线上可靠程度较小、往返测高差不符值较大或观测条件较差的某些测段进行重测，如重测后仍不符合限差，则需重测其他测段。

3. 水准测量的精度

水准测量的精度根据往返测的高差不符值来评定，因为往返测的高差不符值集中反映了水准测量各种误差的共同影响，这些误差对水准测量精度的影响，不论其性质和变化规律都是极其复杂的，其中有偶然误差的影响，也有系统误差的影响。

根据研究和分析可知，在短距离，如一个测段的往返测高差不符值中偶然误差是得到反映的，虽然也不排除有系统误差的影响，但毕竟由于距离短，所以影响很微弱，因而从测段的往返高差不符值 Δ 来估计偶然中误差还是合理的。在长的水准线路中，例如一个闭合环，影响观测的，除偶然误差外，还有系统误差，而且这种系统误差在很长的路线上也表现有偶然性质。环形闭合差表现为真误差的性质，因而可以利用环形闭合差 W 来估计含有偶然误差和系统误差在内的全中误差，现行水准规范中所采用的计算水准测量精度的公式，就是以这种基本思想为基础而导得的。

由 n 个测段往返测的高差不符值 Δ 计算每公里单程高差的偶然中误差（相当于单位权观测中误差）的公式为

$$\mu = \pm\sqrt{\frac{\frac{1}{2}\left[\frac{\Delta\Delta}{R}\right]}{n}} \qquad (6-23)$$

往返测高差平均值的每公里偶然中误差为

$$M_\Delta = \frac{1}{2}\mu = \pm\sqrt{\frac{1}{4n}\left[\frac{\Delta\Delta}{R}\right]} \qquad (6-24)$$

式中：Δ 是各测段往返测的高差不符值，取 mm 为单位；R 是各测段的距离，取 km 为单位；n 是测段的数目。式（6-24）就是水准规范中规定用以计算往返测高差平均值的每公里偶然中误差的公式，这个公式是不严密的，因为在计算偶然误差时，完全没有顾及系统误差的影响。顾及系统误差的严密公式，形式比较复杂，计算也比较麻烦，而所得结果与式（6-24）所算得的结果相差甚微，所以式（6-24）可以认为是具有足够可靠性的。

按水准规范规定，一、二等水准路线须以测段往返高差不符值按式（6-24）计算每公里水准测量往返高差中数的偶然中误差 M_Δ。当水准路线构成水准网的水准环超过 20 个时，还需按水准环闭合差 W 计算每公里水准测量高差中数的全中误差 M_w。

计算每公里水准测量高差中数的全中误差的公式为

$$M_w = \pm \sqrt{\frac{W^T Q^{-1} W}{N}} \qquad (6-25)$$

式中：W 是水准环线经过正常水准面不平行改正后计算的水准环闭合差矩阵，W 的转置矩阵 $W^T = (w_1 \ w_2 \ \cdots \ w_N)$，$w_i$ 为 i 环的闭合差，以 mm 为单位；N 为水准环的数目。

协因数矩阵 Q 中对角线元素为各环线的周长 F_1，F_2，…，F_N，非对角线元素，如果图形不相邻，则一律为零，如果图形相邻，则为相邻边长度（千米数）的负值。

每公里水准测量往返高差中数偶然中误差 M_Δ 和全中误差 M_w 的限值列于表 6-12 中。偶然中误差 M_Δ、全中误差 M_w 超限时应分析原因，重测有关测段或路线。

表 6-12　　　　　　　　　　精密水准测量每公里高差中误差限差　　　　　　　　（单位：mm）

等级	一等	二等
M_Δ	≤0.45	≤1.0
M_w	≤1.0	≤2.0

6.4　水准测量外业概算

水准测量概算是水准测量平差前所必须进行的准备工作。在水准测量概算前必须对水准测量的外业观测资料进行严格的检查，在确认正确无误、各项限差都符合要求后方可进行概算工作。概算的主要内容有：观测高差的各项改正数的计算和水准点概略高程表的编算等。全部概算结果均列于表 6-13 中。

6.4.1　水准标尺每米长度误差的改正数计算

水准标尺每米长度误差对高差的影响是系统性质的。根据规定，当一对水准标尺每米长度的平均误差 f 大于 ± 0.02mm 时，就要对观测高差进行改正，对于一个测段的改正 $\sum \delta_f$ 可按式（6-26）计算，即

$$\sum \delta_f = f \sum h \qquad (6-26)$$

由于往返测观测高差的符号相反，所以往返测观测高差的改正数也将有不同的正负号。

设有一对水准标尺，经检定得一米间隔的平均真长为 999.96mm，则 $f = 999.96 - 1000 = -0.04$mm。在表 6-13 中第一测段，即从Ⅰ柳宝 35 基到Ⅱ宜柳 1 水准点的往返测高差 $h = \pm 20.345$m，则该测段往返测高差的改正数 $\sum \delta_f$ 为

$$\sum \delta_f = -0.04 \times (\pm 20.345) = \mp 0.81 \text{mm}$$

6.4.2　正常水准面不平行的改正数计算

按水准规范规定，各等级水准测量结果均须计算正常水准面不平行的改正。正常水准面不平行改正数 ε 可按式（6-10）计算，即

$$\varepsilon_i = -AH_i(\Delta\varphi)'$$

表 6-13

二等水准测量外业高差与概略高程表

路线名称：Ⅱ宜柳线自宜___河至柳___城　　　仪器：S1 71002　　　施测年份：1973 年　　　观测者：×××　　　校算者：×××　　　编算者：×××　　　检查者：×××

标石类型 水准点编号	水准点位置（至重要地物的方向与距离）	纬度 φ	测段编号	测段距离 R/km	距起算点距离/km	往测方向	土质（土、砂、石松紧与植被等）	天气（阴晴和风力）往测	天气 返测	施测月日 往测	测站数 往上午	测站数 往下午	施测月日 返测	测站数 返上午	测站数 返下午	观测高差 往测 标尺长度改正δ	观测高差 返测	往返测高差不符值Δ	不符值累积/mm	加δ后往返测高差中数 h'/mm　正常水准面不平行改正ε/mm　闭合差改正v/mm	概略高程 H=He+Σh'+Σε+Σv /mm	备注
1	2	3	4	5	6	7	8	9	10	11	12	13	14	15	16	17	18	19	20	21	22	23
基本 柳全35基	宜州县第一中学院内	25°28′	1	5.8	0.0	东南	坚实粘土	阴	阴晴不定 2级风	7.2/3	60	38	7.28/29	38	58	+20 344.12 81	−20 346.28 81	−1.86	0.00	+20 344.5 1.5 0.7	424 876 *	f= −0.04mm
普通 宜柳1	宜州县太平公社良川村2号电线杆北20m处	25	2	5.6	5.8	东南	坚实土	阴 1~2级风	晴 无风	4	40	60	26/27	60	38	+77 304.15 3.09	−77 302.85 3.09	+1.33	−1.86	+77 300.4 1.7 0.7	446 221	
普通 宜柳2	宜州县太平公社春秀村13号公里碑西50m	22	3	5.0	11.4	东南	坚实土	晴 2~3级风	阴 无风	5	34	40	24	40	32	+55 576.86 2.94	−55 577.65 2.22	−1.57	−0.53	+55 574.6 1.9 0.6	522 523	
普通 宜柳3	宜州县太平公社河村北约200m处	19	4	0.6	16.4	东南	带沙实土	阴晴不定	阴 1~2级风	6/7	58		22/23		58	+73 450.18 2.94	−73 451.80 2.94	−1.62	−2.10	+73 448.0 2.1 0.7	578 099	
普通 宜柳4	沂城县欧同公社新象村小学北100m处	16	5	5.4	22.4	南	坚实土	阴晴不定	晴 1~2级风	7/8	38	56	20/21	54		+17 094.70 68	−17 084.10 68	+0.60	−3.72	+17 093.7 1.5 0.7	651 548	
普通 宜柳5	沂城县欧同公社龙门村西南55m处	14	6	5	27.8	南	坚实土	阴 3级风	晴 2~3级风	10	42	40	19	40		+32 770.58 1.31	+32 772.95 1.31	−2.37	−3.12	+32 770.5 2.4 0.7	668 643	
普通 宜柳6	沂城县欧同公社中学北58m处	11	7	5.9	33.5	东南	坚实土	阴 2级风	阴 2级风	11/12	56	38	17/18	38	54	+80 548.52 2.22	−80 547.05 3.22	+1.47	−5.49	+80 544.6 1.8 0.7	701 415	
普通 宜柳7	沂城县小塘公社明江村33号公里碑西50m处	9	8	4.9	39.4	东南	坚实土	晴 1~2级风	晴 1~2级风	12	34	60	16/17	62	32	+11 745.28 47	−11 745.02 47	+0.26	−4.02	+11 744.7 1.9 0.6	781 960	
普通 宜柳8	沂城县小塘公社青龙观村南60m处	8	9	5.3	44.3	东	实土	阴晴不定 2~3级风	阴 2级风	13	38	40	8.22	38	38	−18 074.48 72	+18 071.82 72	−2.66	−3.76	+18 072.4 2.9 0.6	793 705	
普通 宜柳9	沂城县里高公社双桥村东南50m处	9	10	4.8	49.6	东	带沙实土	阴	阴 1~2级风	4	40		4	40		−10 145.55 41	+10 146.12 41	+0.57	6.42	−10 145.4 1.8 0.6	775 632	
普通 宜柳10	沂城县里高公社光明村南40m处	10	11	5.6	54.4	东	带沙实土	阴	晴 无风	5/6	60	42	5	60	38	−101 097.35 4.04	+101 099.32 4.04	+1.97	−5.85	−101 094.3 1.8 0.8	765 485	
普通 宜柳11	柳河县三都公社平阳村小学西北140m处	11	12	5.2	60.0	东北	坚实土	阴晴不定 2~3级风	阴 2级风	6/7	38	58	18/19	58	38	+61 959.32 2.48	+61 959.85 2.48	+0.53	−3.88	+61 957.4 1.5 0.6	664 389	
普通 宜柳12	柳河县三都公社粮仓院内	13	13	4.7	65.2	东北	坚实土	阴	阴 1级风	8	36	38	17	36	36	+54 996.60 2.20	+54 996.18 220	−0.42	−3.35	+54 994.2 1.3 0.6	602 430	
普通 宜柳13	柳河县汽车站东南400m处	15	14	5.9	69.9	东北	实土	晴	阴 无风	10	62	40	14/15	38	60	+10 050.25 40	−10 051.68 40	−1.43	−3.77	+10 050.6 1.3 0.7	547 434	
普通 宜柳14	柳河县北关公社小学南40m处	17	15	5.1	75.8	东北	坚实土	阴	阴 1~2级风	11/12	32	54	13/14	52	30	+15 648.22 63	−15 649.72 63	−1.50	−5.20	−15 648.3 2.0 0.6	557 482	
基本 柳I基	柳城公安局院内	20			80.9														−6.70		573 128 *	

注：*"为已知高程计算时应用红色填写。"

| 表 6 - 14 | | | | | | 正常水准面不平行改正数的系数 A | | | | | | |

$$A = 0.000\ 001\ 537\ 1 \cdot \sin 2\varphi$$

φ	0′	10′	20′	30′	40′	50′	φ	0′	10′	20′	30′	40′	50′
°	10^{-9}	10^{-9}	10^{-9}	10^{-9}	10^{-9}	10^{-9}	°	10^{-9}	10^{-9}	10^{-9}	10^{-9}	10^{-9}	10^{-9}
0	000	009	018	027	036	045	30	1331	1336	1340	1344	1349	1353
1	054	063	072	080	089	098	31	1357	1361	1365	1370	1374	1378
2	107	116	125	134	143	152	32	1382	1385	1389	1393	1397	1401
3	161	170	178	187	196	205	33	1404	1408	1411	1415	1418	1422
4	214	223	232	240	249	258	34	1425	1429	1432	1435	1438	1441
5	267	276	285	293	302	311	35	1444	1447	1450	1453	1456	1459
6	320	328	337	340	354	363	36	1462	1465	1467	1470	1473	1475
7	372	381	389	398	406	415	37	1478	1480	1482	1485	1487	1489
8	424	432	441	449	458	466	38	1491	1494	1496	1498	1500	1502
9	475	483	492	500	509	517	39	1504	1505	1507	1509	1511	1512
10	526	534	542	551	559	567	40	1514	1515	1517	1518	1520	1521
11	576	584	592	601	609	617	41	1522	1523	1525	1526	1527	1528
12	625	633	641	650	658	666	42	1529	1530	1530	1531	1532	1533
13	674	682	690	698	706	714	43	1533	1534	1534	1535	1535	1536
14	722	729	737	745	753	761	44	1536	1536	1537	1537	1537	1537
15	769	776	784	792	799	807	45	1537	1537	1537	1537	1537	1536
16	815	822	830	837	845	852	46	1536	1536	1535	1535	1534	1534
17	860	867	874	882	889	896	47	1533	1533	1532	1531	1530	1530
18	903	911	918	925	932	939	48	1529	1528	1527	1526	1525	1523
19	946	953	960	967	974	981	49	1522	1521	1520	1518	1517	1515
20	988	995	1002	1008	1015	1022	50	1514	1512	1511	1509	1507	1505
21	1029	1035	1042	1048	1055	1061	51	1504	1502	1500	1498	1496	1494
22	1068	1074	1081	1087	1093	1099	52	1491	1489	1487	1485	1482	1480
23	1106	1112	1118	1124	1130	1136	53	1478	1475	1473	1470	1467	1456
24	1142	1148	1154	1160	1166	1172	54	1462	1459	1456	1453	1450	1447
25	1177	1183	1189	1195	1200	1206							
26	1211	1217	1222	1228	1233	1238							
27	1244	1249	1254	1259	1264	1269							
28	1274	1279	1284	1289	1294	1299							
29	1304	1308	1313	1318	1322	1327							

式中：ε_i 为水准测量路线中第 i 测段的正常水准面不平行改正数；A 为常系数，当水准测量路线的纬度差不大时，常系数 A 可按水准测量路线纬度的中数 φ_m 为引数在现成的系数表中查取，见表 6 - 14；H_i 为第 i 测段始末点的近似高程，以 m 为单位；$\Delta\varphi_i' = \varphi_2 - \varphi_1$，以分为单位，$\varphi_1$ 和 φ_2 为第 i 测段始末点的纬度，其值可由水准点点之记或水准测量路线图中查取。

在表 6-13 中，按水准路线平均纬度 $\varphi_m = 24°18'$ 在表 6-14 中查得常系数 $A = 1153 \times 10^{-9}$。第一测段，即 I 柳宝 35 基到 II 宜柳 1 水准测量路线始末点近似高程平均值 H 为 $(425+445)/2 = 435\text{m}$，纬度差 $\Delta\varphi = -3'$，则第一测段的正常水准面不平行改正数 ε_1 为

$$\varepsilon_1 = -1153 \times 10^{-9} \times 435 \times (-3) = +1.5\text{mm}$$

6.4.3　水准路线闭合差计算

水准测量路线闭合差 W 的计算公式为

$$W = (H_0 - H_n) + \sum h' + \sum\varepsilon \qquad (6-27)$$

式中：H_0 和 H_n 为水准测量路线两端点的已知高程；$\sum h'$ 为水准测量路线中各测段观测高差加入尺长改正数 δ_f 后的往返测高差中数之和；$\sum\varepsilon$ 为水准测量路线中各测段的正常水准面不平行改正数之和。根据表 6-15 中的数据按式（6-27）计算水准路线的闭合差，即

$$W = (424.876 - 573.128)\text{m} + 148.2565\text{m} + 5.0\text{mm} = 9.5\text{m}$$

闭合路线中的正常水准面不平行改正数为 $+5.0\text{mm}$，故路线的最后闭合差为

$$W = (H_0 - H_n) + \sum\varepsilon = -148.252\text{m} + 148.2565\text{m} + 5.0\text{mm} = 9.5\text{mm}$$

表 6-15　　　　　　　　　　　正常水准面不平行改正与路线闭合差的计算

二等水准路线：自宜河至柳城　　　计算者：马兆良

水准点编号	纬度 φ	观测高差 h'	近似高程	平均高程 H	纬差 $\Delta\varphi$	$H \cdot \Delta\varphi$	正常水准面不平行改正 $\varepsilon = -AH\Delta\varphi$	附　记
	(°　′)	m	m	m	(′)	-1305	mm	
I 柳宝 35 基	24 28	$+20.345$	425	435	-3	$+1.5$		
II 宜柳 1	25	$+77.304$	445	484	-3	-1452	$+1.7$	
II 宜柳 2	22	$+55.577$	523	550	-3	-1650	$+1.9$	
II 宜柳 3	19	$+73.451$	578	615	-3	-1845	$+2.1$	
II 宜柳 4	16	$+17.094$	652	660	-2	-1320	$+1.5$	
II 宜柳 5	14	$+32.772$	669	686	-3	-2058	$+2.4$	
II 宜柳 6	11	$+80.548$	702	742	-2	-1484	$+1.7$	
II 宜柳 7	9	$+11.745$	782	788	-1	-788	$+0.9$	已知：
II 宜柳 8	8	-18.073	794	785	$+1$	785	-0.9	I柳宝 35 基高程为 424.876m
II 宜柳 9	9	-10.146	776	771	$+1$	771	-0.9	I柳南 1 基高程为 573.128m
II 宜柳 10	10	-101.098	766	716	$+1$	716	-0.8	本例的 A 按平均纬度
II 宜柳 11	11	-61.960	665	634	$+2$	1268	-1.5	$24°18''$ 查表为 1153×10^{-9}
II 宜柳 12	13	-54.996	603	576	$+2$	1152	-1.3	
II 宜柳 13	15	$+10.051$	548	553	$+2$	1106	-1.3	
II 宜柳 14	17	$+15.649$	558	566	$+3$	1698	-2.0	
I 宜柳 I 基	20		573				$+5.0$	

6.4.4　高差改正数的计算

水准测量路线中每个测段的高差改正数可按下式计算，即

$$v = -\frac{R}{\sum R} W \qquad (6-28)$$

即按水准测量路线闭合差 W 按测段长度 R 成正比的比例配赋予各测段的高差中。在表 5 - 9 中，水准测量路线的全长 $\sum R = 80.9\text{km}$，第一测段的长度 $R = 5.8\text{km}$，则第一测段的高差改正数为

$$v = -\frac{5.8}{80.9} \times 9.5 = -0.7\text{mm}$$

见表 6 - 13 中第 21 栏。

最后根据已知点高程及改正后的高差计算水准点的概略高程，即

$$H = H_0 + \sum h' + \sum \varepsilon + \sum v \qquad (6-29)$$

6.5　精密水准测量的误差来源及影响

在进行精密水准测量时，会受到各种误差的影响，在这一节中就几种主要的误差进行分析，并讨论对精密水准测量观测成果的影响。

6.5.1　视准轴与水准轴不平行的误差

1. i 角的误差影响

虽然经过 i 角的检验校正，但要使两轴完全保持平行是困难的，因此当水准气泡居中时，视准轴仍不能保持水平，使水准标尺上的读数产生误差，并且与视距成正比。

图 6 - 26 中，$s_{\text{前}}$、$s_{\text{后}}$ 为前后视距，由于存在 i 角，并假设 i 角不变的情况下，在前后水准标尺上的读数误差分别为 $i'' \cdot s_{\text{前}} \dfrac{1}{\rho}$ 和 $i'' \cdot s_{\text{后}} \dfrac{1}{\rho}$，对高差的误差影响为

$$\delta_s = i''(s_{\text{后}} - s_{\text{前}}) \frac{1}{\rho} \qquad (6-30)$$

对于两个水准点之间一个测段的高差总和的误差影响为

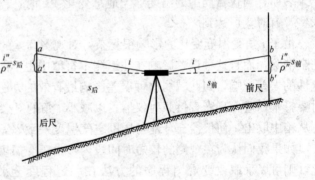

图 6 - 26　i 角误差检验

$$\sum \delta_s = i''(\sum s_{\text{后}} - \sum s_{\text{前}}) \frac{1}{\rho''} \qquad (6-31)$$

由此可见，在 i 角保持不变的情况下，一个测站上的前后视距相等或一个测段的前后视距总和相等，则在观测高差中由于 i 角的误差影响可以得到消除。但在实际作业中，要求前后视距完全相等是困难的。下面讨论前后视距不等差的容许值问题。

设 $i = 15''$，要求 δ_s 对高差的影响小到可以忽略不计的程度，如 $\delta_s = 0.1\text{mm}$，那么前后视距之差的容许值可由式 (6 - 30) 算得，即

$$(s_{\text{后}} - s_{\text{前}}) \leqslant \frac{\delta_s}{i''} \rho'' \approx 1.4\text{m}$$

为了顾及观测时各种外界因素的影响，所以规定，二等水准测量前后视距差应 $\leqslant 1\text{m}$。为了使各种误差不致累积起来，还规定由测段第一个测站开始至每一测站前后视距累积差，对于二等水准测量而言应 $\leqslant 3\text{m}$。

2. φ角误差的影响

当仪器不存在 i 角，则在仪器的垂直轴严格垂直时，交叉误差 φ 并不影响在水准标尺上的读数，因为仪器在水平方向转动时，视准轴与水准轴在垂直面上的投影仍保持互相平行，因此对水准测量并无不利影响。但当仪器的垂直轴倾斜时，如与视准轴正交的方向倾斜一个角度，那么这时视准轴虽然仍在水平位置，但水准轴两端却产生倾斜，从而水准气泡偏离居中位置，仪器在水平方向转动时，水准气泡将移动，当重新调整水准气泡居中进行观测时，视准轴就会偏离水平位置而倾斜，显然它将影响在水准标尺上的读数。为了减少这种误差对水准测量成果的影响，应对水准仪上的圆水准器进行检验与校正和对交叉误差 φ 进行检验与校正。

3. 温度变化对 i 角的影响

精密水准仪的水准管框架是同望远镜筒固连的，为了使水准轴与视准轴的联系比较稳固，这些部件是采用因瓦合金钢制造的，并把镜筒和框架整体装置在一个隔热性能良好的套筒中，以防止由于温度的变化仪器有关部件产生不同程度的膨胀或收缩，而引起 i 角的变化。

但是当温度变化时，完全避免 i 角的变化是不可能的。例如仪器受热的部位不同，对 i 角的影响也显著不同，当太阳射向物镜和目镜端影响最大，旁射水准管一侧时影响较小，旁射与水准管相对的另一侧时影响最小。因此，温度的变化对 i 角的影响是极其复杂的。实验结果表明，当仪器周围的温度均匀地每变化 1℃ 时，i 角将平均变化约为 $0.5''$，有时甚至更大些，有时竟可达到 $1''\sim2''$。

由于 i 角受温度变化的影响很复杂，对观测高差的影响是难以用改变观测程序的办法来完全消除，而且这种误差影响在往返测不符值中也不能完全被发现，这就使高差中数受到系统性的误差影响，因此减弱这种误差影响最有效的办法是减少仪器受辐射热的影响，如观测时要打伞，避免日光直接照射仪器，以减小 i 角的复杂变化，同时在观测开始前应将仪器预先从箱中取出，使仪器充分地与周围空气温度一致。

如果我们认为在观测的较短时间段内，由于受温度的影响，i 角与时间成比例地均匀变化，则可以采取改变观测程序的方法在一定程度上来消除或削弱这种误差对观测高差的影响。

两相邻测站Ⅰ、Ⅱ对于基本分划如按下列①、②、③、④程序观测，即

在测站Ⅰ上：　①后视　②前视

在测站Ⅱ上：　③前视　④后视

则由图 6-27 可知，对测站Ⅰ、Ⅱ观测高差的影响分别为 $-s(i_2-i_1)$ 和 $+s(i_4-i_3)$，s 为视距，i_1、i_2、i_3、i_4 为每次读数变化了的 i 角。

由于我们认为在观测的较短时间段内 i 角与时间成比例地均匀变化，所以 $(i_2-i_1)=(i_4-i_3)$，由此可见，在测站Ⅰ、Ⅱ的观测高差之和中就抵消了由于 i 角变化的误差影响，但是由于 i 角的变化不完全按照与时间成比例地均匀变化，因此严格地说，(i_2-i_1) 与 (i_4-i_3) 不一定完全相等，而且相邻奇偶测站

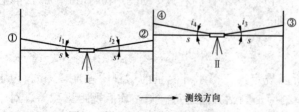

图 6-27　温度变化对 i 角的影响

的视距也不一定相等，所以按上述程序进行观测，只能说基本上消除了由于 i 角变化的误差影响。

根据同样的道理，对于相邻测站 Ⅰ、Ⅱ 辅助分划的观测程序应为

在测站 Ⅰ 上：　①前视　②后视
在测站 Ⅱ 上：　③后视　④前视

综上所述，在相邻两个测站上，对于基本分划和辅助分划的观测程序可以归纳为：

奇数站的观测程序：后（基）—前（基）—前（辅）—后（辅）。

偶数站的观测程序：前（基）—后（基）—后（辅）—前（辅）。

所以，将测段的测站数安排成偶数，对于削减由于角变化对观测高差的误差影响也是必要的。

6.5.2　水准标尺长度误差的影响

1. 水准标尺每米长度误差的影响

在精密水准测量作业中必须使用经过检验的水准标尺。设 f 为水准标尺每米间隔平均真长误差，则对一个测站的观测高差 h 应加的改正数为

$$\delta_f = hf \tag{6-32}$$

对于一个测段来说，应加的改正数为

$$\sum \delta_f = f \sum h \tag{6-33}$$

式中　$\sum h$——一个测段各测站观测高差之和。

2. 两水准标尺零点差的影响

两水准标尺的零点误差不等，设 a、b 水准标尺的零点误差分别 Δa 和 Δb，它们都会在水准标尺上产生误差。

如图 6-28 所示，在测站 Ⅰ 上顾及两水准标尺的零点误差对前后视水准标尺上读数 b_1、a_1 的影响，则测站 Ⅰ 的观测高差为

$$h_{12} = (a_1 - \Delta a) - (b_1 - \Delta b) = (a_1 - b_1) - \Delta a + \Delta b$$

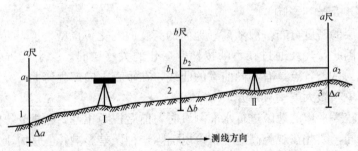

图 6-28　两水准标尺零点差的影响示意图

在测站 Ⅱ 上，顾及两水准标尺零点误差对前后视水准标尺上读数 a_2、b_2 的影响，则测站 Ⅱ 的观测高差为

$$h_{23} = (b_2 - \Delta b) - (a_2 - \Delta a) = (b_2 - a_2) - \Delta b + \Delta a$$

则 1、3 点的高差，即 Ⅰ、Ⅱ 测站所测高差之和为

$$h_{13} = h_{12} + h_{23} = (a_1 - b_1) + (b_2 - a_2)$$

由此可见，尽管两水准标尺的零点误差 $\Delta a \neq \Delta b$，但在两相邻测站的观测高差之和中抵

消了这种误差的影响，故在实际水准测量作业中各测段的测站数目应安排成偶数，且在相邻测站上使两水准标尺轮流作为前视尺和后视尺。

6.5.3 仪器和水准标尺（尺台或尺桩）垂直位移的影响

仪器和水准标尺在垂直方向位移所产生的误差是精密水准测量系统误差的重要来源。

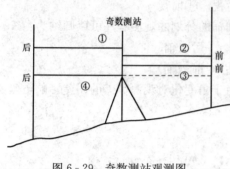

图 6-29 奇数测站观测图

按图 6-29 中的观测程序，当仪器的脚架随时间而逐渐下沉时，在读完后视基本分划读数转向前视基本分划读数的时间内，由于仪器的下沉，视线将有所下降，而使前视基本分划读数偏小。同理，由于仪器的下沉，后视辅助分划读数偏小，如果前视基本分划和后视辅助分划的读数偏小的量相同，则采用"后前前后"的观测程序所测得的基辅高差的平均值中可以较好地消除这项误差影响。

水准标尺（尺台或尺桩）的垂直位移主要是发生在迁站的过程中，由原来的前视尺转为后视尺而产生下沉，于是总使后视读数偏大，各测站的观测高差都偏大，成为系统性的误差影响。这种误差影响在往返测高差的平均值中可以得到有效的抵偿，所以水准测量一般都要求进行往返测。

在实际作业中，我们要尽量设法减少水准标尺的垂直位移，如立尺点要选在中等坚实的土壤上、水准标尺立于尺台后至少要半分钟后才进行观测，这样可以减少其垂直位移量，从而减少其误差影响。

有时仪器脚架和尺台（或尺桩）也会发生上升现象，就是当我们用力将脚架或尺台压入地下之后，在我们不再用力的情况下，土壤的反作用有时会使脚架或尺台逐渐上升，如果水准测量路线沿着土壤性质相同的路线敷设，而每次都有这种上升的现象发生，结果会产生系统性质的误差影响，根据研究，这种误差可以达到相当大的数值。

6.5.4 大气垂直折光的影响

近地面大气层的密度分布一般随离开地面的高度而变化，也就是说，近地面大气层的密度存在着梯度。因此，光线通过在不断按梯度变化的大气层时，会引起折射系数的不断变化，导致视线成为一条各点具有不同曲率的曲线，在垂直方向产生弯曲，并且弯向密度较大的一方，这种现象叫做大气垂直折光。

如果在地势较为平坦的地区进行水准测量时，前后视距相等，则折光影响相同，使视线弯曲的程度也相同，因此在观测高差中就可以消除这种误差影响。但是由于越接近地面的大气层，密度的梯度越大，前后视线离地面的高度不同，视线所通过大气层的密度也不同，折光影响也就不同，所以前后视线在垂直面内的弯曲程度也不同。如水准测量通过一个较长的坡度时，由于前视视线离地面的高度总是大于（或小于）后视视线离地面的高度，当上坡时前视所受的折光影响比后视要大，视线弯曲凸向下方，这时垂直折光对高差将产生系统性质误差影响。为了减弱垂直折光对观测高差的影响，应使前后视距尽量相等，并使视线离地面有足够的高度，在坡度较大的水准路线上进行作业时应适当缩短视距。

大气密度的变化还受到温度等因素的影响。上午由于地面吸热，地面上的大气层离地面越高温度越低；中午以后，由于地面逐渐散热，地面温度开始低于大气的温度。因此，垂直折光的影响还与一天内的不同时间有关，在日出后半小时左右和日落前半小时左右这两段时间内，由于地表面的吸热和散热，近地面的大气密度和折光差变化迅速而无规律，故不宜进行观测；在中午一段时间内，由于太阳强烈照射，空气对流剧烈，致使目标成像不稳定，也不宜进行观测。为了减弱垂直折光对观测高差的影响，水准规范还规定每一测段的往测和返测应分别在上午或下午，这样在往返测观测高差的平均值中可以减弱垂直折光的影响。折光影响是精密水准测量一项主要的误差来源，它的影响与观测所处的气象条件、水准路线所处的地理位置和自然环境、观测时间、视线长度、测站高差以及视线离地面的高度等诸多因素有关。虽然当前已有一些试图计算折光改正数的公式，但精确的改正值还是难以测算。因此，在精密水准测量作业时必须严格遵守水准规范中的有关规定。

6.5.5　电磁场对水准测量的影响

在国民经济建设中敷设大功率、超高压输电线，为的是使电能通过空中电线或地下电缆向远距离输送。根据研究发现，输电线经过的地带所产生的电磁场，对光线，其中包括对水准测量视准线位置的正确性有系统性的影响，并与电流强度有关。输电线所形成的电磁场对平行于电磁场和正交于电磁场的视准线将有不同影响，因此在设计高程控制网布设水准路线时，必须考虑到通过大功率、超高压输电线附近的视线直线性所发生的重大变形。

近几年来初步研究的结果表明，为了避免这种系统性的影响，在布设与输电线平行的水准路线时，必须使水准线路离输电线 50m 以外，如果水准线路与输电线相交，则其交角应为直角，并且应将水准仪严格地安置在输电线的下方，标尺点与输电线成对称布置，这样照准后视和前视水准标尺的视准线直线性的变形可以互相抵消。

6.5.6　观测误差的影响

精密水准测量的观测误差主要有水准器气泡居中的误差、照准水准标尺上分划的误差和读数误差，这些误差都是属于偶然性质的。由于精密水准仪有倾斜螺旋和符合水准器，并有光学测微器装置，可以提高读数精度，同时用楔形丝照准水准标尺上的分划线，这样可以减小照准误差，因此这些误差影响都可以有效地控制在很小的范围内。实验结果分析表明，这些误差在每测站上由基、辅分划所得观测高差的平均值中的影响还不到 0.1mm。

习　　题

1. 高程系统有哪些？我国采用什么高程系统？

2. 什么是正常水准面的不平行性？它对水准测量产生什么影响？

3. 水准路线的选线和水准点选点应注意哪些问题？

4. 精密水准仪、水准尺有哪些特点？

5. 精密水准仪的检验包括哪些项目？

6. 精密水准标尺的检验包括哪些方面？

7. 精密水准测量作业的一般规定是什么？

8. 现在是二等水准测量往测的第 4 站，其观测程序应该是怎样的？

9. 精密水准测量概算的内容有哪些？

10. 水准测量有哪些误差？如何减弱这些误差的影响？

11. 现使用 WILD N_3 仪器进行某测段的二等水准测量往测。第 1 测站及第 2 测站的数据见下表（mm）。完成以下表格的记录计算，并指出在哪些方面应进行限差检查，其限差是多少？（标尺的尺号分别为 Ni41，Ni42，基辅差为 3015.7mm。）

1）2407　1985　2198.3　1600.6　1808　1391　4616.3　5213.8

2）1639　1189　1414.0　1574.0　1800　1351　4589.5　4429.5

测站编号	后尺	下丝	前尺	下丝	方向及尺号	标尺读数		基+K 减辅（一减二）	备考
		上丝		上丝		基本分划（一次）	辅助分划（二次）		
	后距		前距						
	视距差 d		Σd						
					后				
					前				
					后一前				

第7章 三角高程测量

7.1 三角高程测量计算公式

高程控制测量主要包含几何水准测量和三角高程测量，几何水准测量主要适用于平坦或地势起伏不大的地区，在高差变化大的地区则主要采用三角高程测量。三角高程测量的原理是根据由测站点向照准点所观测的垂直角（或天顶距）和它们之间的距离来计算测站点和照准点之间的高差。这种方法进行高程控制灵活高效，受地形条件限制较少，在精度要求不高时是地势起伏较大的山区传递高程的主要方法，也适用于在一定密度水准网控制下来测定三角点高程。

三角高程测量的基本公式在测量学中已有过讨论，但公式的推导是以水平面作为基准的。在大范围控制测量中，由于距离较长，必须以椭球面为基准来推导三角高程测量的基本公式。如图 7-1 所示，d_0 为测站点 A 和照准点 B 两点间的平距，i_1 和 v_2 分别为 A 和 B 的仪器高和觇标高，R 为参考椭球面上 $\overline{A'B'}$ 的曲率半径，$\overline{AE}$、$\overline{CF}$ 分别为过 A 点和 C 点的水准面，$\overline{CD}$ 为 $\overline{CF}$ 在 C 点的切线，其长度为平距 d_0，DF 为 CD 受地球弯曲的影响值，$\overset{\frown}{CH}$ 为因受大气折光影响而产生的实际光程曲线，由 H 点射出的光线刚好落在 C 点望远镜的横丝上，$\overline{CG}$ 为光程曲线 $\overset{\frown}{CH}$ 在 C 点的切线，GH 为受大气折光的影响值，置仪器的 C 点所测得的 C、H 之间的垂直角为 α_{12}，则由图 7-1 可看出，A、B 两点间高差为

$$h_{12} = BE = GD + DF + EF - GH - HB \qquad (7-1)$$

上式中，EF 为仪器高 i_1，HB 为照准目标点 B 的觇标高 v_2，即

$$EF = i_1 \quad HB = v_2 \qquad (7-2)$$

GH 和 DF 分别为大气垂直折光和地球弯曲的影响。根据在《测量学》中的推导知道

$$DF = \frac{1}{2R}d_0^2, \quad GH = \frac{1}{2R'}d_0^2$$

其中，R 为地球半径，R' 为光程曲线 $\overset{\frown}{CH}$ 在 H 点的曲率半径，在式（7-1）中

$$DF - GH = \frac{1}{2R}d_0^2 - \frac{1}{2R'}d_0^2$$

$$= d_0^2 \left(\frac{1}{2R} - \frac{1}{2R'} \right) = d_0^2 \left(\frac{1}{2R} - \frac{1}{2R} \cdot \frac{R}{R'} \right)$$

令 $\dfrac{R}{R'} = K$，称 K 为大气垂直折光系数，则

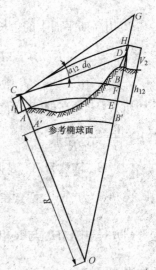

图 7-1 三角高程测量原理

$$DF - GH = d_0^2\left(\frac{1}{2R} - \frac{1}{2R} \cdot \frac{R}{R'}\right) = d_0^2\left(\frac{1}{2R} - \frac{K}{2R}\right) = d_0^2 \cdot \frac{1-K}{2R} = d_0^2 \cdot C \quad (7\text{-}3)$$

式（7-3）中，$C = \frac{1-K}{2R}$，由于该系数中含有大气垂直折光和地球弯曲的共同影响，故称 C 为球气差系数。

$\overline{CD}$ 为在测站点 C 观测照准点的水平距离 d_0，d_0 与地球半径 R 相比非常小，故 d_0 所对应的圆心角非常小，可近似理解为 $\overline{CD}$ 垂直于 $\overline{OG}$，则在 $\triangle CDG$ 中有

$$GD = d_0 \cdot \tan\alpha_{12} \quad (7\text{-}4)$$

综合式（7-1）～式（7-4）可得 A、B 两点间高差为

$$h_{12} = d_0 \cdot \tan\alpha_{12} + Cd_0^2 + i_1 - v_2 \quad (7\text{-}5)$$

此式即为由 A、B 两点间垂直角和平距计算单向观测三角高程高差计算公式。式中垂直角 α_{12}、仪器高 i_1 和觇标高 v_2 均可通过外业实测得到，d_0 是野外实测水平距离。

除了这个单向三角高程高差计算公式外，还有另外几种三角高程计算公式，下面不加以推导给出，大家可以根据实际情况加以选择使用。

1. 用椭球面上的边长计算单向观测高差的公式

$$h_{12} = s\tan\alpha_{12}\left(1 + \frac{H_m}{R}\right) + Cs^2 + i_1 - v_2 \quad (7\text{-}6)$$

在该式中：

（1）s 为参考椭球面上的距离，它与实测平距 d_0 之间的关系为 $d_0 = s\left(1 + \frac{H_m}{R}\right)$。

（2）H_m 为 A、B 两点之间高程值 H_A、H_B 的平均值，即

$$H_m = \frac{1}{2}(H_A + H_B)$$

2. 用高斯平面上的边长计算单向观测高差的公式

$$h_{12} = d\tan\alpha_{12} + Cd^2 + i_1 - v_2 + d\tan\alpha_{12}\left(\frac{H_m}{R} - \frac{y_m^2}{2R^2}\right) \quad (7\text{-}7)$$

在该式中：

（1）d 为高斯平面上的边长，d 与实测平距 d_0 有这样的关系，即 $d_0 = d\left(1 + \frac{H_m}{R} - \frac{y_m^2}{2R^2}\right)$。

（2）H_m 依然为 A、B 两点之间高程值 H_A、H_B 的平均值。

（3）y_m 为 A、B 两点在高斯投影平面上投影点的横坐标的平均值，即 $y_m = \frac{1}{2}(y_A + y_B)$。

（4）$\frac{H_m}{R}$ 中，H_m 与 R 相比是个微小值，只有 $d\tan\alpha_{12}$（高差）和 H_m 都很大时才会顾及，比如当 $H_m = 1000\text{m}$，$h' = d\tan\alpha_{12} = 100\text{m}$ 时，$d\tan\alpha_{12} \cdot \frac{H_m}{R} \approx 0.016\text{m}$，故一般可以忽略。

（5）当 $y_m = 300\text{km}$，$h' = d\tan\alpha_{12} = 100\text{m}$ 时，$d\tan\alpha_{12} \cdot \frac{y_m^2}{2R^2}$ 对高差的影响值约为 0.11m，若要求高差计算精确到 0.1m 时，则 $d\tan\alpha_{12} \cdot \frac{y_m^2}{2R^2}$ 小于 0.04m 时才可以忽略不计，因此对于

式（7-7）最后一项 $d\tan\alpha_{12}\left(\dfrac{H_{\mathrm{m}}}{R}-\dfrac{y_{\mathrm{m}}^2}{2R^2}\right)$，只有当 H_{m}、h' 和 y_{m} 较大时才顾及，一般可以忽略。

3. 对向观测计算高差的公式

一般在三角高程测量中要求进行对向观测，即在 A 点安置仪器观测目标点 B，得垂直角 α_{12}；在 B 点安置仪器观测目标点 B，得垂直角 α_{21}，根据式（7-5）可以得到两个高差计算公式：

由测站点 A 观测 B，$h_{12}=d_0 \cdot \tan\alpha_{12}+C_{12}d_0^2+i_1-v_2$；

由测站点 B 观测 A，$h_{21}=d_0 \cdot \tan\alpha_{21}+C_{21}d_0^2+i_2-v_1$。

两个高差大小近似相等，符号相反，以往测高差为准，两者相减再取平均值，即得对向观测的高差，即

$$h_{12(\text{对向})} = \frac{1}{2}d_0(\tan\alpha_{12} - \tan\alpha_{21}) + \frac{1}{2}(i_1 - i_2 + v_1 - v_2) + C_{12}d_0^2 - C_{21}d_0^2 \qquad (7\text{-}8)$$

上式中，C_{12} 和 C_{21} 分别为往测和返测时的球气差系数，如果观测是在同样的外界条件下进行的，特别是在同一时间作对向观测，则可以认为垂直折光系数 K 值对于对向观测是相同的，因此 $C_{12}=C_{21}$，式（7-8）可以进一步化简为

$$h_{12(\text{对向})} = \frac{1}{2}d_0(\tan\alpha_{12} - \tan\alpha_{21}) + \frac{1}{2}(i_1 - i_2 + v_1 - v_2) \qquad (7\text{-}9)$$

此式即为对向观测三角高程计算公式，该式的推出是基于实地测量平距 d_0 和垂直角 α_{12} 得到的，同学们也可以按照这种方法推导在参考椭球面上和高斯平面上对向观测时的计算公式，这里不再赘述。

4. 电磁波测距三角高程测量高差计算公式

近些年来随着全站仪的快速发展，使用电磁波测距成为一种主要短程测距方法，它不但测距精度高，而且速度快、效率高，在三角高程测量中使用电磁波测距成为一种主要方法。根据实验研究，当垂直角观测精度 $\sigma_\alpha \leqslant \pm 2.0''$，边长在 2km 范围内，电磁波测距三角高程完全可以替代四等水准测量，如果进一步提高垂直角的观测精度或缩短边长，三角高程测量高差测量精度还可以进一步提高，这在地势起伏比较大的地区很有优势。

下面给出利用全站仪的直接观测量斜距和垂直角来计算高差的计算公式，即

$$h_{12} = s \cdot \sin\alpha_{12} + C_{12}s^2\cos^2\alpha_{12} + i_1 - v_2 \qquad (7\text{-}10)$$

在该式中，h_{12} 为测站点 A 到镜站点的高差；α_{12} 测得的垂直角；s 为经气象改正后的斜距；i_1 为测站点仪器高；v_2 为照准点觇标高，即反射棱镜瞄准中心到地面点的高度。

7.2 球气差系数 C 值和大气垂直折光系数 K 值的确定

7.2.1 大气垂直折光的影响

由于空气密度分布不均匀，一般自上而下越接近地面空气密度越大，由折射原理可知，从仪器中心发出的照准觇标的视线会弯向密度较大的一方，即凹向地面（图 7-2）。

该折光对三角高程测量的影响通过大气垂直折光系数 K 反映出来，大气垂直折光的影响因素多而且情况复杂，不但与测区的气象条件有关，如温度、气压、湿度等，还与视线通过的测区地物分布、地形条件有关，甚至在一年四季以及每一天的不同时段影响都是不一样

的。它成为影响三角高程测量精度的主要因素之一，在实际测量工作中必须采取措施，或者予以减弱或者消除，或者精确确定球气差系数 K，直接应用于计算。

7.2.2 减弱大气垂直折光影响的措施

为了减弱垂直折光的影响，提高三角高程测量的精度，经过大量的实验和测量人员的工作总结，可以采取以下措施予以减弱或消除。

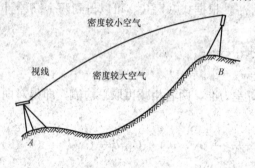

图 7 - 2 大气垂直折光

1. 对向观测

根据前面对向观测公式的推导，现在假设有两个点 A 和 B，在它们之间进行三角高程测量。

由测站点 A 观测 B：$h_{12} = d_0 \cdot \tan\alpha_{12} + \dfrac{1-K_{12}}{2R}d_0^2 + i_1 - v_2$；

由测站点 B 观测 A：$h_{21} = d_0 \cdot \tan\alpha_{21} + \dfrac{1-K_{21}}{2R}d_0^2 + i_1 - v_2$。

理论上往测高差和返测高差大小相等、符号相反，以往测高差为准，以上两个式子相减并除以 2，即得往返测高差平均值：

$$h_{12(\text{对向})} = \frac{1}{2}d_0(\tan\alpha_{12} - \tan\alpha_{21}) + \frac{1}{2}(i_1 - i_2 + v_1 - v_2) + d_0^2 \cdot \frac{K_{21} - K_{12}}{4R} \quad (7\text{-}11)$$

由于对向观测基本是在同一时段进行，往测和返测时气象条件相近，若认为往返测大气垂直折光完全对称，则有 $K_{21} = K_{12}$，则式（7 - 11）可以化为

$$h_{12(\text{对向})} = \frac{1}{2}d_0(\tan\alpha_{12} - \tan\alpha_{21}) + \frac{1}{2}(i_1 - i_2 + v_1 - v_2) \quad (7\text{-}12)$$

即使往测和返测大气垂直折光不完全对称，通过往返测高差相减求平均值，也极大削弱了大气垂直折光的影响，从而大大提高测量精度，因而在实际测量中通常采用对向观测垂直角。

2. 选择有利的观测时间

由前面的推导可知，大气垂直折光系数 K 与球气差系数 C 并无本质区别，可以相互转换。如图 7 - 3 所示，该图表示一天主要时间内球气差系数的变化情况。横轴表示钟点，纵轴表示对应时刻的球气差系数 C 的值。从图中可以看出，日出前后 6：00～10：00 间和日落前后 16：00～20：00 这两个时段球气差变化很

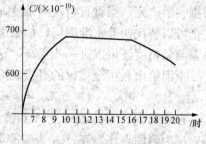

图 7 - 3 球气差系数一天变化曲线

大，对应的大气垂直折光系 K 也变化很大，在这两个时间段不宜进行垂直角观测。因此，规范规定：垂直角的观测应该在测区 10：00～16：00 进行。

3. 提高视线高度

经实践证明，视线距离地面越近，折光系数变化越大。如在珠穆朗玛峰地区进行三角高程测量时，由于珠峰方向视线距离地面很高，该方向的折光系数 K 每日不同时刻变化只有 0.01～0.02，而其他方向距离地面较近的变化较大，最大达到 0.105，因此在进行三角高程测量选点和观测时尽可能使视线高度提高，这样有利于减弱大气垂直折光对三角高程测量的影响。

4. 尽可能利用短边传递高程

从单向三角高程测量计算公式易推出，大气垂直折光系数对高差的影与边长的平方成正比，$\Delta h = \dfrac{\Delta K}{2R} d_0^2$，当大气垂直折光系数 K 的变化量 $\Delta K = 0.01$ 时，随着边长的增加，它对高差影响量大小见表 7 - 1 所示。

表 7 - 1   **边长变化对三角高程测量高差的影响**

边长 高差变化值	$d_0 = 1\text{km}$	$d_0 = 3\text{km}$	$d_0 = 5\text{km}$	$d_0 = 10\text{km}$	$d_0 = 15\text{km}$	$d_0 = 20\text{km}$
Δh	0.001m	0.007m	0.020m	0.078m	0.173m	0.314m

从表中可以看出，随着边长不断增加，在垂直遮光系数 K 的变化量一定的情况下，由于边长的增大对三角高程测量高差的影响值不断增加。因此，为了提高三角高程测量精度，在布设路线、实地选点时，在许可条件下边长越短越好。

5. 直接确定大气垂直折光系数

无论是采用对向观测、选择有利的观测时间、缩短边长，都需要利用三角高程测量单项观测高差计算公式来计算高差，计算过程中都要用到大气垂直折光系数 K 值，因此在计算前要确定大气垂直遮光系数 K 的大小。

由于影响 K 值大小的因素有很多，K 值的确定很难用一个普遍适用的公式来求取，根据我国不同区域气候气象情况及地物地貌分布，结合大量测量资料的统计分析，K 值的取值范围在 0.07~0.16 之间变化。K 值大小有如下规律性：海拔高的地区小，海拔低的地区大；潮湿地区大，干燥地区小；一天之内中午前后比较小而且比较稳定，日出日落前后较大且极不稳定。

按我国中部和西部地区若干大面积二等三角网的统计资料分析，K 值的变化如下：

沙漠地区，$K = 0.07~0.10$；

平原丘陵地区，$K = 0.11~0.13$；

沼泽森林地区，$K = 0.14~0.15$；

水网湖泊地区，$K = 0.15~0.16$。

实际测量中，可根据测区属于以上哪个类别，结合 K 的规律性及当时测区气候气象条件选择合适的 K 值。一般三角高程测量也可直接取 K 的平均值 $K = 0.12$ 为垂直遮光系数的大小。

6. 球气差系数 C 的测定

实际测量中，通常直接测定球气差系数 C，取代垂直折光系数 K。根据球气差系数 C 和大气垂直折光系数 K 的关系式 $C = \dfrac{1-K}{2R}$，可知 C 和 K 无本质区别，且因为 $K < 1$，因此 C 值永远为正。确定了 C 值，也就确定了 K 值。C 值的测定有两种基本方法。

（1）根据水准测量的观测成果确定 C 值。

在两点之间进行水准测量测得的高差为 h，该高差可以认为精度很高，那么在两个点之间又进行了三角高程测量，如果球气差系数 C 正确的话，由此计算出的高差应该等于水准测量测得的高差，即

$$h_{12} = d_0 \cdot \tan\alpha_{12} + Cd_0^2 + i_1 - v_2 \tag{7-13}$$

但事先并不知道球气差系数 C，而我们要求解的就是真正的 C 值，为了能计算三角高程测量测得的高差，只有先假定一个球气差系数 C_0，带入式（7-13）求出的高差为高差近似值，即

$$h_0 = d_0 \cdot \tan\alpha_{12} + C_0 d_0^2 + i_1 - v_2 \tag{7-14}$$

将式（7-13）与式（7-14）相减，即得

$$h - h_0 = (C - C_0)d_0^2$$

进一步化简，得

$$C - C_0 = \frac{h - h_0}{d_0^2} \tag{7-15}$$

式（7-15）中，只有待求球气差系数 C 为未知数，其他都已知，解算即可求得 C 值。

（2）根据同时对向观测的垂直角计算 C 值。

设两点间的正确高差为 h，由同时对向观测成果算出的高差分别为和，由于是同时对向观测，可以认为 $C_{12} = C_{21} = C_0$。则往测正确高差可以写为

$$h = d_0 \tan\alpha_{12} + i_1 - v_2 + Cd_0^2 \tag{7-16}$$

令 $C = C_0 + \Delta C$，C 为待求球气差系数，带入式（7-15），有

$$h = d_0 \tan\alpha_{12} + i_1 - v_2 + (C_0 + \Delta C)d_0^2$$

$$h = d_0 \tan\alpha_{12} + i_1 - v_2 + C_0 d_0^2 + \Delta C d_0^2$$

$$h = h_{12} + \Delta C d_0^2 \tag{7-17}$$

同理可以推出，返测正确高差可以写为

$$-h = h_{12} + \Delta C d_0^2 \tag{7-18}$$

将式（7-17）和式（7-18）相加并化简即得 $\Delta C = \dfrac{h_{12} + h_{21}}{2d_0^2}$，顾及 $C = C_0 + \Delta C$，即可求得球气差系数 C 值为

$$C = C_0 + \frac{h_{12} + h_{21}}{2d_0^2} \tag{7-19}$$

虽然用以上两种方法都较精确地求出了球气差系数 C 值，但这仅对一个测站而言。对于整个测区而言，不能根据一两次测定结果求出整个测区的平均球气差系数 C，而必须从大量三角高程测量数据中推算出来，然后取其平均值比较可靠。

7.3 全站仪三角高程测量

随着全站仪的测量精度的不断提高和应用的不断普及，应用全站仪集成的精确测角和高精度测距功能可以方便快捷地进行三角高程测量。在边长较短情况下，可以取得较高的测量精度，采取相应的措施，甚至可以替代三四等水准测量。

常见的全站仪三角高程测量方法有全站仪单向三角高程测量、全站仪对向三角高程测量和全站仪中点三角高程测量。

7.3.1 全站仪单向三角高程测量

全站仪单向三角高程测量如图 7-4 所示，其中 A 为已知高程点，B 为待测高程点，将全站仪安置于 A 点，量得仪器高为 i_1；将反光棱镜置于 B 点，量得棱镜高为 v_2。

全站仪单向三角高程测量的计算公式为

$$h_{12} = d_0 \tan\alpha_{12} + Cd_0^2 + i_1 - v_2$$

$$(7-20)$$

7.3.2 全站仪对向三角高程测量的原理

对向观测又称为往返观测,其观测原理与单向观测相同。将全站仪置于 A 点,棱镜置于 B 点,测得 A、B 两点间的高差 h_{12},称为往测高差;再将全站仪置于 B 点,棱镜置于 A 点,测得 B、A 两点间的高差 h_{21},称为返测高差。往返两次观测高差的平均值即可作为最终的测量结果。

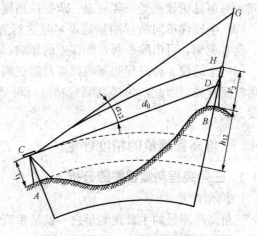

图 7-4 单向三角高程测量示意图

由于采用对向观测,取两次测量高差的平均值,可基本消除大气垂直折光和地球弯曲对测量高差的影响,前面 7.1 节中已经推导过计算公式,此处不再赘述,最后得到以往测高差为准的计算公式为

$$h_{12(对向)} = \frac{1}{2}d_0(\tan\alpha_{12} - \tan\alpha_{21}) + \frac{1}{2}(i_1 - i_2 + v_1 - v_2) \qquad (7-21)$$

由上式可见:全站仪对向三角高程测量基本消除了地球曲率和大气垂直折光的影响,如果让往返测的觇标高(棱镜高)v 相等,则量测误差主要在仪器高 i 的测量上,与全站仪单向三角高程测量相比,精度可以明显提高。

7.3.3 全站仪中点法三角高程测量

如图 7-5 所示,在已知高程点 A 和待测高程点 B 上分别安置反光棱镜,在 A、B 的大致中间位置选择与两点均通视的 O 点安置全站仪,根据三角高程测量原理,O、A 两点的高差 h_1 为

$$h_1 = d_1 \cdot \tan\alpha_1 + C_1 d_1^2 + i - v_1$$

同理可得 O、B 两点的高差 h_2 为

$$h_2 = d_2 \cdot \tan\alpha_2 + C_1 d_2^2 + i - v_2$$

则 AB 两点间高差 h_{12} 为

$$h_{12} = h_2 - h_1 = d_2 \cdot \tan\alpha_2 - d_1\tan\alpha_1 + C_2 d_2^2 - C_1 d_1^2 + v_1 - v_2 \qquad (7-22)$$

由上式可知,采用适当的方法,全站仪中点法高程测量与仪器高、棱镜高完全无关,只与平距、垂直角及大气折光系数有关,去掉了仪器高和棱镜高的量测误差,因而可以有效提高测量精度。

以上就是利用三角高程测量原理进行全站仪高程导线测量的常用三种方法,对于这三种方法,有以下结论:

(1)采用全站仪中点法测量高程,相邻两点间可以不通视,可灵活选取测站点位置,测站不需对中不量仪器高,可节约时间,降低劳动强度,较

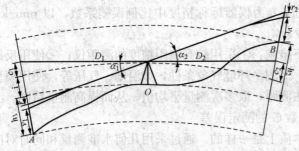

图 7-5 对向三角高程测量示意图

对向观测更具明显优势。若要进一步提高精度，尽量使前后视距相等。

（2）全站仪单向高程测量时，尽量进行近距离观测，同时竖直角不能太大，并进行盘左、盘右观测，可消除一些系统误差的影响，并在一定范围内可代替四等水准测量。

（3）全站仪 3 种高程测量的误差都随观测距离和竖直角的增大而增加，并与测边精度和测角精度有关。因此，为提高测量精度，可适当增加测回数，以提高距离和竖直角的观测精度。

7.4 三角高程测量的精度评定

7.4.1 三角高程测量误差源分析

1. 测角误差

三角高程测量的主要观测量之一就是垂直角（天顶距）。测角误差中包括观测误差、仪器误差及外界条件的影响。观测误差中有照准误差、读数误差及竖盘指标水准管气泡居中误差等。仪器误差中有单指标竖盘偏心误差及竖盘分划误差等。外界条件影响主要包括大气折射、空气能见度等。针对这些误差的影响，采取相应措施一般可以消除或减弱。

如图 7 - 6 所示，该图把上述提到的影响测角的各种可能因素都包含在内，有的因仪器而异，相应的误差影响因素也不一样，如竖盘指标水准管居中误差，该误差针对带有符合水准管的竖盘读数而言的误差，若竖盘部分有自动安平装置，则该误差就不存在了。图 7 - 6 中实线框部分是误差源分类，虚线框部分则是对应的改正措施。

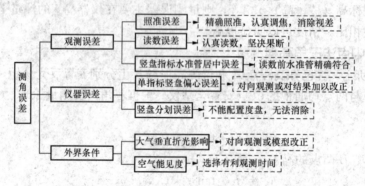

图 7 - 6　三角高程测量测角误差分析与减弱措施

2. 测边误差

现在使用的主要测边方法是电磁波测距，使用全站仪在测距的同时也测垂直角（天顶距）。衡量测距精度的方法是 $m_s = a + b \cdot D$，式中，m_s 为测距中误差，以 mm 为单位；a 为仪器标称精度的固定误差，以 mm 为单位；b 为仪器标称精度中比例误差系数，以 mm/km 为单位；D 为测距边长度，以 km 为单位。

为提高距离测量精度，主要采取如下措施：①采用较高测距精度的测距仪；②使用反射棱镜作为目标时，要正确确定棱镜常数；③测量环境气象条件，如温度、气压等，使用模型对所测距离直接加以改正；④使用测回法测距，取多次测量平均值，从而提高测量精度。

3. 大气垂直折光系数 K 和球气差系数 C 的测定误差

通过前面的推导知道，这两个系数本质上是一样的。通过采用几何水准测量和同时对向观测垂直角的方法都可以较精确测定某一测站的球气差系数 C。但实际测量中，不可能每一站都采用这样的方法精确测定球气差系数 C，只能通过大量测量资料取其平均值，这样每个测站对应的真实球气差系数 C 和所采用的平均值就有差异，从而影响高差的测量精度。

针对该测定误差，可以采取如下措施来提高或改正：①在三角高程路线范围内，多个地点测量球气差系数 C，取平均值，则可较好反映整个路线的球气差系数 C 值；②采用对向观测，直接消除或极大程度减弱球气差对三角高程测量的精度影响。

4. 仪器高 i 和觇标高 v 的测定误差

根据单向和对向三角高程测量公式（7 - 5）与公式（7 - 9）可以看到，仪器高 i 和觇标高 v 的测量精度直接影响三角高程测量的精度。因此，要求在进行三角高程测量时，一定要精确测量 i 和 v，要求在测量时尽量都测垂直距离，如果高程点是作为图根高程控制，两者的测量可以精确到 cm；如果是用来替代四等水准测量，则要求精确到 mm。

7.4.2 三角高程测量的精度

1. 观测高差中误差

通过前面的三角高程测量误差源分析可知，三角高程测量的精度受垂直角观测误差、距离测量误差、仪器高 i 和棱镜高 v、大气垂直折光系数 k 和球气差系数 C 的测定误差等的影响，因此不可能从理论上推导出一个普遍适用的计算公式，只能根据大量实测资料进行统计分析，得出一个大体上足以代表三角高程测量平均精度的经验公式。

根据各种不同地理条件的约 20 个测区的实测资料，对不同边长的三角高程测量精度统计，得出如下经验公式，即

$$M_h = P \cdot s \tag{7 - 23}$$

上式中，M_h 为对向观测高差中数的中误差，以 m 为单位；s 为边长，以 km 为单位；P 为每公里高差中误差，以 m/km 为单位。

P 值的确定也是根据大量实测数据统计得出，P 的数值一般在 0.013～0.022 之间变化，平均值取 0.018，一般取 $P = 0.02$，则式（7 - 23）变为

$$M_h = \pm 0.02s \tag{7 - 24}$$

此式可以作为三角高程测量平均精度与边长的关系式，考虑到三角高程测量精度受观测条件和测区状况影响较大，可能会有较大差异，从最不利的观测条件考虑，取 $P = \pm 0.025$ 作为最不利的条件下的系数，则

$$M_h = \pm 0.025s \tag{7 - 25}$$

由此可见，三角高程测量的精度与边长成正比，在前面的分析中表 7 - 1 就表明了边长的变化对测量高差的影响值。因此，在三角高程测量中，尽可能用短边来传递高程。

2. 对向观测高差闭合差的限差

同一条边进行对向观测，往返测高差值理论上应该大小相等、符号相反，但由于各种测量误差的存在，产生了向观测高差闭合差，用 W 表示，现在讨论 W 的限差。

$$W = h_{12} + h_{21} \tag{7 - 26}$$

以 m_W 表示闭合差 W 的中误差，以 m_{h_0} 表示单向观测高差 h 的中误差，根据误差传播定律，则式（7 - 25）变为

$$m_W^2 = 2m_{h_0}^2$$

以 2 倍中误差作为限差，则往返测观测高差闭合差限差 $W_{限}$ 为

$$W_{限} = 2m_W = \pm 2\sqrt{2}m_{h_0} \tag{7 - 27}$$

以 M_h 表示对向观测高差中误差，根据误差传播定律，单向观测高差中误差可以写为

$$m_{h_0} = \sqrt{2} M_h$$

把上式带入式（7-27），并根据式（7-24）得

$$W_限 = \pm 2\sqrt{2} \times 0.025 \sqrt{2} s = \pm 0.1 s \tag{7-28}$$

这就是计算对向观测高差闭合差限差的公式。

3. 环线闭合差的限差

如果若干条对向观测边构成一个闭合环线，其观测高差的总和理论值应该为零，但一般不等于零，产生了环线闭合差。现在讨论环线闭合差的限差。最简单的三角高程闭合环是三角形，此时环线闭合差就是三角形高差闭合差，依然用 W 表示，则

$$W = h_1 + h_2 + h_3 \tag{7-29}$$

以 m_W 表示环线闭合差中误差，m_{h_1} 表示各边对向观测高差中数的中误差，根据误差传播定律，则式（7-28）变为

$$m_W^2 = m_{h_1}^2 + m_{h_2}^2 + m_{h_3}^2$$

根据前面的推导，把对向观测高差中数的中误差式（7-24）带入上式，取两倍中误差作为限差，并推广到 n 条边的情况，则环线闭合差的限差 $W_限$ 为

$$W_限 = \pm 0.05 \sqrt{\sum s_i^2} \tag{7-30}$$

7.5 三角高程导线测量方法

7.5.1 路线设计

高程导线的路线设计主要通过收集测区及其附近的地形图、交通图、水准点、重力测量、垂线偏差、气象等方面的资料，并对这些资料的可利用性及可利用程度进行分析，根据测量任务书或合同书的要求，结合相关规范，设计最佳方案，编写出技术设计书。

7.5.2 埋石踏勘

完成技术设计后，需到实地踏勘选点，以对图上高程导线点点位设计进行确认和修正，最终确定高程导线的位置。在进行实地选点定线过程中需要注意如下问题：

（1）测站点和置觇点应选在高出周围地面的地形特征点上，比如坚实的土堆、坚固持久的平台上等，以尽量提高视线的高度。一般情况下，视线高度和离开障碍物的距离不应小于1.5m。

（2）路线应尽量避免通过有强烈的背景光和强磁场的地方，以及吸热、散热变化大的区域，同时视线离较宽的水面和高压输电线的距离应大于2m。

（3）在平地和丘陵地区，一般应布设短边高程导线，一测站视线不宜通过不同的路线环境，中点单规前、后视线上的路线环境应尽量相同。

（4）地势起伏大的山区布设导线时，应注意当直返觇观测时，应尽量选择周围地形大致对称的测站点传递高程；适宜布设多结点的短边高程导线网；当测线通过地形变化大的地段时，适宜布设短边高程导线。

标石的埋设与三四等水准测量时埋设标石相同，具体埋设类型根据测区的地质条件和合同方要求进行埋设，与前面相关课程中内容相似，此处不再赘述。

高程导线线路名一般以起止地名的简称来命名，起止命名的顺序为自西向东、自北向

南，环线名称一般取环线范围内最大地名后加"环"字命名，三、四等高程导线的等级，以Ⅲ、Ⅳ写于线名之前；支线以联测的高程点的名称后加"支"字命名。

导线水准点和水准点，以线路起始点开始，以阿拉伯数字顺序编号；环线以顺时针方向顺序编号；支线上的导线水准点，以阿拉伯数字顺序编号，按起始点到所联测高程导线点的方向进行命名。

7.5.3　外业观测

高程导线的观测有两种方法，直返觇法和中点单觇法。直返觇就是用往返观测测定相邻两测站点间高差的方法。中点单觇是在两置觇点中间安置仪器测定置觇点间高差的方法。用这两种方法进行观测，均需要独立测量变长和天顶距，中点单觇每站均须变换棱镜和觇牌高度分两组测量边长和天顶距。这两种方法的观测程序分别为：

直返规：　　　　往测：测量边长→测量天顶距

　　　　　　　　返测：测量天顶距→测量边长

中点单规：　　　一组：测量边长→测量天顶距

　　　　　　　　二组：测量天顶距→测量边长

两种高程导线测量方法的选择，要依据测区的地形、气象、仪器设备及技术力量等情况来选择使用。

高程导线测量必须在成像稳定、清晰的条件下进行，晴朗的天气下要在日出后2小时和日落前2小时间进行，在夏季太阳中天前后，大气运动激烈，成像很不稳定，不宜进行观测。

观测前，首先量测仪器高、棱镜高或觇牌高，在观测前和观测后分别量测一次，量测杆要保持竖直，估读至0.5mm，前后量测值互差不得大于1mm。工作间歇，最好能在导线水准点上结束观测。当以转点作为间歇点时，转点应是牢固的固定点。

1. 边长测量

高程导线的边长测量采用测回法，一般光电测距一测回指照准目标一次读数四个。各等级高程导线每条边长单向测量的测回数，三等不应少于三测回，四等和等外不应少于两测回，但等外高程导线测量一测回可以读数两次。每测回的四次读数要遵循表7-2中限差要求。

表7-2　　　　　　　　　　　　边长测量的限差

仪器级别	一测回读数较差	测回平均值较差	往返（或两组）斜距校差
Ⅰ	5	7	$\sqrt{2}(a+10^{-5}b\cdot s)$
Ⅱ	10	15	

注：1. 表中 a，b 为仪器的标称精度常数。

　　2. 计算斜距校差时，应使用相同视线高度的斜距值。

　　3. 仪器级别中，Ⅰ测距仪指1km测距中误差绝对值<2mm，Ⅱ级测距仪指1km测距中误差大于2mm且小于并等于5mm。

表7-3　　　　　　　　　　　　气象数据的测量读数

高程导线	最小读数		气象数据的取用
	温度/℃	气压/g	
三、四等	0.2	0.5	测边两端平均值
等外	1.0	1.0	测站端数据

　　光电测距测得的边长应进行加常数、乘常数、周期误差及气象改正。改正方法可根据测距仪的性能和精度要求在仪器上预置或采用计算方法在进行改正。

　　距离测量记录格式见表 7 - 4。

表 7 - 4　　　　　　　　　　　高 程 导 线 测 距 记 录

仪器编号：KernDM502　观测日期、时间：　成像：清晰、稳定　第　页

测站		镜站		测回	测距读数/m					平均值/m	备注
					整数	小数					
						1	2	3	4		
烈士陵园		03		1	318	109	108	111	109	318.109	
I	1.458	J	1.600	2	318	108	109	109	109	318.109	
T	14.2	T	14.6	3	318	110	107	108	108	318.109	
P	712.5	P	712.0								
TP	16.0	TP	16.5								
								$\frac{1}{n}\sum=$		318.109	

观测者：张武生　　　记录：孙新民　　　检查：孔润生　　　复核：赵发旺

2. 天顶距观测

　　三四等和等外高程导线测量均采用中丝法观测。直返觇三四等高程导线往（返）测天顶距都分两组进行，每组观测规定测回的一半，等外高程导线往（返）测可以不必分组，按规定测回进行观测即可。

表 7 - 5　　　　　　　　　　高程导线天顶距观测限差

项　目	三等		四等		等外
等级	DJ$_1$	DJ$_2$	DJ$_1$	DJ$_2$	DJ$_2$
测回数	4	6	4	4	2
两次读数互差/(″)	1	3	1	3	3
各测回互差/(″)	5	6	5	6	6
指标差互差/(″)	5	6	5	6	6

　　直返规往（返）测两组天顶距测量，应分别照准觇牌标志中心和上缘，或改变觇牌高度在觇牌高、低两个位置照准规牌标志中心进行观测。当使用反光棱镜做标志时，两组观测必须改变棱镜高度进行观测，觇牌或棱镜高、低两个位置高度差，一般不应小 0.05m，不得大于 0.3m。

　　中点单觇也要分两组进行，每组的测回数为上表规定的一半。每组天顶距观测值取两次后视或前视观测的平均值。具体观测程序见表 7 - 6。

表 7 - 6　　　　　　　　　　中点单觇法天顶距观测程序

等　级	中点单觇法天顶距观测程序	
	组别	照　准　点
三、四等	一组	(1) 后视 → (2) 前视 → (3) 前视 → (4) 后视
	二组	(1) 前视 → (2) 后视 → (3) 后视 → (4) 前视

续表

等 级	中点单觇法天顶距观测程序		
	组别	照 准 点	
等外	一组	(1) 后视 → (2) 前视	
	二组	(1) 前视 → (2) 后视	

表 7-7　　　　　　　　　　　　天顶距观测记录手簿及记录格式

测站		照准点		组别	测回	天顶距					指标差	天顶距平均值			备注
点名	仪器高	点名	觇高			(°)	(′)	(″)	(″)	(″)	(″)	(°)	(′)	(″)	
烈士陵园	1.458	3	1.600	1	1	89	03	01.0	02.0	01.5	−28.9	89	03	30.4	
						270	56	00.8	00.7	00.8					
					2	89	03	04.4	04.0	04.2	−26.6	89	03	30.8	
						270	56	02.5	02.5	02.5					
					3	89	03	04.0	04.0	03.3	−28.1	89	03	31.4	
						270	56	00.6	00.4	00.5					
												89	03	30.9	
			1.700	2	1	89	01	59.4	59.4	59.4	−27.0	89	02	26.4	
						270	57	06.6	06.6	06.6					
					2	89	01	55.8	55.8	55.8	−28.1	89	02	23.9	
						270	57	07.2	08.8	08.0					
					3	89	01	57.2	58.0	57.6	−26.8	89	02	24.4	
						270	57	08.8	09.0	08.9					
												89	02	24.9	

观测者：李一鸣　　　记录：孙全胜　　　检查：孔泉　　　复核：张全友

采用直返觇观测天顶距时，一般在进行每一组观测时都变换了觇牌或棱镜的位置，因此两组观测出的天顶距值不同，此时需要把第二组观测的天顶距值归算到第一组中，归算的公式不加推导地给出，即

$$\left. \begin{aligned} Z_2' &= Z_2 + \frac{e \cdot \sin Z_2}{S} \cdot \rho'' \\ e &= l_2 - l_1 \end{aligned} \right\} \tag{7-31}$$

式中　Z_2——第二组观测的天顶距；

　　　S——已归算到第一组天顶距方向线上的斜距观测值；

　　　l_1，l_2——第一组、第二组观测天顶距的觇牌高；

　　　ρ——$\rho'' = 206\ 265''$。

7.5.4　高差计算

根据已经归算到第一组天顶距方向上的边长和该方向上的两组天顶距观测值，按相关公

式计算出两组两导线水准点间高差 h，并计算出两组观测的高差之差 Δ 和高差平均值 h'。下面不加推导地给出计算公式，即

$$
\left.
\begin{aligned}
h &= S \cdot \cos Z + \frac{l-k}{2R} \cdot (S \cdot \sin Z)^2 + i - l \\
\Delta &= h_1 - h_2 \\
h' &= \frac{1}{2}(h_1 + h_2)
\end{aligned}
\right\}
\qquad (7-32)
$$

式中　Z——第一组天顶距方向上的天顶距观测值；

　　　S——归算到第一组天顶距方向上的边长；

　　i,l——分别表示观测第一组天顶距时的仪器高和觇牌高；

　　　k——折光系数；

　　　R——测区地球平均曲率半径；

　h_1,h_2——分别表示已经计算出的第一组和第二组高差。

计算出每组观测所得两导线水准点高差后，两组高差之差符合限差要求后，就可以计算往返测高差平均值，计算公式为

$$
\left.
\begin{aligned}
h_{ij} &= S_j \cdot \cos Z_j - S_i \cdot Z_i + \frac{l}{2R}\left[(S_j \cdot \sin Z_j)^2 - (S_i \cdot \sin Z_i)^2\right] + l_i - l_j \\
\Delta &= h_1 - h_2 \\
h' &= \frac{l}{2}(h_1 + h_2)
\end{aligned}
\right\}
\qquad (7-33)
$$

式中　i,j——表示后视和前视；

　　　S——进行各种改正、归算后的斜距；

　　　Z——天顶距的观测值；

　　　l——觇牌高；

　　　R——测区地球平均曲率半径；

　h_1,h_2——由上式计算的两置视点间第一组和第二组高差。

对于每个测段高差，还需要加入下列改正：

（1）量测杆长度和零点差改正。

（2）正常水准面不平行改正。

（3）高山地区如有垂线偏差和重力异常资料，应进行垂线偏差和重力异常改正。

7.6　三角高程测量软件平差算例

进行了三角高程测量外业施测后，即可进行平差软件进行概算和平差计算，求得待定点的高程平差值，并评定高程控制网的测定精度。国内能进行三角高程测量平差计算的软件有很多，其中功能比较完善、较成熟的平差软件有南方测绘公司的南方平差易 2005（PA2005）、清华山维新技术公司的 NASEW 工程控制网平差系统（NASEW2003）、北京威远图数据开发有限公司的 TOPADJ 测量控制网平差软件、武汉大学的科傻平差系统等。相比而言，南方平差易 2005 功能完善、界面简洁、成果输出便捷完整，下面就以南方平差易 2005 为例进行三角高程测量的平差计算。

现在进行了三角高程附合导线的观测，这是三角高程的测量数据和简图，A 和 B 是已

知高程点，2、3 和 4 是待测的高程点。

表 7 - 8 三角高程附合导线原始数据

测站点	距离/m	垂直角/(° ′ ″)	仪器高/m	站标高/m	高程/m
A	1474.444	1.0440	1.30		96.062
2	1424.717	3.2521	1.30	1.34	
3	1749.322	−0.3808	1.35	1.35	
4	1950.412	−2.4537	1.45	1.50	
B				1.52	95.972

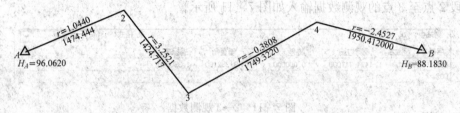

图 7 - 7 三角高程路线图（图中 r 为垂直角）

7.6.1 数据输入

在平差易中输入以上数据，如图 7 - 8 所示。

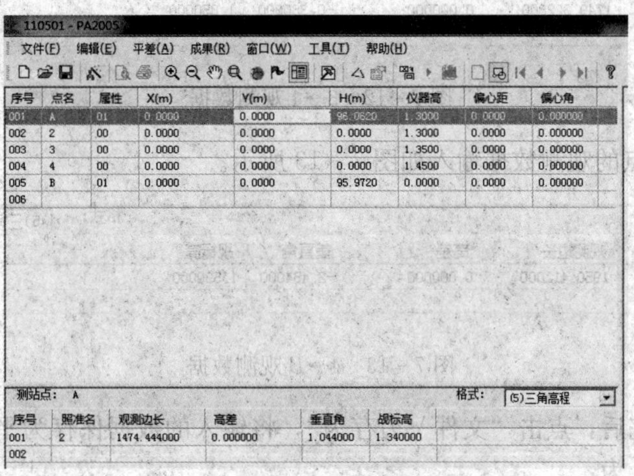

图 7 - 8 三角高程数据输入

在测站信息区中输入 A、B、2、3 和 4 测站点，其中 A、B 为已知高程点，其属性为 01，其高程如表 7 - 8 所示；2、3、4 点为待测高程点，其属性为 00，其他信息为空。因为没有平面坐标数据，故在平差易软件中也没有网图显示。

此控制网为三角高程，选择三角高程格式，如图 7 - 9 所示。

测站点:	A				格式:	⑤三角高程	▼
序号	照准名	观测边长	高差		垂直角	战标高	

图 7 - 9 选择格式

注意：在"计算方案"中要选择"三角高程"，而不是"一般水准"。

在观测信息区中输入每一个测站的三角高程观测数据，需要注意的是"观测边长"一栏中必须输入实测的平距。

测段 A 点至 2 点的观测数据输入如图 7-10 所示。

测站点： A						格式： (5)三角高程 ▼
序号	照准名	观测边长	高差	垂直角	战标高	
001	2	1474.444000	0.000000	1.044000	1.340000	
002						

图 7-10 $A \rightarrow 2$ 观测数据

测段 2 点至 3 点的观测数据输入如图 7-11 所示。

测站点： 2						格式： (5)三角高程 ▼
序号	照准名	观测边长	高差	垂直角	战标高	
001	3	1424.717000	0.000000	3.252100	1.350000	
002						

图 7-11 $2 \rightarrow 3$ 观测数据

测段 3 点至 4 点的观测数据输入如图 7-12 所示。

测站点： 3						格式： (5)三角高程 ▼
序号	照准名	观测边长	高差	垂直角	战标高	
001	4	1749.322000	0.000000	-0.380800	1.350000	
002						

图 7-12 $3 \rightarrow 4$ 观测数据

测段 4 点至 B 点的观测数据输入如图 7-13 所示。

测站点： 4						格式： (5)三角高程 ▼
序号	照准名	观测边长	高差	垂直角	战标高	
001	B	1950.412000	0.000000	-2.454000	1.520000	
002						

图 7-13 $4 \rightarrow B$ 观测数据

以上数据输入完后，点击"文件\另存为"，将输入的数据保存为平差易格式文件（格式内容详见附录 A）为：

```
[STATION]
A,01,,,96.062000,1.30
B,01,,,95.97160,
2,00,,,,1.30
3,00,,,,1.35
4,00,,,,1.45
[OBSER]
A,2,,1474.444000,27.842040,,1.044000,1.340
2,3,,1424.717000,85.289093,,3.252100,1.350
3,4,,1749.322000,-19.353448,,-0.380800,1.500
```

4,B,,1950.412000,-93.760085,,-2.452700,1.520

7.6.2 计算方案设置

单击"平差"菜单中"计算方案"选项，弹出图 7-14 所示对话框，进行三角高程测量计算方案设计。

如图 7-14 所示，若是电磁波测距，在"中误差及仪器常数"选项卡中正确填写测距仪固定误差和比例误差，在"高程平差"选项卡中选择"三角高程测量"选项，根据实际情况选择"对向观测"或"对向观测"；在"限差"选项卡中不选"水准高差闭合差限差"项复选框，在"三角高程闭合差限差"中根据三角高程测量等级选择相应限差；最后在"其它"中根据测区实际情况填写大气垂直折光系数，这里取平均值，填写 0.11。

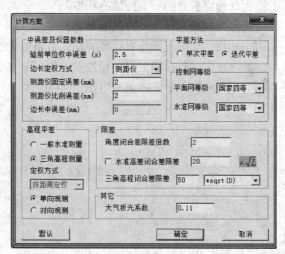

图 7-14 三角高程测量计算方案设置对话框

7.6.3 平差计算

由于三角高程测量计算中不涉及平面坐标的计算，按照如下步骤在"平差"菜单中执行计算：闭合差计算→坐标推算（计算待定点近似高程）→平差计算（严密平差）。

（1）闭合差计算。执行"平差"菜单中"闭合差计算"选项，结果见图 7-15。

（2）坐标推算。执行"平差"菜单中的"坐标推算"选项，结果见图 7-16。

（3）平差计算。执行"平差"菜单中的"平差"选项，即可完成最终计算。

7.6.4 成果输出

南方平差易 2005 能生成较完整的平差报告，点击"成果"菜单中的"输出到 Word"，即可生成 Word 平差报告。

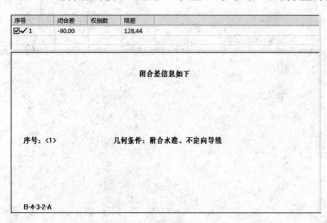

图 7-15 三角高程闭合差计算结果

序号	点名	属性	X(m)	Y(m)	H(m)	仪器高	偏心距	偏心角
001	A	01	0.0000	0.0000	96.0620	1.3000	0.0000	0.000000
002	2	00	0.0000	0.0000	123.9126	1.3000	0.0000	0.000000
003	3	00	0.0000	0.0000	209.2096	1.3500	0.0000	0.000000
004	4	00	0.0000	0.0000	190.0182	1.4500	0.0000	0.000000
005	B	01	0.0000	0.0000	95.9720	0.0000	0.0000	0.000000
006								

图 7-16 三角高程坐标推算结果（计算近似高程）

习 题

1. 三角高程测量的步骤是什么?
2. 什么是地球弯曲差?什么是大气折光差?它们对观测高差的影响是怎样的?
3. 大气垂直折光的减弱措施有哪些?
4. 测定大气垂直折光的方法有哪些?
5. 全站仪三角高程测量有哪些方法?各自的优缺点是什么?
6. 如何评定三角高程测量的精度?
7. 简述三角高程导线测量的方法。

第8章 地面观测值归算至椭球面

测量的外业工作是在复杂的非数学曲面——地球自然表面上进行的。为了测量计算的需要,选取近似于地球表面的数学曲面——椭球面作为测量计算的基准面。如何将地球表面上的控制网图形化算到平面上,就是投影的问题。为此,首先要了解椭球的基本情况,掌握椭球面上诸要素(点、线、面等)的几何特征及其数学表示方式,它们是研究椭球面上一切测量计算问题的必备知识。

其次,要了解地面观测元素换算至椭球面的有关原理和方法,由于椭圆球面的数学性质比平面复杂得多,所以椭球面上的大地坐标计算比平面上的坐标计算也复杂得多。

本章的具体内容包括:地球椭球及其定位、椭球面的法截线曲率半径、地面观测值的归算、常用大地坐标系的关系和转换等。

8.1 地球椭球的基本几何参数

测量工作主要是在地球表面进行的,但其表面不是一个规则的曲面,无法实施数学计算。这就需要寻求一个大小和形状最接近于地球形体的椭球体,在其表面完成测量计算。用椭球取代地球必须解决两个问题:一是椭球参数的选择;二是将椭球与地球的相关位置确定下来,即椭球的定位。

8.1.1 椭球的几何参数及其关系

地球的形状最接近于一个旋转椭圆体,它是一个椭圆绕短轴旋转而成的几何形体,我们称它为地球椭球,简称椭球。它的形状和大小是由椭球的几何参数所确定的。

地球椭球:在控制测量中,用来代表地球的椭球,它是地球的数学模型。

参考椭球:具有一定几何参数、定位及定向的用以代表某一地区大地水准面的地球椭球。地面上一切观测元素都应归算到参考椭球面上,并在这个面上进行计算。参考椭球面是大地测量计算的基准面,同时又是研究地球形状和地图投影的参考面。

地球椭球的几何定义:如图 8-1 所示,O 是椭球中心,NS 为旋转轴,a 为长半轴,b 为短半轴。

子午圈:包含旋转轴的平面与椭球面相截所得的椭圆,如图 8-1 中 NAS。

纬圈:垂直于旋转轴的平面与椭球面相截所得的圆,也叫平行圈,如图 8-1 中 QQ'。

赤道:通过椭球中心的平行圈,如图 8-1 中 EAE'。

地球椭球的五个基本几何参数(表 8-1):

椭圆的长半轴 a;

椭圆的短半轴 b;

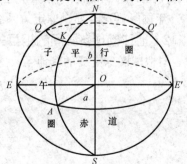

图 8-1 地球椭球

椭圆的扁率

$$\alpha = \frac{a-b}{a} \tag{8-1}$$

椭圆的第一偏心率

$$e = \frac{\sqrt{a^2-b^2}}{a} \tag{8-2}$$

椭圆的第二偏心率

$$e' = \frac{\sqrt{a^2-b^2}}{a} \tag{8-3}$$

表 8-1 　　　　　　　　　几种常见的椭球体参数值

椭球参数	克拉索夫斯基椭球体	1975 年国际椭球体	WGS-84 椭球体
a	6 378 245.000 000 000 0m	6 378 140.000 000 000 0m	6 378 137.000 000 000 0m
b	6 356 863.018 773 047 3m	6 356 755.288 157 528 7m	6 356 752.314 2m
c	6 399 698.901 782 711 0m	6 399 596.651 988 010 5m	6 399 593.625 8m
α	1/298.3	1/298.257	1/298.257 223 563
e^2	0.006 693 421 622 966	0.006 694 384 999 588	0.006 694 379 901 3
e'^2	0.006 738 525 414 683	0.006 739 501 819 473	0.006 739 496 742 27

长半径 a 和短半径 b 表示椭球的大小，而偏心率表示椭球的形状。偏心率等于零时，椭球成为圆球。a 和 b 的差异越大，偏心率亦越大。对于任意椭球来说，偏心率恒大于 0 小于 1。

其中，a、b 称为长度元素，扁率 α 反映了椭球体的扁平程度。偏心率 e 和 e' 是子午椭圆的焦点离开中心的距离与椭圆半径之比，它们也反映椭球体的扁平程度，偏心率越大，椭球越扁。

两个常用的辅助函数——W 第一基本纬度函数，V 第二基本纬度函数为

$$W = \sqrt{1-e^2\sin^2 B}$$
$$V = \sqrt{1+e'^2\cos^2 B} \tag{8-4}$$

我国 1954 年北京坐标系应用的是克拉索夫斯基椭球，1980 年国家大地坐标系应用的是 1975 年国际椭球，而全球定位系统（GPS）应用的是 WGS-84 系椭球参数。

8.1.2　地球椭球参数间的相互关系

与地球椭球有关的其他元素之间的关系式为

$$\left.\begin{array}{l} a = b\sqrt{1+e'^2},\ b = a\sqrt{1-e^2} \\ c = a\sqrt{1+e'^2},\ a = c\sqrt{1-e^2} \\ e' = e\sqrt{1+e'^2},\ e = e'\sqrt{1-e^2} \\ V = W\sqrt{1+e'^2},\ W = V\sqrt{1-e^2} \\ e^2 = 2\alpha - \alpha^2 \approx 2\alpha \end{array}\right\} \tag{8-5}$$

$$\begin{cases} W = \sqrt{1-e^2} \cdot V = \left(\dfrac{b}{a}\right) \cdot V \\ V = \sqrt{1+e'^2} \cdot W = \left(\dfrac{a}{b}\right) \cdot W \\ W^2 = 1 - e^2 \sin^2 B = (1-e^2)V^2 \\ V^2 = 1 + \eta^2 = (1+e'^2)W^2 \end{cases} \tag{8-6}$$

式中　　W——第一基本纬度函数；

　　　　V——第二基本纬度函数。

由于各参数之间有上列关系，对旋转椭球而言，习惯上常用长半径 a 和扁率 f 两个几何参数表示，其他各几何参数可以由它们计算出来。

应该说明，如果从几何和物理两个方面来研究地球，仅用两个几何参数就不够了。在物理大地测量中研究地球重力场时，需要引入一个正常椭球所产生的正常重力场，作为实际地球重力场的近似值，于是真正的地球重力位被分成正常重力位和扰动位两部分，实际的重力也就被分成正常重力和重力异常两个部分。由司托克斯定理可知，如果已知一个水准面的形状 S 和它内部所包含的物质总质量 M，以及整个物体绕固定轴旋转的角速度 ω，则这个水准面上所有点和其外部空间任一点的重力位与重力都可以唯一地确定。因此，当我们选定这个正常椭球时，既要考虑到几何大地测量中采用旋转椭球所需的几何参数，又需要确定椭球正常重力位所必需的物理参数。

正常重力位的球函数展开式为

$$U = \frac{GM}{\rho}\left[1 - \sum_{n=1}^{\infty} J_{2n}\left(\frac{a}{\rho}\right)^{2n} P_{2n}(\cos\theta)\right] + \frac{\omega^2}{2}\rho^2\sin^2\theta \tag{8-7}$$

式中　　　　　　ρ——地心向径；

　　　　　　　θ——由重力方向决定的余纬度，它们都是点的球坐标；

　　$P_{2n}(\cos\theta)$ ——勒让德多项式；

a、J_2、GM、ω——正常椭球的 4 个参数。

其他偶阶带球谐系数 J_4、J_6、…可根据这 4 个参数按一定公式算得。

自 1967 年开始，国际上明确了采用 4 个参数值来表示正常椭球，它们是：椭球长半径 a，引力常数与地球质量的乘积 GM，地球重力场二阶带球谐系数 J_2 和地球自转角速度 ω。利用这 4 个参数，可以导出一系列其他常数，如椭球扁率 f 和赤道重力 γ_e 等。

下面仅列出国际大地测量与地球物理联合会第 16 届大会（1975 年法国格勒诺布尔）推荐的椭球常数值：

$$a = (6\ 378\ 140 \pm 5)\text{m}$$
$$GM = (3\ 986\ 005 \pm 3) \times 10^8 \quad \text{m}^3/\text{s}^2$$
$$J_2 = (108\ 263 \pm 1) \times 10^{-8}$$
$$\omega = (7\ 292\ 115) \times 10^{-11}\text{rad/s}$$

根据以上 4 个参数可求出

$$1/f = (298\ 257 \pm 1.5) \times 10^{-3}$$
$$\gamma_e = (978\ 032 \pm 1) \times 10^{-5}\text{m/s}^2$$

我国 1980 年国家大地坐标系采用了上述参数所表示的地球椭球。

8.2 椭球面上的几种曲率半径

我们知道，过曲面上任一点都存在一个切平面，垂直于切平面的直线叫做曲面在该点的法线。包含曲面一点法线的平面叫法截面，法截面与曲面的截线叫法截线。

如果上述曲面为椭球面，我们在椭球面上进行测量时，在不考虑垂线偏差的情况下，仪器的垂直轴方向就是椭球面的法线，度盘平面就是过仪器点的椭球面的切平面，此时视准面本身就是一个法截面。由度盘读数相减得到的水平角等于两法截面之间的二面角，也就是相应两法截线之间的角度。由此可知，为了解决椭球面上的测量计算问题，必须了解法截线的数学性质，其中曲率半径就是一个重要内容。

通过椭球面上一点的法线，可以有无穷多个法截面，相应就有无穷多条法截线，随着它们的方向不同，每条法截线在该点的曲率半径也是不同的。以下先来讨论两个特殊方向上的法截线曲率半径，然后再讨论任一方向的法截线曲率半径和一点处的平均曲率半径，最后还将给出它们的数值计算式。

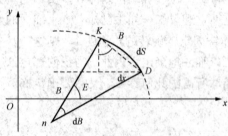

图 8-2 子午圈曲率半径计算图

8.2.1 子午圈曲率半径

如图 8-2 所示，在子午椭圆的一部分上取一微分弧长 $DK=\mathrm{d}s$，相应的有坐标增量 $\mathrm{d}x$，点 n 是微分弧 $\mathrm{d}s$ 的曲率中心，于是线段 Dn 及 Kn 便是子午圈曲率半径 M。

任意平面曲线的曲率半径的定义公式为

$$M = \frac{\mathrm{d}S}{\mathrm{d}B}$$

子午圈曲率半径公式为

$$M = \frac{a(1-e^2)}{W^3}$$

$$M = \frac{c}{V^3} \quad \text{或} \quad M = \frac{N}{V^2} \tag{8-8}$$

M 与纬度 B 有关，它随 B 的增大而增大，变化规律见表 8-2。

表 8-2　　　　　　　　　　　　子午圈曲率半径与纬度的关系

B	M	说　明
$B=0°$	$M_0=a(1-e^2)=\dfrac{c}{\sqrt{(1+e'^2)^3}}$	在赤道上，M 小于赤道半径 a
$0°<B<90°$	$a(1-e^2)<M<c$	此间 M 随纬度的增大而增大
$B=90°$	$M_{90}=\dfrac{a}{\sqrt{1-e^2}}=c$	在极点上，M 等于极点曲率半径 c

8.2.2 卯酉圈曲率半径

过椭球面上一点的法线，可作无限个法截面，其中一个与该点子午面相垂直的法截面同椭球面相截形成的闭合的圈称为卯酉圈。在图 8-3 中 PEE' 即为过 P 点的卯酉圈。卯酉圈的曲率半径用 N 表示。

为了推导 N 的表达计算式，过 P 点作以 O' 为中心的平行圈 PHK 的切线 PT，该切线位于垂直于子午面的平行圈平面内。因卯酉圈也垂直于子午面，故 PT 也是卯酉圈在 P 点处的切线，即 PT 垂直于 Pn，所以 PT 是平行圈 PHK 及卯酉圈 PEE' 在 P 点处的公切线。

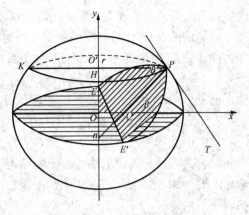

应该注意，卯酉圈与平行圈是有严格区别的。因为平行圈不是一条法截线，其平面并不包含法线。不包含法线的平面与椭球面的截线称为斜截线，平行圈就是一条重要的斜截线。

虽然卯酉圈是一条法截线，平行圈是一条斜截线，然而它们却有公共的切线。这是因为二者的切线皆位于椭球面过 P 点的切平面上，皆垂直于子午线在 P 点的切线。

图 8-3　卯酉圈曲率半径

卯酉圈曲率半径可用下列两式表示，即

$$\left.\begin{array}{l} N = \dfrac{a}{W} \\[2mm] N = \dfrac{c}{V} \end{array}\right\} \tag{8-9}$$

8.2.3　任意方向的法截线曲率半径

通常在椭球面上进行测量工作的方向是任意的，为了准确地对测量成果进行换算，就必须知道测量方向上的椭球面法截线曲率半径。

子午法截弧是南北方向，其方位角为 $0°$ 或 $180°$。卯酉法截弧是东西方向，其方位角为 $90°$ 或 $270°$。现在来讨论方位角为 A 的任意法截弧的曲率半径 R_A 的计算公式。

任意方向 A 的法截弧的曲率半径的计算公式为

$$P_A = \frac{N}{1 + \eta^2 \cos^2 A} = \frac{N}{1 + e'^2 \cos^2 B \cos^2 A} \tag{8-10}$$

由上式可以看出，任意方向法截线曲率半径 R_A 不仅与点的纬度 B 有关，还与方位角 A 有关。该式适用于椭球面上任何点、任何方向的法截线。

8.2.4　平均曲率半径

由于 R_A 随方向不同其数值不同，这就给测量计算带来了不便。不过在实际计算工作中，常常根据一定的精度要求，将某一范围内的椭球面视为圆球面，此时就需要对圆球面的半径作出最佳选择。因为同一点处不同方向的 R_A 值均不相同，所以取该点处所有方向 R_A 的平均值来作为这个球的半径最为适宜，这个 R_A 的平均值就叫该点处的平均曲率半径，若以 R 表示，即

$$R = \sqrt{MN}$$

或

$$R = \frac{b}{W^2} = \frac{c}{V^2} = \frac{N}{V} = \frac{a}{W^2} \sqrt{(1 - e^2)} \tag{8-11}$$

因此，椭球面上任意一点的平均曲率半径 R 等于该点子午圈曲率半径 M 和卯酉圈曲率半径 N 的几何平均值。

8.2.5　大地线

为了说明大地线的含义，先解释密切平面的概念。图 8-4 所示，AB 为曲面上的一条

曲线，ds_1、ds_2 为曲线上 P 点的相邻两弧素。当 P_1 点无限趋近 P 点时割线 P_1P 的极限位置，就是曲线在 P 点的切线。曲面上通过 P 点的一切曲线的切线均在同一平面上，该平面称为曲面在 P 点的切平面。通过点 P 而垂直于切平面的直线 PK 就是曲面在该点的法线。当 ds_1、ds_2 无限小时，由 P_1、P、P_2 三点所确定的平面之极限位置，就是曲线在 P 点的密切平面。

对于图 8-4 来说，曲线 AB 上任一点 P 的密切平面都包含着曲线在该点的法线，该曲线就是曲面上的一条大地线。因此，大地线是曲面上的一条曲线，该曲线上每一点处的密切平面都包含曲面在该点的法线。一般情况下，曲面上的曲线并不是大地线。例如图 8-5 中球面上的小圆，其上任一点的密切平面为小圆平面，它并不包含球面在该点的法线，所以小圆就不是大地线。

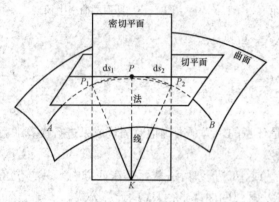

图 8-4　密切平面

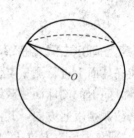

图 8-5　球面上的小圆

上面是用一般曲面来说明问题的。如果曲面是个球面，则大地线就是大圆弧，它相当于平面上的直线。对于椭球面，可以假想在其上拉紧一条既无重力又是无摩擦力的细绳，细绳的平衡位置就是一条大地线。因为此时细绳上每点弹性力的合力必然位于密切平面内，而椭球面的反作用力的方向与椭球面法线方向一致，两个力互相抵消，即密切平面包含了椭球面的法线。因此可以说，大地线是曲面上两点间的最短曲线。

大地线和法截线的方向差异如图 8-6 所示。椭球面上 B、D 两点既不在同一子午圈上，也不在同一平行圈上，两点之间的大地线居于相对法截线之间，为一条双曲率的曲线。大地线 BLD 和正法截线 BED 之间的角度 δ 等于正反法截线之间角度 Δ 的 3/1。当大地线两端点位于同一子午圈上时，方位角 A 等于 $0°$ 或 $180°$，大地线与法截线重合，角度 δ 等于零；当两端点位于同一平行圈上时，方位角近于 $90°$ 或 $270°$，正反法截线合二为一，大地线位置比法截线稍微偏北，这时大地线和法截线在端点处相切，δ 等于零。

大地线和法截线的长度差异甚微，当长度达 600km 时，二者差异仅为 0.007mm，所以在各种测量计算中二者的长度均可不加区分。

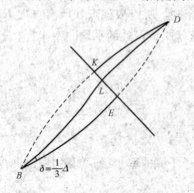

图 8-6　大地线和法截线的方向差异

8.3 椭球面上的常用坐标系及其转换

8.3.1 大地坐标系

大地坐标系用大地纬度 B、大地经度 L 和大地高 H 来表示点的位置。这种坐标系是经典大地测量的一种通用坐标系。根据地图投影的理论，大地坐标系可以通过一定的投影转化为投影平面上的直角坐标系，为地形测图和工程测量提供控制基础。同时，这种坐标系还是研究地球形状和大小的一种有用坐标系，所以大地坐标系在大地测量中始终有着重要的作用。

如图 8 - 7 所示，过 P 点的子午面 NPS 与起始子午面 NGS 所构成的二面角 L 叫做 P 点的大地经度，由起始子午面起算，向东为正，叫东经（$0°\sim180°$）；向西为负，叫西经（$0°\sim180°$）。P 点的法线 P_n 与赤道面的夹角 B 叫做 P 点的大地纬度。由赤道面起算，向北为正，叫北纬（$0°\sim90°$）；向南为负，叫南纬（$0°\sim90°$）。

大地坐标系是用大地经度 L、大地纬度 B 和大地高 H 表示地面点位的。从地面点 P 沿椭球法线到椭球面的距离叫大地高。大地坐标坐标系中，P 点的位置用 L，B 表

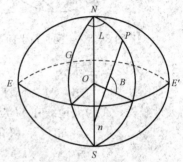

图 8 - 7　大地坐标系示意图

示。如果点不在椭球面上，表示点的位置除 L，B 外，还要附加另一参数——大地高 H，它同正常高 $H_{正常}$ 及正高 $H_{正}$ 有如下关系，即

$$H = H_{正常} + \zeta（高程异常）$$
$$H = H_{正} + N（大地水准面差距）$$

(8 - 12)

8.3.2 空间直角坐标系

空间大地直角坐标系是一种以地球质心为原点的右手直角坐标系，一般用 X、Y、Z 表示点的位置。由于人造地球卫星及其他宇宙飞行器围绕地球运转时，其轨道平面随时通过地球质心，对它们的跟踪观测也以地球质心为坐标原点，所以空间大地直角坐标系是卫星大地测量中一种常用的基本坐标系。现今利用卫星大地测量的手段，可以迅速地测定点的空间大地直角坐标，广泛应用于导航定位等空间技术。同时经过数学变换，还可求出点的大地坐标，用以加强和扩展地面大地网，进行岛屿和洲际联测，使传统的大地测量方法发生了深刻的变化，所以空间大地直角坐标系对现今大地测量的发展具有重要的意义。

如图 8 - 8 所示，以椭球体中心 O 为原点，起始子午面与赤道面交线为 X 轴，在赤道面上与 X 轴正交的方向为 Y 轴，椭球体的旋转轴为 Z 轴，构成右手坐标系 $O\text{-}XYZ$，在该坐标系中，P 点的位置用 X，Y，Z 表示。

地球空间直角坐标系的坐标原点位于地球质心（地心坐标系）或参考椭球中心（参心坐标系），Z 轴指向地球北极，X 轴指向起始子午面与地球赤道的交点，Y 轴垂直于 XOZ 面并构成右手坐标系。

8.3.3 子午面直角坐标系

如图 8 - 9 所示，设 P 点的大地经度为 L，在过 P 点的子午面上，以子午圈椭圆中心为原点，建立 x，y 平面直角坐标系。在该坐标系中，P 点的位置用 L，x，y 表示。

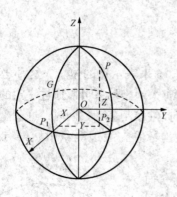

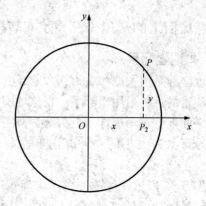

图 8-8　空间直角坐标系示意图　　　图 8-9　子午面直角坐标系

8.3.4　大地极坐标系

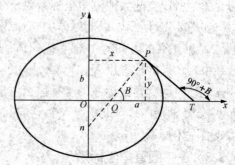

如图 8-10 所示，M 为椭球体面上任意一点，MN 为过 M 点的子午线，S 为连结 MP 的大地线长，A 为大地线在 M 点的方位角。以 M 为极点，MN 为极轴，S 为极半径，A 为极角，这样就构成大地极坐标系。在该坐标系中 P 点的位置用 S，A 表示。

椭球面上点的极坐标（S，A）与大地坐标（L，B）可以互相换算，这种换算叫做大地主题解算。

8.3.5　各坐标系间的关系

椭球面上的点位可在各种坐标系中表示，由于所用坐标系不同，表现出来的坐标值也不同。

图 8-10　大地极坐标系

1. 子午面直角坐标系同大地坐标系的关系

如图 8-11 所示，过 P 点作法线 P_n，它与 x 轴之夹角为 B；过 P 点作子午圈的切线 TP，它与 x 轴的夹角为（$90°+B$）。子午面直角坐标 x，y 同大地纬度 B 的关系式为

$$x = \frac{a\cos B}{\sqrt{1-e^2\sin^2 B}} = \frac{a\cos B}{W} \tag{8-13}$$

$$y = \frac{a(1-e^2)\sin B}{\sqrt{1-e^2\sin^2 B}} = \frac{a}{W}(1-e^2)\sin B = \frac{b\sin B}{V} \tag{8-14}$$

2. 空间直角坐标系同子午面直角坐标系的关系

如图 8-8、图 8-9 所示，空间直角坐标系中的 $P_2 P$ 相当于子午平面直角坐标系中的 y，前者的 OP_2 相当于后者的 x，并且二者的经度 L 相同。

$$\left.\begin{array}{l} X = x\cos L \\ Y = x\sin L \\ Z = y \end{array}\right\} \tag{8-15}$$

3. 空间直角坐标系同大地坐标系的关系

如图 8-12 所示，同一地面点在地球空间直角坐标系中的坐标和在大地坐标系中的坐标可用如下

图 8-11　子午面直角坐标系同大地坐标系的关系

两组公式转换，即

$$x = (N+H)\cos B\cos L$$
$$y = (N+H)\cos B\sin L$$
$$z = [N(1-e^2)+H]\sin B$$
(8 - 16)

$$L = \arctan\frac{y}{x}$$
$$B = \arctan\frac{z+Ne^2\sin B}{\sqrt{x^2+y^2}}$$
$$H = \frac{z}{\sin B} - N(1-e^2)$$
(8 - 17)

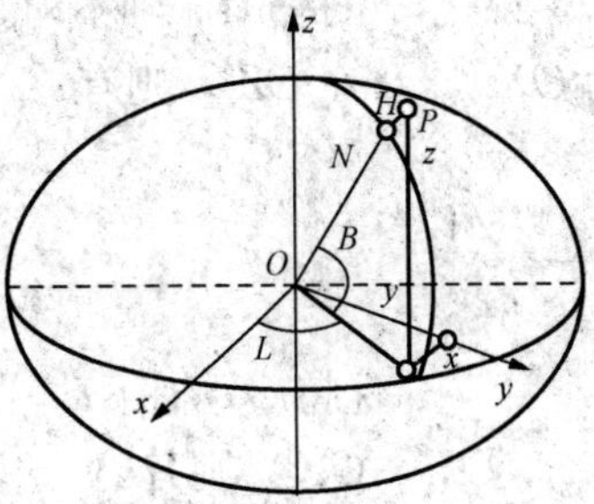

图 8 - 12　空间直角坐标系同大地坐标系的关系

式中　e——子午椭圆第一偏心率，可由长短半径按式 $e^2 = (a^2-b^2)/a^2$ 算得；

N——法线长度，可由式 $N=a/\sqrt{1-e^2\sin^2 B}$ 算得。

4. 不同空间大地直角坐标系的换算

利用 GPS 定位技术所获取的点位坐标属空间大地直角坐标系。由于各国所采用的参考椭球及其定位不同，参考椭球中心也不和地球质心重合，世界上存在着各不相同的空间大地直角坐标系。为了将 GPS 定位成果转换成各自需用的成果，就出现了不同空间大地直角坐标系的换算。这在 GPS 定位的数据处理中应用十分广泛。

在高等数学的解析几何里，曾经论证了二维直角坐标系中，当坐标轴旋转角度 α 时，由图 8 - 13，用旧系坐标表示新系坐标的公式为

$$x_{新} = x_{旧}\cos a + y_{旧}\sin a$$
$$y_{新} = -x_{旧}\sin a + y_{旧}\cos a$$
(8 - 18)

在三维空间直角坐标系中，新、旧两坐标系的变换需要在 3 个坐标平面上，分别通过 3 次转轴才能完成。

如图 8 - 14 所示，两个空间大地直角坐标系 $O\text{-}X_{新}Y_{新}Z_{新}$ 和 $O\text{-}X_{旧}Y_{旧}Z_{旧}$，它们的原点一致，但相应的坐标轴互不平行，存在微小差异。按以下步骤进行转轴可以将 $O\text{-}X_{旧}Y_{旧}Z_{旧}$ 转换成 $O\text{-}X_{新}Y_{新}Z_{新}$。

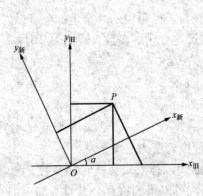

图 8 - 13　不同空间大地直角坐标系的换算

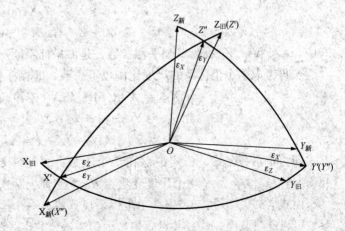

图 8 - 14　原点一致的空间大地直角坐标系的换算图

第一，保持 $OZ_{旧}$ 轴不动。绕其将 $OX_{旧}$、$OY_{旧}$ 轴旋转微小角度 ε_Z，旋转后的坐标轴设为 OX'、OY'、OZ'，则有

$$\left. \begin{array}{l} X' = X_{旧}\cos\varepsilon_Z + Y_{旧}\sin\varepsilon_Z \\ Y' = -X_{旧}\sin\varepsilon_Z + Y_{旧}\cos\varepsilon_Z \\ Z' = Z_{旧} \end{array} \right\} \tag{8-19}$$

第二，保持 OY' 轴不动，绕其将 OZ'、OX' 轴旋转微小角度 ε_Y，旋转后的坐标轴设为 OX''、OY''、OZ''，则有

$$\left. \begin{array}{l} X'' = X'\cos\varepsilon_Y - Z'\sin\varepsilon_Y \\ Y'' = Y' \\ Z'' = X'\sin\varepsilon_X + Z''\cos\varepsilon_X \end{array} \right\} \tag{8-20}$$

第三，保持 OX'' 轴不动，绕其将 OY''、OZ'' 轴旋转微小角度 ε_X，旋转后的坐标轴设为 $OX_{新}$、$OY_{新}$、$OZ_{新}$，则有

$$\left. \begin{array}{l} X_{新} = X'' \\ Y_{新} = Y''\cos\varepsilon_X + Z''\sin\varepsilon_X \\ Z_{新} = -Y''\sin\varepsilon_X + Z''\cos\varepsilon_X \end{array} \right\} \tag{8-21}$$

这样，将 $O\text{-}X_{旧}Y_{旧}Z_{旧}$ 分别绕 3 个坐标轴旋转了 3 个微小角度 ε_Z、ε_Y、ε_X，使其和 $O\text{-}X_{新}Y_{新}Z_{新}$ 重合。ε_Z、ε_Y、ε_X 称为欧勒角。

将式（8-19）代入式（8-20），再代入式（8-21），由于 ε_Z、ε_Y、ε_X 是秒级微小量，略去其正弦、余弦函数展开式中 2 次及以上各项，得

$$\left. \begin{array}{l} X_{新} = X_{旧} + \varepsilon_Z Y_{旧} - \varepsilon_Z Z_{旧} \\ Y_{新} = Y_{旧} - \varepsilon_Z X_{旧} + \varepsilon_Z Z_{旧} \\ Z_{新} = Z_{旧} + \varepsilon_Y X_{旧} - \varepsilon_X Y_{旧} \end{array} \right\} \tag{8-22}$$

当新、旧两个坐标系的原点不相一致时，即还需根据坐标轴的平移原理，将旧系原点移至新系原点，其变化公式为

$$\left. \begin{array}{l} X_{新} = X_0 + X_{旧} + \varepsilon_Z Y_{旧} - \varepsilon_Y Z_{旧} \\ Y_{新} = Y_0 + X_{旧} - \varepsilon_Z X_{旧} + \varepsilon_X Z_{旧} \\ Z_{新} = Z_0 + Z_{旧} + \varepsilon_Y X_{旧} - \varepsilon_X Y_{旧} \end{array} \right\} \tag{8-23}$$

式中，X_0、Y_0、Z_0 称为 3 个平移参数，是旧坐标系原点在新坐标系中的 3 个坐标分量。

若再考虑两个坐标系的尺度比例也不一致，即存在有尺度变化的参数，设为 k，则有

$$\left. \begin{array}{l} X_{新} = X_0 + (1+k)X_{旧} + \varepsilon_Z Y_{旧} - \varepsilon_Y Z_{旧} \\ Y_{新} = Y_0 + (1+k)Y_{旧} - \varepsilon_Z X_{旧} + \varepsilon_X Z_{旧} \\ Z_{新} = Z_0 + (1+k)Z_{旧} + \varepsilon_Y X_{旧} - \varepsilon_X Y_{旧} \end{array} \right\} \tag{8-24}$$

上式即为布尔莎公式。公式中存在 7 个参数：3 个平移参数 X_0、Y_0 和 Z_0，3 个旋转参数（欧勒角）ε_X、ε_Y、ε_Z，1 个尺度变化参数 k。习惯上称这种换算法为七参数法。

由式（8-24）可知，由一个坐标系换算成另一个坐标系，必须知道其转换参数。转换参数可以通过联测一些公共点获得，因为通过公共点联测，可以得到这些公共点在新、旧 2 个坐标系中的坐标值，于是就可以利用式（8-24）求出转换参数。当公共点数较多时，观测方程式个数就大于所求参数个数，这时还可根据测量平差原理列立观测值的误差方程式，

组成并解算法方程，求得转换参数。

5. 不同大地坐标系的换算

地面点在椭球面上的位置是由一定的元素和定位的椭球所规定的。如果选择的椭球元素和定位发生变化，地面点在椭球面上的大地坐标必将随之变化。根据椭球元素和定位的变化推求点的大地经纬度和大地高变化的公式叫做大地坐标微分公式，它是不同大地坐标换算的基础，下面首先推导大地坐标微分公式。

由式（8 - 16）可以看出，点的空间大地直角坐标是椭球几何元素（用长半径 a 和扁率 f 表示）和椭球定位元素（B、L、H）的函数。当椭球元素和定位结果发生了变化时，点的空间大地直角坐标必然发生变化。

取式（8 - 16）的全微分，即

$$\left.\begin{aligned}
dX &= \frac{\partial X}{\partial a}da + \frac{\partial X}{\partial f}df + \frac{\partial X}{\partial B}dB + \frac{\partial X}{\partial L}dL + \frac{\partial X}{\partial H}dH \\
dY &= \frac{\partial Y}{\partial a}da + \frac{\partial Y}{\partial f}df + \frac{\partial Y}{\partial B}dB + \frac{\partial Y}{\partial L}dL + \frac{\partial Y}{\partial H}dH \\
dZ &= \frac{\partial Z}{\partial a}da + \frac{\partial Z}{\partial f}df + \frac{\partial Z}{\partial B}dB + \frac{\partial Z}{\partial L}dL + \frac{\partial Z}{\partial H}dH
\end{aligned}\right\} \tag{8 - 25}$$

考虑到

$$\frac{dN}{da} = \frac{d}{da}\left[a(1 - e^2\sin^2 B)^{-\frac{1}{2}}\right] = \frac{N}{a}$$

$$\frac{dN}{df} = \frac{\partial N}{\partial e}\frac{de}{df} = \frac{\partial}{\partial e}\left[a(1 - e^2\sin^2 B)^{-\frac{1}{2}}\right]\frac{d}{df}(2f - f^2)^{\frac{1}{2}} = \frac{M}{1 - f}\sin^2 B$$

$$\frac{dN}{dB} = \frac{d}{dB}\left[a(1 - e^2\sin^2 B)^{-\frac{1}{2}}\right] = \frac{ae^2}{W^3}\sin B\cos B$$

则根据式（8 - 16）可以求出

$$\frac{\partial X}{\partial a} = \frac{\partial N}{\partial a}\cos B\cos L = \frac{N}{a}\cos B\cos L$$

$$\frac{\partial X}{\partial f} = \frac{\partial N}{\partial f}\cos B\cos L = \frac{M}{1 - f}\cos B\cos L\sin^2 B$$

$$\frac{\partial X}{\partial B} = \frac{\partial N}{\partial B}\cos B\cos L - (N + H)\sin B\cos L = -(M + H)\sin B\cos L$$

$$\frac{\partial X}{\partial L} = -(N + H)\cos B\sin L$$

$$\frac{\partial X}{\partial H} = \cos B\cos L$$

将以上 5 式代入式（8 - 25）第 1 式得

$$dX = N\cos B\cos L\frac{da}{a} + M\cos B\cos L\sin^2 B\frac{df}{1 - f} - (M + H)\sin B\cos L dB$$
$$- (N + H)\cos B\sin L dL + \cos B\cos L dH$$

同理

$$dY = N\cos B\sin L\frac{da}{a} + M\cos B\sin L\sin^2 B\frac{df}{1 - f} - (M + H)\sin B\sin L dB$$
$$+ (M + H)\cos B\cos L dL + \cos B\sin L dH \tag{8 - 26}$$

$$dZ = N(1-e^2)\sin B \frac{da}{a} - M(1+\cos^2 B - e^2\sin^2 B)\sin B \frac{df}{1-f}$$
$$+ (M+H)\cos B dB + \sin B dH$$

若以 dH、dB、dL 为未知数解算以上 3 式，则得

$$dH = \cos B\cos L dX + \cos B\sin L dY + \sin B dZ - N(1-e^2\sin^2 B)\frac{da}{a}$$
$$+ M(1-e^2\sin^2 B)\sin^2 B \frac{df}{1-f} \tag{8-27}$$

$$dB = \frac{1}{M+H}\left[-\sin B\cos L dx - \sin B\sin L dY + \cos B dZ + Ne^2\sin B\cos B \frac{da}{a} \right.$$
$$\left. + M(2-e^2\sin^2 B)\sin B\cos B \frac{df}{1-f} \right]$$

$$dL = \frac{1}{N+H}(-\sec B\sin L dX + \sec B\cos L dY)$$

式中　da、df——椭球元素（长半径、扁率）的变化；
dX、dY、dZ——椭球中心的变化，即椭球定位的变化。

因此，式（8-27）就是由于椭球元素和定位变化引起点的大地坐标变化的公式，亦即大地坐标微分公式。

将上式代入下式，即得不同大地坐标系的换算公式为

$$\left.\begin{array}{l} L_{新} = L_{旧} + dL \\ B_{新} = B_{旧} + dB \\ H_{新} = H_{旧} + dH \end{array}\right\} \tag{8-28}$$

当考虑欧勒角和尺度变化参数时，可将式（8-24）写成如下形式，即

$$\left\{\begin{array}{l} dX = X_{新} - X_{旧} = X_0 + kX_{旧} + \varepsilon_z Y_{旧} - \varepsilon_Y Z_{旧} \\ dY = Y_{新} - Y_{旧} = Y_0 + kY_{旧} - \varepsilon_z X_{旧} + \varepsilon_X Z_{旧} \\ dZ = Z_{新} - Z_{旧} = Z_0 + kZ_{旧} + \varepsilon_Y X_{旧} - \varepsilon_X Y_{旧} \end{array}\right.$$

上式等号右端的 $X_{旧}$ $Y_{旧}$ $Z_{旧}$ 用式（8-16）等号右端的函数代入后，再将上式代入式（8-27），经过整理可得广义大地坐标的微分公式为

$$dH = \cos B\cos L X_0 + \cos B\sin L Y_0 + \sin B Z_0 - Ne^2\sin B\cos B\sin L \varepsilon_X$$
$$+ Ne^2\sin B\cos B\cos L \varepsilon_Y + N(1-e^2\sin^2 B)k - N(1-e^2\sin^2 B)\frac{da}{a}$$
$$+ M(1-e^2\sin^2 B)\sin^2 B \frac{df}{1-f}$$

$$dB = \frac{1}{M+H}(-\sin B\cos L X_0 - \sin B\sin L Y_0 + \cos B Z_0) - \sin L\varepsilon_X + \cos L\varepsilon_Y$$
$$- \frac{N}{M}e^2\sin B\cos B k + \frac{1}{M+N}\left[Ne^2\sin B\cos B \frac{da}{a} + M(2-e^2\sin^2 B)\sin B\cos B \frac{df}{1-f} \right]$$

$$dL = \frac{1}{N+H}(-\sec B\sin L X_0 + \sec B\cos L Y_0) + \tan B\cos L\varepsilon_X + \tan B\sin L\varepsilon_Y - \varepsilon_z$$

上式即为布尔莎形式的广义大地坐标微分公式。式中 X_0、Y_0、Z_0 是当存在欧勒角和尺度变化参数时的椭球中心位置的变化，其他符号意义同式（8-27）。

如果已知一些公共点在两个不同坐标系中的大地坐标，利用大地坐标微分公式就可以求得不同坐标系间的转换参数；反之，如果已知两坐标系之间的转换参数，就可以将点的大地坐标由一个坐标系换算到另一个坐标系。

8.4　将地面观测的水平方向归算至椭球面

8.4.1　概述

参考椭球面是测量计算的基准面。在野外的各种测量都是在地面上进行，观测的基准线不是各点相应的椭球面的法线，而是各点的垂线，各点的垂线与法线存在着垂线偏差，因此不能直接在地面上处理观测成果，而应将地面观测元素（包括方向和距离等）归算至椭球面。在归算中有两条基本要求：①以椭球面的法线为基准；②将地面观测元素化为椭球面上大地线的相应元素。

8.4.2　将地面观测的水平方向归算至椭球面

地面观测方向归算至椭球面上，有 3 个基本内容：一是将测站点铅垂线为基准的地面观测方向换算成椭球面上以法线为准的观测方向；二是将照准点沿法线投影至椭球面，换算成椭球面上两点间的法截线方向；三是将椭球面上的法截线方向换算成大地线方向。

1. 垂线偏差改正 δ_u

地面上所有水平方向的观测都是以垂线为根据的，而在椭球面上则要求以该点的法线为依据。把以垂线为依据的地面观测的水平方向值归算到以法线为依据的方向值而应加的改正定义为垂线偏差改正，以 δ_u 表示。

如图 8-15 所示，以测站 A 为中心作出单位半径的辅助球，u 是垂线偏差，它在子午圈和卯酉圈上的分量分别以 ξ，η 表示，M 是地面观测目标 m 在球面上的投影。

垂线偏差改正的计算公式是

$$\delta''_u = -(\xi''\sin A_m - \eta''\cos A_m)\cot Z_1$$
$$= -(\xi''\sin A_m - \eta''\cos A_m)\tan\alpha_1$$

$$(8-30)$$

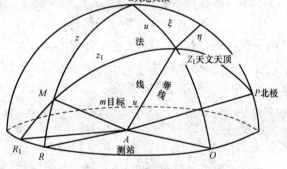

图 8-15　垂线偏差改正

式中　ξ，η——测站点上的垂线偏差在子午圈及卯酉圈上的分量，它们可在测区的垂线偏差分量图中内插取得；

A_m——测站点至照准点的大地方位角；

Z_1——照准点的天顶距；

α_1——照准点的垂直角。

垂线偏差改正的数值主要与测站点的垂线偏差和观测方向的天顶距（或垂直角）有关。

例如在 $A=0°$、$\tan\alpha=0.01$ 的情况下，当 $\xi=\eta=5''$ 时得 $\delta_1=0.05''$；当 $\xi=\eta=10''$ 时得 $\delta_1=0.1''$。可见这项改正数很小的，只有在国家一、二等三角测量计算中才加入该项改正。

2. 标高差改正 δ_h

标高差改正又称由照准点高度而引起的改正。不在同一子午面或同一平行圈上的两点的法线是不共面的。当进行水平方向观测时，如果照准点高出椭球面某一高度，则照准面就不

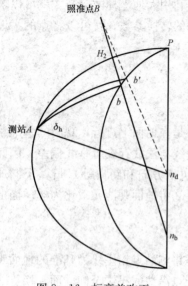

图 8 - 16 标高差改正

能通过照准点的法线同椭球面的交点，由此引起的方向偏差的改正叫做标高差改正，以 δ_h 表示。

如图 8 - 16 所示，A 为测站点，如果测站点观测值已加垂线偏差改正，则可认为垂线同法线一致。这时测站点在椭球面上或者高出椭球面某一高度对水平方向是没有影响的。这是因为测站点法线不变，则通过某一照准点只能有一个法截面。

设照准点高出椭球面的高程为 H_2，An_a 和 Bn_b 分别为 A 点及 B 点的法线，B 点法线与椭球面的交点为 b。因为通常 An_a 和 Bn_b 不在同一平面内，所以在 A 点照准 B 点得出的法截线是 Ab' 而不是 Ab，因而产生了 Ab 同 Ab' 方向的差异。按归算的要求，地面各点都应沿自己法线方向投影到椭球面上，即需要的是 Ab 方向值而不是 Ab' 方向值，因此需加入标高差改正数 δ_h，以便将 Ab' 方向改到 Ab 方向。

标高差改正的计算公式是

$$\delta''_h = \frac{e^2}{2} H_2(1)_2 \cos^2 B_2 \sin 2A_1 \tag{8-31}$$

式中 B_2——照准点大地纬度；

　　　A_1——测站点至照准点的大地方位角；

　　　H_2——照准点高出椭球面的高程，它由三部分组成，即

$$H_2 = H_常 + \xi + a$$

式中 $H_常$——照准点标石中心的正常高；

　　　ξ——高程异常；

　　　a——照准点的觇标高；

$(1)_2$——ρ''/M_2，M_2 是与照准点纬度 B_2 相应的子午圈曲率半径。

假设 $A_1 = 45°$，$B_2 = 45°$，当 $H_2 = 200m$ 时，$\delta_2 = 0.01''$。当 $H_2 = 2000m$ 时，$\delta_2 = 0.1''$，可见 δ_2 数值微小，在进行局部地区的控制测量时可不必考虑此项改正。

标高差改正主要与照准点的高程有关。经过此项改正后，便将地面观测的水平方向值归化为椭球面上相应的法截弧方向。

3. 截面差改正 δ_g

在椭球面上，纬度不同的两点由于其法线不共面，所以在对向观测时相对法截弧不重合，应当用两点间的大地线代替相对法截弧。这样将法截弧方向化为大地线方向应加的改正叫截面差改正，用 δ_g 表示。

如图 8 - 17 所示，AaB 是 A 至 B 的法截弧，它在 A 点处的大地方位角为 A'_1，ASB 是 AB 间的大地线，它在 A 点的大地方位角是 A_1，A_1 与 A'_1 之差 δ_g 就是截面差改正。

截面差改正的计算公式为

$$\delta''_g = -\frac{e^2}{12\rho''} S^2 (2)_1^2 \cos^2 B_1 \sin 2A_1 \tag{8-32}$$

式中 S——AB 间大地线长度，$(2)_1 = \dfrac{\rho''}{N_1}$；

N_1——测站点纬度 B_1 相对应的卯酉圈曲率半径。

假若 $A_1 = 45°$，$B_m = 45°$，当 $S = 30km$，δ_3 只有 $0.001''$。所以，只有在一等三角测量中才进行截面差改正。

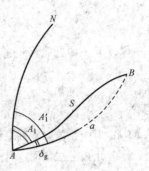

图 8 - 17　截面差改正

地面的方向观测值，经过了上述 3 项改正后，就得出了椭球面上以法线为基准的各大地线的方向值。

在一般情况下，一等三角测量应加三差改正，二等三角测量应加垂线偏差改正和标高差改正，而不加截面差改正；三等和四等三角测量可不加三差改正。但当 $\xi = \eta > 10''$ 时或者 $H > 2000m$ 时，则应分别考虑加垂线偏差改正和标高差改正。在特殊情况下，应该根据测区的实际情况作具体分析，然后再做出加还是不加改正的规定，见表 8 - 3。

表 8 - 3　　　　　三　差　改　正

三差改正	主要关系量	是否要加改正		
		一等	二等	三、四等
垂线偏差	ξ, η	加	加	酌情
标高差	H			
截面差	S		不加	

8.4.3　电磁波测距边长归算椭球面

电磁波测距仪测得的长度是连接地面两点间的直线斜距，也应将它归算到参考椭球面上。如图 8 - 18 所示，大地点 Q_1 和 Q_2 的大地高分别为 H_1 和 H_2。其间用电磁波测距仪测得的斜距为 D，现要求大地点在椭球面上沿法线的投影点 Q_1' 和 Q_2' 间的大地线的长度 S。

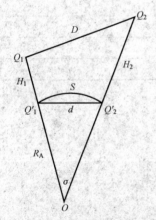

图 8 - 18　电磁波测距边长
归算椭球面

在工程测量中边长一般都是几公里，最长也不过十几公里，因此所求的大地线的长度可以认为是半径

$$R_A = \frac{N}{1 + e'^2 \cos^2 B_1 \cos^2 A_1} \qquad (8 - 33)$$

相应的圆弧长。

电磁波测距边长归算椭球面上的计算公式为

$$S = D - \frac{1}{2}\frac{\Delta h^2}{D} - D\frac{H_m}{R_A} + \frac{D^3}{24R_A^2} \qquad (8 - 34)$$

式中　H_m——$H_m = \frac{1}{2}(H_1 + H_2)$。

电磁波测距边长归算的几何意义为：

（1）计算公式中右端第二项是由于控制点之高差引起的倾斜改正的主项，经过此项改正，测线已变成平距。

（2）第三项是由平均测线高出参考椭球面而引起的投影改正，经此项改正后测线已变成弦线。

（3）第四项则是由弦长改化为弧长的改正项。

电磁波测距边长归算至椭球面上的计算公式还可用下式表达，即

$$S = \sqrt{D^2 - \Delta h^2}\left(1 - \frac{H_m}{R_A}\right) + \frac{D^3}{24R_A^2} \qquad (8 - 35)$$

显然，第一项即为经高差改正后的平距。

习　题

1. 为什么要将地面观测值归算至椭球面？分别包括哪些归算？
2. 什么是法截面？什么是法截线？
3. 什么是卯酉圈？什么是平行圈？
4. 什么是底点纬度？简述计算底点纬度的方法。
5. 什么是大地线？什么是相对法截线？
6. 什么是三差改正？什么情况下需要进行三差改正？
7. 试根据电磁波测距边长计算化归至椭球面的边长。

边　名	龙头山——雪沟	
测向	往	返
斜边长 d	3518.495	3518.516
仪器高	1.454	1.510
测站大地高	72.010	100.521
目标高	1.352	1.439
镜站大地高	100.521	72.010
两端光高差		
光高平均值		
平距		
R_A		
椭球面上边长		

（$B=52°37'$，$N=638\ 5092.603$，$A=135°25'39''$，$e'^2=6.738525415\times10^{-3}$）

第 9 章　椭球面元素归算至高斯平面

9.1　高斯投影概述

通过前述内容的学习，已将地面观测值化算到椭球面上，得到了椭球面上的大地坐标 $(L、B)$、大地线长（S）、大地方位角 A，但这些量都是基于椭球面上的。控制测量的作用之一是测定地面点坐标以控制地形测图，地图是平面的，作为控制测图的坐标必须是平面坐标，一个是平面系统，一个是球面系统，无法起到控制作用；另一方面，虽然参考椭球面是个规则的数学曲面，可以精确表达，但在它上面进行测量计算依然相当复杂，如果按一定的投影规律，先将椭球面上的起算元素和观测元素化算成相应的平面元素，然后在平面上进行各种计算（坐标、边长和方位角等）就简单多了。因此，需要把椭球面上的观测值投影到平面上。

9.1.1　投影与变形

地图投影：就是将椭球面各元素（包括坐标、方向和长度）按一定的数学法则投影到平面上。研究这个问题的专门学科叫地图投影学。可用下面两个方程式（坐标投影公式）表示，即

$$\left.\begin{aligned} x &= F_1(L,B) \\ y &= F_2(L,B) \end{aligned}\right\} \tag{9-1}$$

式中　$L、B$——椭球面上某点的大地坐标；

　　　$x、y$——该点投影后的平面直角坐标。

投影变形：椭球面是一个凸起的、不可展平的曲面。将这个曲面上的元素（距离、角度、图形）投影到平面上，就会和原来的距离、角度、图形呈现差异，这一差异称为投影变形。

投影变形的形式：角度变形、长度变形和面积变形。

地图投影的方式：

（1）等角投影——投影前后的角度相等，但长度和面积有变形。

（2）等距投影——投影前后的长度相等，但角度和面积有变形。

（3）等积投影——投影前后的面积相等，但角度和长度有变形。

9.1.2　控制测量对地图投影的要求

（1）应当采用等角投影（正形投影）。采用正形投影时，在三角测量中大量的角度观测元素在投影前后保持不变；在测制地图时，采用等角投影可以保证在有限的范围内使得地图上图形同椭球上原形保持相似。

（2）在采用的正形投影中，要求长度和面积变形不大。由于角度保持不变，与角度相关的计算大大简化，减小了计算工作量。

（3）能按分带投影。对于一个国家乃至全世界，投影后应该保证具有一个单一起算点的统一的坐标系，但这是不可能的。因为如果这样，变形将会很大，并且难以顾及。为解决这

个矛盾，测量上往往是将这样大的区域按一定的规律分成若干个小区域（带）。每个带单独投影，并组成本身的直角坐标系，然后再将这些带用简单的数学方法连接在一起，从而组成统一的系统。

因此，要求投影能很方便地按分带进行，并能按高精度、简单的、同样的计算公式和用表把各带联成整体。

9.1.3 高斯投影的基本概念

1. 基本概念

著名的德国科学家卡尔·弗里德里赫·高斯（1777～1855 年）在 1820～1830 年间在对德国汉诺威三角测量成果进行数据处理时，曾采用了由他本人研究的将一条中央子午线长度投影规定为固定比例尺的椭球正形投影，提出了结论性投影公式。更详细地阐明高斯投影理论并给出实用公式的是德国数学家克吕格，从而使高斯投影开始在许多国家得以应用。因此，人们将这种投影称为高斯-克吕格投影，简称高斯投影。

现在世界上许多国家都采用高斯-克吕格投影，如奥地利、德国、希腊、英国、美国、苏联等，我国于 1952 年正式决定采用高斯-克吕格投影。

如图 9 - 1 所示，假想有一个椭圆柱面横套在地球椭球体外面，并与某一条子午线（此子午线称为中央子午线或轴子午线）相切，椭圆柱的中心轴通过椭球体中心，然后用一定投影方法将中央子午线两侧各一定经差范围内的地区投影到椭圆柱面上，再将此柱面展开即成为投影面，如图 9 - 2 所示，此投影为高斯投影。高斯投影是正形投影的一种。

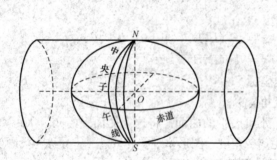

图 9 - 1 高斯投影示意图

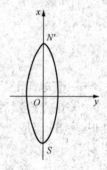

图 9 - 2 投影面

2. 分带投影

高斯投影 6°带：自 0°子午线起每隔经差 6°自西向东分带，依次编号 1，2，3，…。我国 6°带中央子午线的经度，由 75°起每隔 6°而至 135°，共计 11 带（13～23 带），带号用 n 表示，中央子午线的经度用 L_0 表示，它们的关系是 $L_0 = 6n - 3$，如图 9 - 3 所示。

高斯投影 3°带：它的中央子午线一部分同 6°带中央子午线重合，一部分同 6°带的分界子午线重合，如用 n' 表示 3°带的带号，L 表示 3°带中央子午线经度，它们的关系为 $L = 3n'$，如图 9 - 3 所示。我国 3°带共计 22 带（24～45 带）。

3. 高斯平面直角坐标系

在投影面上，中央子午线和赤道的投影都是直线，并且以中央子午线和赤道的交点 O 作为坐标原点，以中央子午线的投影为纵坐标 x 轴，以赤道的投影为横坐标 y 轴，如图 9 - 4 所示。

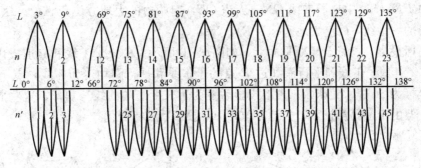

图 9-3　分带投影示意图

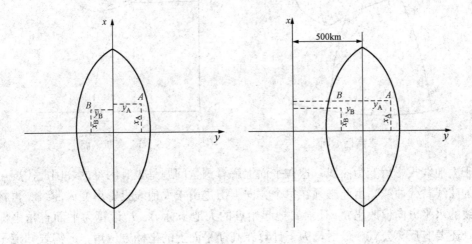

图 9-4　高斯平面直角坐标系

在我国 x 坐标都是正的，y 坐标的最大值（在赤道上）约为 330km。为了避免出现负的横坐标，可在横坐标上加上 500 000m。此外，还应在坐标前面再冠以带号。这种坐标称为国家统一坐标。例如，有一点 $Y=21$ 219 937.161m，该点位在 20°带内，其相对于中央子午线而言的横坐标则是：首先去掉带号，再减去 500 000m，最后得 $y=-280$ 062.839m。

4. 高斯平面投影的特点

（1）椭球面上的角度，投影后保持不变。

（2）中央子午线投影后为一直线，且其长度保持不变。

（3）赤道投影后是一条与中央子午线正交的直线。

（4）椭球面上除中央子午线外，其余子午线投影后均向中央子午线弯曲，并向两极收敛。

（5）椭球面上对称于赤道的平行圈，投影后成为对称的曲线，它与子午线的投影正交，并凹向两极。

（6）距中央子午线越远，长度变形越大。

9.1.4　椭球面上的控制网化算到高斯平面上

如图 9-5 所示，假设则椭球面某一带内有一需要化算到高斯平面上的三角网 $PKMTQ$，其中 P 点为起始点，其大地坐标为 B、l，$l=L-L_0$，L 和 L_0 为 P 点及轴子午线的大地经度；起始边 $PK=S$；中央子午线 ON，赤道 OE，起始边的大地方位角 A_{PK}；PC 为垂直于中央子午线的大地线，C 点大地坐标为 B_0，$l=0°$。

经过高斯投影，投影至高斯平面上，如图 9-6 所示。中央子午线和赤道投影成为直线 ON' 和 OE'。其他子午线和平行圈如过 P 点的子午线和平行圈均变为曲线，点 P 的投影点 P' 的直角坐标为 x、y，椭球面三角形投影后变为边长变短的曲线三角形，这些曲线都凹向纵坐标轴，但由于是等角投影，大地方位角 A_{PK} 投影后没有变化。

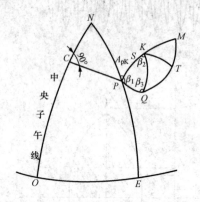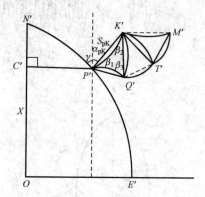

图 9-5 参考椭球面上　　　　　图 9-6 高斯平面上

由于大地线投影后变为曲线，这在平面上解算测量问题是极其困难的，因此需要用连接各点间的弦线替代曲线，由此必须在每个方向上引进由于大地线投影后变成曲线、再将其改化为直线的水平方向值改正 δ。还需要把起始点的大地坐标 B、L 计算为平面直角坐标。为了检核，还要有反算公式。最后，为了计算在高斯平面上的坐标方位角，还需要知道子午线收敛角 γ 和曲率改正 δ。

综上所述，将椭球面上控制网化算到高斯平面上的主要内容包括：

（1）把起始点 P 的大地坐标（L，B）归算为高斯平面直角坐标 x、y；为了检核还应进行反算，亦即根据 x、y 反算 L、B。

（2）通过计算该点的子午线收敛角 γ 及方向改正 δ，将椭球面上起算边大地方位角 A_{PK} 归算到高斯平面上相应边 $P'K'$ 的坐标方位角 $\alpha_{p'K'}$。

（3）通过计算各方向的曲率改正和方向改正，将椭球面上各三角形内角归算到高斯平面上的由相应直线组成的三角形内角。

（4）通过计算距离改正 Δs，将椭球面上起算边 PK 的长度 S 归算到高斯平面上的直线长度 s。

（5）当控制网跨越两个相邻投影带，需要进行平面坐标的邻带换算。

9.2　椭球面元素归算至高斯平面

9.2.1　概述

由于高斯投影是正形投影，椭球面上大地线间的夹角与它们在高斯平面上的投影曲线之间的夹角相等。为了在平面上利用平面三角学公式进行计算，须把大地线的投影曲线用其弦线来代替。控制网归算到高斯平面上的内容有：

（1）起算点大地坐标的归算——将起算点大地坐标（L，B）归算为高斯平面直角坐标

$(x,\ y)$。

(2) 起算方位角的化算。

(3) 边长化算——椭球面上已知的大地线边长（或观测的大地线边长）归算至平面上相应的弦线长度。

(4) 水平方向值的化算——椭球面上各大地线的方向值归算为平面上相应的弦线方向值。

9.2.2　高斯投影正算

已知椭球面上某点的大地坐标 $(L,\ B)$，求该点在高斯投影平面上的直角坐标 $(x,\ y)$，即 $(L,\ B)\rightarrow(x,\ y)$ 的坐标变换，称为高斯投影正算。

1. 投影变换必须满足的条件

(1) 中央子午线投影后为直线。

(2) 中央子午线投影后长度不变。

(3) 投影具有正形性质，即正形投影条件。

2. 投影过程

在椭球面上有对称于中央子午线的两点 P_1 和 P_2，它们的大地坐标分别为 $(L,\ B)$ 及 $(l,\ B)$，式中 l 为椭球面上 P 点的经度与中央子午线 (L_0) 的经度差，$l=L-L_0$，P 点在中央子午线之东，l 为正，在西则为负，则投影后的平面坐标一定为 $P_1'(x,\ y)$ 和 $P_2'(x,\ -y)$。

3. 计算公式

由于公式的推导极为复杂，这里只给出最终结果：

$$\left.\begin{array}{l} x=X+\dfrac{N}{2\rho''^2}\sin Bl''^2+\dfrac{N}{2\rho''^4}\sin B\cos^3 B(5-t^2+9\eta^2)l''^4 \\[3mm] y=\dfrac{N}{\rho''}\cos Bl''+\dfrac{N}{6\rho''^3}B(1-t^2+\eta^2)l''^3+\dfrac{N}{120\rho''^5}\cos^5 B(5-18t^2+t^4)l''^5 \end{array}\right\} \tag{9-2}$$

当要求转换精度精确至 0.001m 时，用下式计算，即

$$\left.\begin{array}{l} x=X+\dfrac{N}{2\rho''^2}\sin Bl''^2+\dfrac{N}{24\rho''^4}\sin B\cos^3 B(5-t^2+9\eta^2+4\eta^4)l''^4 \\[2mm] \qquad +\dfrac{N}{720\rho''^6}\sin B\cos^5 B(61-58t^2+t^4)l''^6 \\[3mm] y=\dfrac{N}{\rho''}\cos Bl''+\dfrac{N}{6\rho''^3}\cos^3 B(1-t^2+\eta^2)l''^3 \\[2mm] \qquad +\dfrac{N}{720\rho''^5}\cos^5 B(5-18t^2+t^4+14\eta^2-58\eta^2 t^2)l''^5 \end{array}\right\} \tag{9-3}$$

式中　X——自赤道起至纬度 B 的子午线弧长；

$\quad\quad N$——卯酉圈曲率半径；

$\quad\quad B$——大地纬度；

$\quad\quad l$——某点与中央子午线的经差，$l=L-L_0$，以弧度（rad）为单位；

$\quad\quad t$——$t=\tan B$；

$\quad\quad \eta$——$\eta^2=e'^2\cos^2 B$。

从式（9-3）可以看出，x 坐标是经差 l 的偶次方函数，y 是 l 的奇次方函数，因此如果纬度不变而只改变 l 的符号，则 x 不变，由此可知，如果椭球面上由两点 P_1、P_2 对称于

中央子午线，则它们的投影 P'_1、P'_2 也必对称于 x 轴。

用式（9 - 3）计算，若 l 不超过 3.5°，则可达到 0.001m 的计算精度。

9.2.3　高斯投影反算

已知某点的高斯投影平面上直角坐标 $(x，y)$，求该点在椭球面上的大地坐标 $(L，B)$，即 $(x，y) \rightarrow (L，B)$ 的坐标变换，称为高斯投影反算。

1. 投影变换必须满足的条件

（1）x 坐标轴投影成中央子午线，是投影的对称轴。

（2）x 轴上的长度投影保持不变。

（3）投影具有正形性质，即正形投影条件。

2. 投影过程

根据 x 计算纵坐标在椭球面上的投影的底点纬度 B_f，接着按 B_f 计算 $(B_f - B)$ 及经差 l，最后得到 $B = B_f - (B_f - B)$、$L = L_0 + l$。

3. 计算公式

$$\left.\begin{aligned}
B &= B_f - \frac{t_f}{2M_f N_f} y^2 + \frac{t_f}{24 M_f N_f^3} \times (5 + 3t_f^3 + \eta_f^2 - 9\eta_f^2 t_f^2) y^4 \\
&\quad - \frac{t_f}{720 M_f N_f^5} \times (61 + 90 t_f^2 + 45 t_f^4) y^6 \\
l &= \frac{1}{N_f \cos B_f} y - \frac{1}{6 N_f^3 \cos B_f} \times (1 + 2t_f^2 + \eta_f^2) y^3 \\
&\quad + \frac{1}{120 N_f^5 \cos B_f} \times (5 + 28 t_f^2 + 24 t_f^4 + 6\eta_f^2 + 8\eta_f^2 t_f^2) y^5
\end{aligned}\right\} \tag{9 - 4}$$

当要求转换精度至 0.01″ 时，可简化为下式：

$$\left.\begin{aligned}
B &= B_f - \frac{t_f}{2M_f N_f} y^2 + \frac{t_f}{24 M_f N_f^3} \times (5 + 3t_f^2 + \eta_f^2 - 9\eta_f^2 t_f^2) y^4 \\
l &= \frac{1}{N_f \cos B_f} y - \frac{1}{6 N_f^3 \cos B_f} \times (1 + 2t_f^2 + \eta_f^2) y^3 \\
&\quad + \frac{1}{120 N_f^5 \cos B_f} \times (5 + 28 t_f^2 + 24 t_f^4) y^5
\end{aligned}\right\} \tag{9 - 5}$$

式中　M——子午圈曲率半径。

底点纬度，也叫垂足纬度，是将 x 视为 X（即 $x = X$）反求出的纬度；具有 f 下标的各量都表示该量是底点纬度的函数。

通过式（9 - 5）求出的 $(B，l)$ 是以弧度（rad）为单位的。

9.2.4　子午线收敛角公式

1. 子午线收敛角的概念

当需要把椭球面上控制网的起算方位角（大地方位角 A）转化为高斯平面上的坐标方位角时，必须已知平面子午线收敛角 γ；在使用地形图时，也需要知道 γ（图上的坐标轴与真北方向的偏差角）；在进行工程设计时，平面子午线收敛角 γ 也有一定的参考意义。

如图 9 - 7 所示，p'、$p'N'$ 及 $p'Q'$ 分别为椭球面 p 点、过 p 点的子午线 pN 及平行圈 pQ 在高斯平面上的投影。由图可知，所谓点 p' 子午线收敛角就是 $p'N'$ 在 p' 上的切线 $p'n'$ 与 $p't'$ 坐标北之间的夹角用 γ 表示。

在椭球面上，因为子午线同平行圈正交，又由于投影具有正形性质，因此它们的描写线 $p'N'$ 及 $p'Q'$ 也必正交。由图 9 - 7 可见，平面子午线收敛角也就等于 $p'Q'$ 在 p' 点上的切线 $p'q'$ 同平面坐标系横轴 y 的倾角。

2. 由大地坐标 (L, B) 计算平面子午线收敛角 γ 公式

由于公式推导较为复杂，这里依然不加推导地给出

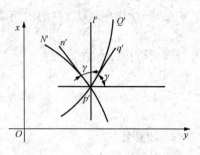

$$\gamma = \sin B \cdot l + \frac{1}{3}\sin B\cos^2 B \cdot l^3(1 + 3\eta^2 + 2\eta^4)$$

$$+ \frac{1}{15}\sin B\cos^4 B \cdot l^5(2 - t^2) + \cdots \qquad (9 - 6)$$

图 9 - 7　平面子午线收敛角示意图

式（9 - 6）即由大地坐标 L、B 计算平面子午线收敛角 γ 的公式，由该式可知：

（1）γ 为 l 的奇函数，l 愈大，γ 也愈大。

（2）γ 有正负，当投影点在中央子午线以东时 γ 为正，在以西时 γ 为负。

（3）当 l 不变时，则 γ 随纬度的增加而增大。

3. 由平面坐标 (x, y) 计算平面子午线收敛角 γ 的公式

$$\gamma = \frac{\rho''}{N_f}y\tan B_f\left[1 - \frac{y^2}{3N_f^3}(1 + t_f^2 - \eta_f^2)\right] \qquad (9 - 7)$$

上式计算精度可达 $1''$。如果要达到 $0.001''$ 计算精度，可用下式计算，即

$$\gamma'' = \frac{\rho''}{N_f}yt_f - \frac{\rho''y^3}{3N_f^3}t_f''(1 + t_f^2 - \eta_f^2) + \frac{\rho''y^5}{15N_f^5}t_f(2 + 5t_f^2 + 3t_f^4) \qquad (9 - 8)$$

4. 实用公式

已知大地坐标 (L, B) 计算子午线收敛角 γ 为

$$\gamma = \{1 + [(0.333\,33 + 0.006\,74\cos^2 B) + (0.2\cos^2 B - 0.0067)l^2]l^2\cos^2 B\}l\sin B\rho'' \qquad (9 - 9)$$

已知平面坐标 (x, y) 计算子午线收敛角

$$\gamma = \{1 - [(0.333\,33 - 0.002\,25\cos^4 B_f) - (0.2 - 0.067\cos^2 B_f)Z^2]Z^2\}Z\sin B_f\rho'' \qquad (9 - 10)$$

以上两个公式的符号与式（9 - 3）、式（9 - 5）含义相同。

9.2.5　方向改化

1. 概念

如图 9 - 8 所示，若将椭球面上的大地线 CD 方向改化为平面上的弦线 cd 方向，其相差一个角值 δ_{ab}，即称为方向改化值。

2. 方向改化的过程

如图 9 - 8 所示，若将大地线 CD 方向改化为弦线 cd 方向。过 C、D 点，在球面上各作一大圆弧与轴子午线正交，其交点分别为 A、B，它们在投影面上的投影分别为 ad 和 bc。由于是把地球近似看成球，故 ad 和 bc 都是垂直于 x 轴的直线。

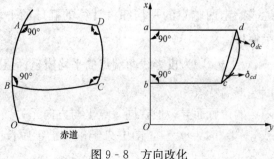

图 9 - 8　方向改化

在 c，d 点上的方向改化分别为 δ_{cd} 和 δ_{dc}。

当大地线长度不大于 10km，y 坐标不大于 100km 时，二者之差不大于 $0.05''$，因而可近似认为 $\delta_{cd} = \delta_{dc}$。

在球面四边形 $ABCD$ 的内角之和等于 $360° + \varepsilon$，ε 是四边形的球面角超。在平面上四边形 $abcd$ 的内角之和等于 $360° + \delta_{cd} + \delta_{dc}$。由于高斯投影是正形投影，所以投影前后的两个四边形的内角和应该相等，即

$$360 + \varepsilon = 360° + \delta_{cd} + \delta_{dc}$$

$$\delta_{cd} = \delta_{dc} = \frac{1}{2}\varepsilon \tag{9-11}$$

3. 计算公式

球面角超公式为

$$\varepsilon'' = \frac{\rho''}{R^2} \left| (x_d - y_c) \frac{(y_d + y_c)}{2} \right| \tag{9-12}$$

适用于三、四等三角测量的方向改正的计算公式为

$$\left. \begin{array}{l} \delta_{cd} = \dfrac{\rho''}{2R^2} y_m (x_d - x_c) \\[3mm] \delta_{dc} = -\dfrac{\rho''}{2R^2} y_m (x_d - x_c) \end{array} \right\} \tag{9-13}$$

式中　y_m——c、d 两点的 y 坐标的自然的平均值，$y_m = \frac{1}{2}(y_c + y_d)$。

9.2.6　距离改化

1. 概念

如图 9-9 所示，设椭球体上有两点 P_1，P_2 及其大地线 S，在高斯投影面上的投影为 P_1'，P_2' 及 s。s 是一条曲线，而连接 $P_1'P_2'$ 两点的直线为 D，如前所述，由 S 化至 D 所加的改正即为距离改正 ΔS。

2. 长度比和长度变形

(1) 长度比 m：椭球面上某点的一微分元素 dS，其投影面上的相应微分元素 ds，则 $m = \frac{ds}{dS}$ 称为该点的长度比。

(2) 长度变形：由于长度比 m 恒大于 1，故称 $(m-1)$ 为长度变形。

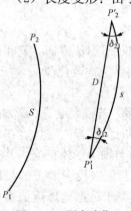

3. 长度比 m 的计算公式

$$m = 1 + \frac{y^2}{2R_m^2} \tag{9-14}$$

式中　R_m——按大地线始末两端点的平均纬度计算的椭球的平均曲率半径；

　　　　y_m——$y_m = \frac{1}{2}(y_a + y_b)$，为投影线两端点的平均横坐标值。

4. 长度比和长度变形的特点

(1) 长度比 m 随点的位置而异，但在同一点上与方向无关。

(2) 当 $y=0$（或 $l=0$）时，$m=1$，即中央子午线投影后长度不变。

图 9-9　距离改化

（3）当 $y\neq0$（或 $l\neq0$）时，即离开中央子午线时，长度设形 $(m-1)$ 恒为正，离开中央子午线的边长经投影后变长。

（4）长度变形 $(m-1)$ 与 y^2（或 l^2）成比例地增大，对于在椭球面上等长的子午线来说，离开中央子午线越远的那条，其长度变形越大。

5. 距离改化计算公式

$$D = S\left(1+\frac{y_m^2}{2R_m^2}\right) \tag{9-15}$$

或

$$D = S\left(1+\frac{y_m^2}{2R_m^2}+\frac{\Delta y^2}{24R_m^2}\right) \tag{9-16}$$

上式中　D——大地线在高斯平面上投影曲线 s 的弦长；

　　　　S——大地线长；

　　　　y_m——高斯平面上投影曲线两端点的 y 坐标中数；

　　　　Δy——高斯平面上投影曲线两端点的 y 坐标差；

　　　　R_m——按大地线始末两端点的平均纬度计算（查取）的椭球的平均曲率半径。

式（9-15）与式（9-16）相比，忽略了括号中的第三项，计算结果稍粗略。

例：已知 A、B 两点在椭球面上的大地线长度为 4812.981m，$y_A=52.8$km，$y_B=46.8$km，求投影到高斯平面上的长度。

解：将已知数据代入式（9-16），计算得
$$D = 4812.981\text{m}+0.147\text{m}=4813.128\text{m}$$

9.3　高斯换带计算

9.3.1　产生换带的原因

我国大地测量控制网按照高斯投影方法进行 6°和 3°的分带和计算，与国际惯例相一致，也便于大地测量成果的统一、使用和互算。但按此法建立起来的国家大地控制网并不能全面满足一切测图和工程测量的需要。

高斯投影为了限制高斯投影的长度变形，以中央子午线进行分带，把投影范围限制在中央子午线东、西两侧一定的范围内，因而使得统一的坐标系分割成各带的独立坐标系，在实际测绘生产中产生了新的问题。若在跨越东、西两带的临带地区建立控制网及进行测图，就存在把东带地区的控制点坐标换到西带，或把西带的控制点换到东带，这称为坐标换带。也由于高斯投影的长度变形在离中央子午线较远的地区会较大，为了控制精度，会变更中央子午线，还需要变换投影高程面。在工程应用中，往往要用到相邻带中的点坐标，有时工程测量中要求采用 3°带、1.5°带或任意带，而国家控制点通常只有 6°带坐标，这时就产生了 6°带同 3°带（或 1.5°带、任意带）之间的相互坐标换算问题（图 9-10），这些问题中都涉及了坐标换带计算问题。

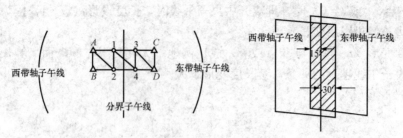

图 9-10　换带计算示意图

9.3.2　应用高斯投影正、反算公式间接进行换带计算

1. 计算过程

把椭球面上的大地坐标作为过渡坐标。首先把某投影带（比如Ⅰ带）内有关点的平面坐标 $(x, y)_I$ 利用高斯投影反算公式换算成椭球面上的大地坐标 (l, B)，进而得到 $L = L_0^I + l$；然后再由大地坐标 (B, l)，利用投影正算公式换算成相邻带的（第Ⅱ带）的平面坐标 $(x, y)_{II}$。在这一步计算时，要根据第Ⅱ带的中央子午线 L_0^{II} 来计算经差 l，亦即此时 $l = L - L_0^{II}$。

2. 算例

在中央子午线 $L_0^I = 123°$ 的Ⅰ带中，有某一点的北京 54 坐标 $x_1 = 5\ 728\ 374.726\mathrm{m}$，$y_1 = 21\ 835\ 421.193\mathrm{m}$，坐标系为现要求计算该点在中央子午线 $L_0^{II} = 129°$ 的第Ⅱ带的平面直角坐标。

3. 计算步骤

（1）根据 x_1、y_1 利用高斯反算公计算换算 B_1、L_1，得到 $B_1 = 51°35'057\ 278''$，$L_1 = 127°50'26.0527''$。

（2）采用已求得的 B_1、L_1，并顾及到第Ⅱ带的中央子午线 $L_0^{II} = 129°$，求得 $l = -1°09'33.9473''$，利用高斯正算公式计算第Ⅱ带的直角坐标 $x_{II} = 5\ 717\ 898.376\mathrm{m}$，$y_{II} = 419\ 638.225\mathrm{m}$。若加上带号，变为国家统一坐标，则为 $x_{II} = 5\ 717\ 898.376\mathrm{m}$，$y_{II} = 22\ 419\ 638.225\mathrm{m}$。

（3）为了检核计算的正确性，要求每步都应进行往返计算。

9.4　地方坐标系的建立

9.4.1　有关投影变形的基本概念

平面控制测量投影面和投影带的选择，主要是解决长度变形问题。这种投影变形主要是由以下两种因素引起的：

（1）实测边长归算到参考椭球面上的变形影响，其值为

$$\Delta s_1 = -\frac{sH_m}{R} \tag{9-17}$$

式中　H_m——归算边高出参考椭球面的平均高程；

　　　s——归算边的长度；

　　　R——归算边方向参考椭球法截弧的曲率半径。

归算边长的相对变形为

$$\frac{\Delta s_1}{s} = -\frac{H_m}{R} \qquad (9-18)$$

Δs_1 值是负值，表明将地面实量长度归算到参考椭球面上，总是缩短的；$|\Delta s_1|$ 值与 H_m 成正比，随 H_m 增大而增大。

（2）将参考椭球面上的边长归算到高斯投影面上的变形影响，其值为

$$\Delta s_2 = \frac{1}{2}\left(\frac{y_m}{R_m}\right)^2 s_0 \qquad (9-19)$$

式中，$s = s_0 + \Delta s_1$，即 s_0 为投影归算边长，y_m 为归算边两端点横坐标平均值，R_m 为参考椭球面平均曲率半径。投影边长的相对投影变形为

$$\frac{\Delta s_2}{s_0} = \frac{1}{2}\left(\frac{y_m}{R_m}\right)^2 \qquad (9-20)$$

Δs_2 值总是正值，表明将椭球面上长度投影到高斯面上，总是增大的；Δs_2 值随着 y_m 平方成正比而增大，离中央子午线越远，其变形越大。

9.4.2　工程测量平面控制网的精度要求

工程测量控制网不但应作为测绘大比例尺图的控制基础，还应作为城市建设和各种工程建设施工放样测设数据的依据。为了便于施工放样工作的顺利进行，要求由控制点坐标直接反算的边长与实地量得的边长在长度上应该相等，这就是说上述两项归算投影改正而带来的长度变形或者改正数不得大于施工放样的精度要求。一般来说，施工放样的方格网和建筑轴线的测量精度为 1/5000～1/20 000。因此，由投影归算引起的控制网长度变形应小于施工放样允许误差的 1/2，即相对误差为 1/10 000～1/40 000，也就是说，每公里的长度改正数不应该大于 10～2.5cm。

9.4.3　投影变形的处理方法

（1）通过改变 H_m 从而选择合适的高程参考面，将抵偿分带投影变形，这种方法通常称为抵偿投影面的高斯正形投影。

（2）通过改变 y_m，从而对中央子午线作适当移动，来抵偿由高程面的边长归算到参考椭球面上的投影变形，这就是通常所说的任意带高斯正形投影。

（3）通过既改变 H_m（选择高程参考面），又改变 y_m（移动中央子午线），来共同抵偿两项归算改正变形，这就是所谓的具有高程抵偿面的任意带高斯正形投影。

9.4.4　工程测量中几种可能采用的直角坐标系

1. 国家 3°带高斯正形投影平面直角坐标系

当测区平均高程在 100m 以下，且 y_m 值不大于 40km 时，其投影变形值 Δs_1 及 Δs_2 均小于 2.5cm，可以满足大比例尺测图和工程放样的精度要求。在偏离中央子午线不远和地面平均高程不大的地区，不需考虑投影变形问题，直接采用国家统一的 3°带高斯正形投影平面直角坐标系作为工程测量的坐标系。

2. 抵偿投影面的 3°带高斯正形投影平面直角坐标系

在这种坐标系中，依然采用国家 3°带高斯投影，但投影的高程面不是参考椭球面而是依据补偿高斯投影长度变形而选择的高程参考面。在这个高程参考面上，长度变形为零。

$$s\left(\frac{y_m^2}{2R_m^2} + \frac{H_m}{R}\right) = \Delta s_2 + \Delta s_1 = \Delta s = 0 \qquad (9-21)$$

于是，当 y_m 一定时，可求得

$$\Delta H = \frac{y_m^2}{2R} \tag{9-22}$$

则投影面高为

$$H_{投} = H_m + \Delta H$$

例：某测区海拔 $H_m=2000m$，最边缘中央子午线 100km，当 $s=1000m$ 时，则有

$$\Delta s_1 = -\frac{H_m}{R_m} \cdot s = -0.313m, \quad \Delta s_2 = \frac{1}{2}\left(\frac{y_m^2}{2R_m^2}\right)s = 0.123m$$

$$\Delta s_1 + \Delta s_2 = -0.19m$$

超过允许值（10～2.5cm）。这时为不改变中央子午线位置，而选择一个合适的高程参考面，经计算得高差 $\Delta H \approx 780m$，将地面实测距离归算到 $2000-780=1220m$。

3. 任意带高斯正形投影平面直角坐标系

在这种坐标系中，仍把地面观测结果归算到参考椭球面上，但投影带的中央子午线不按国家 3°带的划分方法，而是依据补偿高程面归算长度变形而选择的某一条子午线作为中央子午线。这就是说，在式（9-21）中，保持 H_m 不变，于是求得

$$y = \sqrt{2R_m H_m}$$

例：某测区相对参考椭球面的高程 $H_m=500m$，为抵偿地面观测值向参考椭球面上归算的改正值，依上式算得

$$y = \sqrt{2\times 6370 \times 0.5} = 80km$$

即选择与该测区相距 80km 处的子午线。此时在 $y_m=80km$ 处，两项改正项得到完全补偿。

但在实际应用这种坐标系时，往往是选取过测区边缘，或测区中央，或测区内某一点的子午线作为中央子午线，而不经过上述的计算。

4. 具有高程抵偿面的任意带高斯正形投影平面直角坐标系

在这种坐标系中，往往是指投影的中央子午线选在测区的中央，地面观测值归算到测区平均高程面上，按高斯正形投影计算平面直角坐标。由此可见，这是综合第二、三两种坐标系长处的一种任意高斯直角坐标系。显然，这种坐标系更能有效地实现两种长度变形改正的补偿。

5. 假定平面直角坐标系

当测区控制面积小于 100km² 时，可不进行方向和距离改正，直接把局部地球表面作为平面建立独立的平面直角坐标系。这时，起算点坐标及起算方位角最好能与国家网联系，如果联系有困难，可自行测定边长和方位，而起始点坐标可假定。这种假定平面直角坐标系只限于某种工程建筑施工之用。

9.5 高斯投影算例与软件介绍

通过前面的讲解可知，基于参考椭球面上的元素如大地经纬度（L、B）、大地线长（S）、大地方位角（A）要归算至参考椭球面上，需要进行高斯正算（由 L、$B \to x$、y）、高斯反算（x、$y \to L$、B 用作检验）、子午线收敛角 γ（用于由大地方位角 A 计算坐标方位角 α）、距离改化（由大地线长 S 计算高斯平面上投影曲线弦长）、方向改正、换带计算等。这些计算可以辅助查表的方式进行手工计算，但较麻烦，尤其在计算机技术高度发达的今天，使用软件进行计算可以大大简化计算量。

高斯投影计算中的方向改化、距离改化通常是作为概算的一部分，融入了平差计算中，而高斯正算、高斯反算和换带计算是作为测量软件的一个功能模块，可以单独调出进行计算。可以进行这些计算的软件有南方平差易 2003、科傻测量控制网通用处理软件包、NASEW2003 智能图文网平差、工程测量数据处理系统 ESDPS 等，本节就南方平差易 2005 为例，简要阐述相关的高斯计算功能。

9.5.1　使用南方平差易 2005 进行高斯投影计算

前面已经讲过，南方平差易软件简单易用、功能强大、计算严谨，此处结合本章的高斯计算讲一下该软件的"大地正反算"功能模块。

打开南方平差易 2005，执行"工具"菜单中的"大地正反算 F5"选项，调出大地正反算模块，如图 9 - 11 和图 9 - 12 所示。

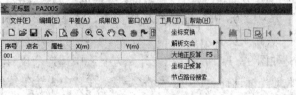

图 9 - 11　调用大地正反算模块

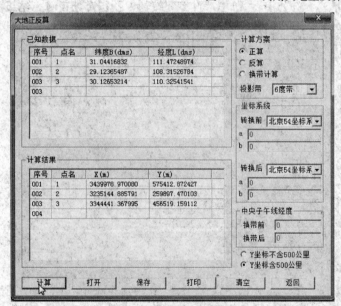

图 9 - 12　大地正反算界面

1. 高斯正算

如图 9 - 12 所示，在计算方案中选择"正算"选项，投影带下拉列表框中根据要得到的高斯坐标的投影类型选择合适的投影带；在"已知数据"选项卡中，按行依次输入相关数据（点号、纬度 B 和经度 L），这里经纬度按照"dd. mmss"的格式输入，若需要使转换后的 y 坐标加 500km，则选中"Y 坐标含 500 公里"选项。最后单击"计算"，即可得到相应投影带的高斯坐标。

在"已知数据"栏中，一行数据代表一个点的经纬度，若需要转换多个，可依次多行输入，即可实现批量转换（图 9 - 12）。点击"保存"，即可把成果保存为 txt 文档。使用该模块的"打开"按钮，也可以打开已经编辑好的转换数据文件（txt 文档），进行批量数据转换。该 txt 文档的数据格式见图 9 - 13。

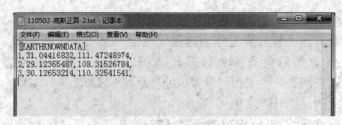

图 9-13　高斯正算数据文件格式

由图 9-13 可知，若按照该格式批量编辑要转换的大量点的经纬度数据，就可以使用南方平差易 2005 进行批量的高斯正算，省去了单个输入的麻烦。

2. 高斯反算

如图 9-14 所示，在"计算方案"中选择"反算"选项，投影带下拉列表框中根据要得到的大地坐标选择合适的投影带类型；在"中央子午线经度"文本框中输入反算后的大地经纬度所在的中央子午线经度。若要转换的高斯坐标包含 500 公里，则选中"Y 坐标含 500 公里"，否则选择"Y 坐标不含 500 公里"。单击"计算"按钮，执行高斯反算，结果如图 9-14 所示。

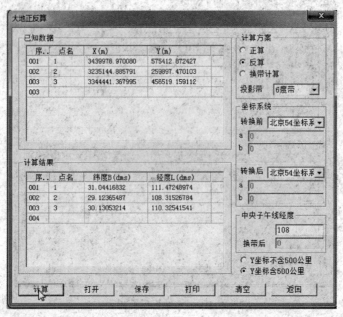

图 9-14　高斯反算界面

与高斯正算类似，在"已知数据"栏中，一行数据代表一个点的高斯 X 与 Y 坐标，若需要转换多个，可依次多行输入，即可实现批量转换（图 9-14）。点击"保存"，即可把成果保存为 txt 文档。使用该模块的"打开"按钮，也可以打开已经编辑好的转换数据文件（txt文档），进行批量数据转换。该 txt 文档的数据格式与高斯正算数据格式类似（图 9-15）。

3. 换带计算

换带计算模块依然是同样的界面，如图 9-16 所示，在计算方案中选择"换带计算"；在"坐标系统"中选择换带计算前后的坐标系统，包含了"北京 54 坐标系"、"西安 80 坐标系"、"WGS84 坐标系"和"自定义"。如果是自定义坐标系统，则需要输入相应的参考椭球的长半轴和短半轴长度，在"中央子午线经度"中分别输入换带前和换带后的中央子午线的

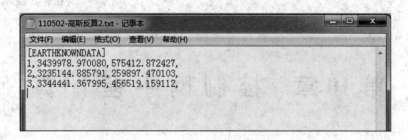

图 9 - 15　高斯反算数据文件格式

经度，这点很重要，必须正确输入，这是换带计算的基本前提；若参与换带计算的高斯坐标 Y 坐标值包含 500 公里，则选中"Y 坐标含 500 公里"，否则选择"Y 坐标不含 500 公里"。单击"计算"按钮，进行换带计算，结果如图 9 - 16 所示。

换带计算与高斯正反算一样，可以进行单个数据的转换，也可以进行批量数据计算。进行批量数据计算时，可以在图 9 - 16 界面中分多行输入"已知数据"，也可以按照图 9 - 15 的数据格式，手工输入或使用第三方软件如 Excel 进行编辑，使用"打开功能"进行批量数据计算。

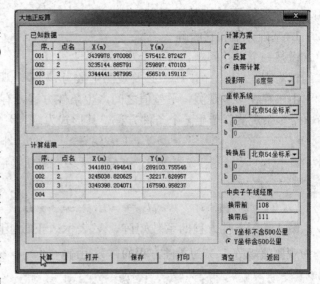

图 9 - 16　换带计算界面

习　　题

1. 为何必须要将椭球面上的观测元素归算至高斯平面？

2. 高斯投影具有哪些特征？

3. 解决工程投影变形的方法有哪些？

4. 某地区的经度为东经 $117°45'34''$，试计算其在 $6°$ 带、$3°$ 带带号及相应的中央子午线经度。

5. 已知某点的大地坐标 $B=30°07'39''2124$，$L=102°13'54''5011$。计算出 A 点在 $6°$ 带中的平面直角坐标，并用反算检核其正确性。

6. 已知某点在 $6°$ 带中的平面直角坐标为 $(L_0=117°$，$N=20)$ $X=194\,5412.104$，$Y=-280\,262.425$，将其换算到 $3°$ 带。

7. 安徽省境内某点的大地坐标为 $L=117°03'11''2972$，$B=32°07'23''8787$，该点附近的测区要进行大比例尺测图和施工放样，要求布设的控制网的长度变形尽量小，问在此情况下，采用哪一种投影带合适？如果已得到该点在 $6°$ 带的坐标，是否还需要进行换带计算？

第 10 章 控制网平差计算

10.1 测量平差的数学模型与基本公式

10.1.1 条件平差的数学模型

1. 基础方程和它的解

设某一个平差问题，有 n 个观测值为 L_1，L_2，$\cdots$，L_n，平差值为 $\hat{L}_1$，$\hat{L}_2$，$\cdots$，$\hat{L}_n$，相应的权为 P_1，P_2，$\cdots$，P_n。必要观测个数为 t，多余观测个数为 r。

由于存在多余观测，平差值之间产生条件方程，有一个多余观测就产生一个条件方程，有 r 个多余观测就产生 r 个条件方程。其形式为

$$\left.\begin{array}{l} a_1\hat{L}_1 + a_2\hat{L}_2 + \cdots + a_n\hat{L}_n + a_0 = 0 \\ b_1\hat{L}_1 + b_2\hat{L}_2 + \cdots + b_n\hat{L}_n + b_0 = 0 \\ \cdots \\ r_1\hat{L}_1 + r_2\hat{L}_2 + \cdots + r_n\hat{L}_n + r_0 = 0 \end{array}\right\} \tag{10-1}$$

设 A 表示条件方程的系数矩阵，$\underset{n\times1}{V}$ 表示改正数矩阵，$\underset{r\times1}{W}$ 表示条件方程的闭合差矩阵，$\underset{n\times1}{L}$ 为观测值矩阵，$\underset{r\times1}{A_0}$ 为条件方程的常数矩阵，即

$$\underset{r\times1}{A_0} = \begin{bmatrix} a_0 \\ b_0 \\ \cdots \\ r_0 \end{bmatrix}, \quad \underset{r\times n}{A} = \begin{bmatrix} a_1 & a_2 & \cdots & a_n \\ b_1 & b_2 & \cdots & b_n \\ \cdots & \cdots & \cdots & \cdots \\ r_1 & r_2 & \cdots & r_n \end{bmatrix}, \quad \underset{n\times1}{\hat{L}} = \begin{bmatrix} \hat{L}_1 \\ \hat{L}_2 \\ \cdots \\ \hat{L}_n \end{bmatrix}, \quad \underset{r\times1}{W} = \begin{bmatrix} w_a \\ w_b \\ \cdots \\ w_r \end{bmatrix}$$

则式（10-1）表达成

$$AV + W = 0 \tag{10-2}$$

设观测值的权阵 P 为 $n \times n$ 的对角阵，按求函数极值的拉格朗日乘数法，设乘数为 $K = (k_a \quad k_b \cdots k_r)^{\mathrm{T}}$，组成函数

$$\Phi = V^{\mathrm{T}}PV - 2K^{\mathrm{T}}(AV + W)$$

为求新函数 Φ 的极值，对上式的变量 V 求其一阶偏导数，并令其为零，于是有

$$\frac{\mathrm{d}\Phi}{\mathrm{d}V} = 2V^{\mathrm{T}}P - 2K^{\mathrm{T}}A = 0$$

等式两边同时转置得

$$PV = A^{\mathrm{T}}K$$

得改正数 V 的计算公式为

$$V = P^{-1}A^{\mathrm{T}}K \tag{10-3}$$

式（10-3）就是改正数方程的矩阵形式。

若将式（10-3）代入式（10-2），可得法方程的矩阵表达式为

$$\boldsymbol{AP}^{-1}\boldsymbol{A}^{\mathrm{T}} + \boldsymbol{W} = 0 \tag{10-4}$$

设 $\boldsymbol{N}_{aa} = \boldsymbol{AP}^{-1}\boldsymbol{A}^{\mathrm{T}}$，则式（10-4）可表示为

$$\boldsymbol{N}_{aa} + \boldsymbol{W} = 0 \tag{10-5}$$

可得

$$\boldsymbol{K} = -\boldsymbol{N}_{aa}^{-1}\boldsymbol{W} \tag{10-6}$$

2. 精度评定

（1）单位权中误差。

$$\hat{\sigma}_0 = \pm\sqrt{\frac{\boldsymbol{V}^{\mathrm{T}}\boldsymbol{P}\boldsymbol{V}}{n-t}} \tag{10-7}$$

（2）平差值的协因数阵。

$$\boldsymbol{Q}_{\hat{L}\hat{L}} = \boldsymbol{Q} - \boldsymbol{Q}\boldsymbol{A}^{\mathrm{T}}\boldsymbol{N}_{aa}^{-1}\boldsymbol{A}\boldsymbol{Q} \tag{10-8}$$

（3）平差值函数的协因数。

设平差值的函数为

$$\varphi = f(\hat{L}_1, \hat{L}_2, \cdots, \hat{L}_n) \tag{10-9}$$

其全微分形式

$$\mathrm{d}\varphi = \left(\frac{\partial f}{\partial \hat{L}_1}\right)_{\hat{L}=L}\mathrm{d}\hat{L}_1 + \left(\frac{\partial f}{\partial \hat{L}_2}\right)_{\hat{L}=L}\mathrm{d}\hat{L}_2 + \cdots + \left(\frac{\partial f}{\partial \hat{L}_n}\right)_{\hat{L}=L}\mathrm{d}\hat{L}_n \tag{10-10}$$

$$= f_1\mathrm{d}\hat{L}_1 + f_2\mathrm{d}\hat{L}_2 + \cdots + f_n\mathrm{d}\hat{L}_n$$

$$\boldsymbol{Q}_{\varphi\varphi} = \boldsymbol{f}^{\mathrm{T}}\boldsymbol{Q}\boldsymbol{f} - (\boldsymbol{A}\boldsymbol{Q}\boldsymbol{f})^{\mathrm{T}}\boldsymbol{N}_{aa}^{-1}\boldsymbol{A}\boldsymbol{Q}\boldsymbol{f} \tag{10-11}$$

10.1.2　间接平差的数学模型

间接平差又称参数平差。水平控制网按间接平差时，通常选取待定点的坐标平差值作为未知数（按方向平差时还增加测站定向角未知数），平差后直接求得各待定点的坐标平差值，故这种以待定点坐标作为未知数的间接平差法也称为坐标平差法。

1. 基础方程和它的解

设平差问题中有 n 个不等精度的独立观测 $\underset{n\times1}{L}$，相应权为 $p_i(i=1,2,\cdots,n)$，并设需 t 个必要观测，用 $\underset{t\times1}{X}$ 表示选定的未知数，按题列出 n 个平差值方程为

$$\left.\begin{array}{l}\hat{L}_1 = L_1 + v_1 = a_1x_1 + b_1x_2 + \cdots + t_1x_t + d_1 \\ \hat{L}_2 = L_2 + v_2 = a_2x_1 + b_2x_2 + \cdots + t_2x_t + d_2 \\ \cdots\quad\cdots\quad\cdots\quad\cdots\quad\cdots\quad\cdots\quad\cdots \\ \hat{L}_n = L_n + v_n = a_nx_1 + b_nx_2 + \cdots + t_nx_t + d_n\end{array}\right\} \tag{10-12}$$

令 $x_i = x_i^0 + \delta x_i$，则式（10-12）为

$$\left.\begin{array}{l}v_1 = a_1\delta x_1 + b_1\delta x_2 + \cdots + t_1\delta x_t + l_1 \\ v_2 = a_2\delta x_1 + b_2\delta x_2 + \cdots + t_2\delta x_t + l_2 \\ \cdots\quad\cdots\quad\cdots\quad\cdots\quad\cdots\quad\cdots\quad\cdots \\ v_n = a_n\delta x_1 + b_n\delta x_2 + \cdots + t_n\delta x_t + l_n\end{array}\right\} \tag{10-13}$$

上式称为误差方程，式中 a_i，b_i，$\cdots$，t_i，l_i 为误差方程系数及常数项，且

$$l_i = a_ix_1^0 + b_ix_2^0 + \cdots + t_ix_t^0 + d_i - L_i (i=1,2,\cdots,n) \tag{10-14}$$

若设 $V_{n\times 1} = \begin{bmatrix} \nu_1 \\ \nu_2 \\ \vdots \\ \nu_n \end{bmatrix}$, $\delta x_{t\times 1} = \begin{bmatrix} \delta x_1 \\ \delta x_2 \\ \vdots \\ \delta x_t \end{bmatrix}$, $l_{n\times 1} = \begin{bmatrix} l_1 \\ l_2 \\ \vdots \\ l_n \end{bmatrix}$, $B_{n\times t} = \begin{bmatrix} a_1 & b_1 & \cdots & t_1 \\ a_2 & b_2 & \cdots & t_2 \\ \cdots & \cdots & \cdots & \cdots \\ a_n & b_n & \cdots & t_n \end{bmatrix}$, $P_{n\times n} = \begin{bmatrix} p_1 & 0 & \cdots & 0 \\ 0 & p_2 & \cdots & 0 \\ \cdots & \cdots & \cdots & \cdots \\ 0 & 0 & \cdots & p_n \end{bmatrix}$,

则式（10 - 12）的矩阵形式为

$$V = B\delta x + l \tag{10 - 15}$$

根据最小二乘原理，上式 δx 必须满足 $V^{\mathrm{T}}PV = \min$，按求函数自由极值的方法得

$$\frac{\partial V^{\mathrm{T}}PV}{\partial \delta x} = 2V^{\mathrm{T}}P \frac{\partial V}{\partial \delta x} = V^{\mathrm{T}}PB = 0$$

转置后得

$$B^{\mathrm{T}}PV = 0 \tag{10 - 16}$$

将式（10 - 15）代入式（10 - 16）得

$$B^{\mathrm{T}}PB\delta x + B^{\mathrm{T}}Pl = 0 \tag{10 - 17}$$

令 $N_{bb} = B^{\mathrm{T}}PB$, $W = B^{\mathrm{T}}Pl$ 得

$$N_{bb}\delta x + W = 0 \tag{10 - 18}$$

可得

$$\delta x = -N_{bb}^{-1}W \tag{10 - 19}$$

将上式算得的 δx 代入式（10 - 15），求出改正数向量 V，进而求出观测平差值。

2. 精度评定

(1) 单位权中误差。

$$\hat{\sigma}_0 = \pm\sqrt{\frac{V^{\mathrm{T}}PV}{n - t}} \tag{10 - 20}$$

(2) 未知数的协因数阵。

$$Q_{xx} = N_{bb}^{-1} \tag{10 - 21}$$

即法方程系数矩阵的逆阵就是未知数向量的权逆阵。

(3) 未知数函数的协因数。

间接平差中，平差后得到了未知数平差值及观测值的平差值，但往往在许多平差问题中，除了得到上述结果，还需根据未知数的平差计算某些量，这些是未知数的函数，故也应作精度评定。

设某平差问题的未知数的函数为

$$\varphi = f(x_1, x_2, \cdots, x_t) \tag{10 - 22}$$

它的权函数式为

$$\delta\varphi = \left(\frac{\partial f}{\partial x_1}\right)\delta x_1 + \left(\frac{\partial f}{\partial x_2}\right)\delta x_2 + \cdots + \left(\frac{\partial f}{\partial x_t}\right)\delta x_t \tag{10 - 23}$$
$$= f_1\delta x_1 + f_2\delta x_2 + \cdots + f_t\delta x_t$$

令 $f^{\mathrm{T}} = [f_1 \quad f_2 \quad \cdots \quad f_t]$, $\delta x = [\delta x_1 \quad \delta x_2 \quad \cdots \quad \delta x_t]^{\mathrm{T}}$，则上式的矩阵形式为

$$\delta\varphi = f^{\mathrm{T}}\delta x \tag{10 - 24}$$

根据权逆阵的传播律，得未知数的权倒数

$$\frac{1}{P_\varphi} = f^{\mathrm{T}}Q_{xx}f^{\mathrm{T}} \tag{10 - 25}$$

因为

$$Q_{xx} = N^{-1}$$

所以

$$\frac{1}{P_{\varphi}} = f^{\mathrm{T}} N^{-1} f \tag{10-26}$$

10.2 平面控制网平差计算

由于间接平差的规律性强，便于计算机程序编制，因此平面控制网和高程控制网的电算程序多采用间接平差的方法。

间接平差又称参数平差。水平控制网按间接平差时，通常选取待定点的坐标平差值作为未知数（按方向平差时还增加测站定向角未知数），平差后直接求得各待定点的坐标平差值，故这种以待定点坐标作为未知数的间接平差法也称为坐标平差法。

10.2.1 平面控制网误差方程的列立

间接平差法进行平差计算，第一步就是列出误差方程，为此，要确定平差问题中未知参数的个数、参数的选择以及误差方程的建立等。

1. 未知数个数的确定

在间接平差中，未知数个数就等于必要观测个数。

2. 未知数的选取

平面控制网参数平差总是选择未知点的坐标为平差参数。

3. 测角网坐标平差误差方程列立

这里讨论测角网中选择待定点坐标为未知数时，误差方程列立及线性化问题。某一测角网的任一角 L_i，j，k，h 为三个待定点，它们的近似坐标为 x_j^0，y_j^0，x_k^0，y_k^0，x_h^0，y_h^0，改正数为 δx_j，δy_j，δx_k，δy_k，δx_h，δy_h 则平差值分别为

$$\left. \begin{aligned} x_j &= x_j^0 + \delta x_j \\ y_j &= y_j^0 + \delta y_j \end{aligned} \right\}, \quad \left. \begin{aligned} x_k &= x_k^0 + \delta x_k \\ y_k &= y_k^0 + \delta y_k \end{aligned} \right\}, \quad \left. \begin{aligned} x_h &= x_h^0 + \delta x_h \\ y_h &= y_h^0 + \delta y_h \end{aligned} \right\}$$

可得 $\hat{L}_i$ 的平差值方程为

$$\hat{L}_i = \hat{\alpha}_{jk} - \hat{\alpha}_{jh} \tag{10-27}$$

令 $\hat{\alpha}_{jk} = \alpha_{jk}^0 + \delta \alpha_{jk}$，$\hat{\alpha}_{jh} = \alpha_{jh}^0 + \delta \alpha_{jh}$，误差方程为

$$v_i = \delta \alpha_{jk} - \delta \alpha_{jh} + (\alpha_{jk}^0 - \alpha_{jh}^0 - L_i) = \delta \alpha_{jk} - \delta \alpha_{jh} + l_i$$

$$l_i = \alpha_{jk}^0 - \alpha_{jh}^0 - L_i \tag{10-28}$$

现求坐标改正数与坐标位角改正数的线性关系。

由图 10-1 可知

$$\hat{\alpha}_{jk} = \arctan \left(\frac{y_k - y_j}{x_k - x_j} \right) \tag{10-29}$$

将式右端按泰勒公式展开得

$$\hat{\alpha}_{jk} = \arctan \frac{(y_k^0 - y_j^0)}{(x_k^0 - x_j^0)} + \left(\frac{\partial \hat{\alpha}_{jk}}{\partial x_j} \right)_0 \delta x_j + \left(\frac{\partial \hat{\alpha}_{jk}}{\partial y_j} \right)_0 \delta y_j + \left(\frac{\partial \hat{\alpha}_{jk}}{\partial x_k} \right)_0 \delta x_k + \left(\frac{\partial \hat{\alpha}_{jk}}{\partial y_k} \right)_0 \delta y_k$$

$$= \alpha_{jk}^0 + \delta \alpha_{jk} \tag{10-30}$$

$$\delta\alpha_{jk} = \left(\frac{\partial \hat{\alpha}_{jk}}{\partial x_j}\right)_0 \delta x_j + \left(\frac{\partial \hat{\alpha}_{jk}}{\partial y_j}\right)_0 \delta y_j + \left(\frac{\partial \hat{\alpha}_{jk}}{\partial x_k}\right)_0 \delta x_k + \left(\frac{\partial \hat{\alpha}_{jk}}{\partial y_k}\right)_0 \delta y_k \tag{10-31}$$

$$\delta\alpha''_{jk} = \frac{\rho'' \Delta y_{jk}^0}{(s_{jk}^0)^2} \delta x_j - \frac{\rho'' \Delta x_{jk}^0}{(s_{jk}^0)^2} \delta y_j - \frac{\rho'' \Delta y_{jk}^0}{(s_{jk}^0)^2} \delta x_k + \frac{\rho'' \Delta x_{jk}^0}{(s_{jk}^0)^2} \delta y_k \tag{10-32}$$

或

$$\delta\alpha''_{jk} = \frac{\rho'' \sin\alpha_{jk}^0}{s_{jk}^0} \delta x_j - \frac{\rho'' \cos\alpha_{jk}^0}{s_{jk}^0} \delta y_j - \frac{\rho'' \sin\alpha_{jk}^0}{s_{jk}^0} \delta x_k + \frac{\rho'' \cos\alpha_{jk}^0}{s_{jk}^0} \delta y_k \tag{10-33}$$

同理

$$\delta\alpha''_{jh} = \frac{\rho'' \Delta y_{jh}^0}{(s_{jh}^0)^2} \delta x_j - \frac{\rho'' \Delta x_{jh}^0}{(s_{jh}^0)^2} \delta y_j - \frac{\rho'' \Delta y_{jh}^0}{(s_{jh}^0)^2} \delta x_h + \frac{\rho'' \Delta x_{jh}^0}{(s_{jh}^0)^2} \delta y_h \tag{10-34}$$

或

$$\delta\alpha''_{jh} = \frac{\rho'' \sin\alpha_{jh}^0}{s_{jh}^0} \delta x_j - \frac{\rho'' \cos\alpha_{jh}^0}{s_{jh}^0} \delta y_j - \frac{\rho'' \sin\alpha_{jh}^0}{s_{jh}^0} \delta x_h + \frac{\rho'' \cos\alpha_{jh}^0}{s_{jh}^0} \delta y_h \tag{10-35}$$

上式就是坐标改正数与坐标方位角改正数间的一般关系，称为坐标方位角改正数方程，其中 $\delta\alpha$ 以秒（s）为单位。平差计算时，可按不同的情况灵活运用。

讨论：

（1）若某边的两端均为待定点，则坐标改正数与坐标方位角改正数间的关系就是式（10-35），此时 δy_j 与 δx_k 前的系数是绝对值相等，符号相反；δx_j 与 δy_k 前的系数也是绝对值相等，符号相反。

（2）若测站点 j 为已知点时，则 $\delta x_j = \delta y_j = 0$，得

$$\delta\alpha''_{jk} = \frac{-\rho'' \Delta y_{jk}^0}{(s_{jk}^0)^2} \delta x_k + \frac{\rho'' \Delta x_{jk}^0}{(s_{jk}^0)^2} \delta y_k \tag{10-36}$$

若照准点 k 为已知点，则有 $\delta x_k = \delta y_k = 0$，得

$$\delta\alpha''_{jk} = \frac{+\rho'' \Delta y_{jk}^0}{(s_{jk}^0)^2} \delta x_j - \frac{\rho'' \Delta x_{jk}^0}{(s_{jk}^0)^2} \delta y_j \tag{10-37}$$

（3）若某边的两个端点均为已知点，则

$$\delta x_j = \delta y_j = \delta x_k = \delta y_k = 0, \quad \delta\alpha''_{jk} = 0 \tag{10-38}$$

（4）同一边的正反坐标方位角的改正数相等，它们与坐标改正数的关系也一样，即

$$\delta\alpha''_{jk} = \delta\alpha''_{kj} \tag{10-39}$$

据此，实际计算时，只要对每条待定边计算一个方向的坐标方位角改正数方程即可。

4. 测边网坐标平差的误差方程列立

这里讨论测边网中选待定点坐标为未知数时误差方程列立及线性化问题。如图 10-2 为某一测边网中的任意一条边，j、k 为两个待定点，它们的近似坐标为 x_j^0、y_j^0、x_k^0、y_k^0，改正数为 δx_j、δy_j、δx_k、δy_k，则 j、k 的坐标平差值为

$$\left.\begin{array}{l} x_j = x_j^0 + \delta x_j \\ y_j = y_j^0 + \delta y_j \end{array}\right\}, \quad \left.\begin{array}{l} x_k = x_k^0 + \delta x_k \\ y_k = y_k^0 + \delta y_k \end{array}\right\}$$

由图 10-2 可写出 $\hat{s}_i$ 的平差值方程为

$$\hat{s}_i = s_i^0 + v_i = \sqrt{(x_k - x_j)^2 + (y_k - y_j)^2} \tag{10-40}$$

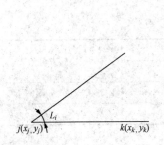

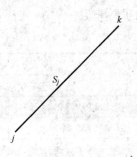

图 10-1　测角网中的任意一角　　　　图 10-2　测边网中任意一边

按泰勒公式展开，得

$$s_i + v_i = \sqrt{(x_k^0 - x_j^0)^2 + (y_k^0 - y_j^0)^2}$$

$$+ \left(\frac{\partial \hat{s}_i}{\partial x_k}\right)_0 \delta x_j + \left(\frac{\partial \hat{s}_i}{\partial y_k}\right)_0 \delta y_j + \left(\frac{\partial \hat{s}_i}{\partial x_j}\right)_0 \delta x_k + \left(\frac{\partial \hat{s}_i}{\partial y_j}\right)_0 \delta y_k \qquad (10-41)$$

式中

$$\left(\frac{\partial \hat{s}_i}{\partial x_j}\right)_0 = \frac{-(x_k^0 - x_j^0)}{\sqrt{(x_k^0 - x_j^0)^2 + (y_k^0 - y_j^0)^2}} = \frac{-\Delta x_{jk}^0}{s_{jk}^0}$$

同理

$$\left(\frac{\partial \hat{s}_i}{\partial y_j}\right)_0 = -\frac{\Delta y_{jk}^0}{s_{jk}^0}, \quad \left(\frac{\partial \hat{s}_i}{\partial x_k}\right)_0 = \frac{\Delta x_{jk}^0}{s_{jk}^0}, \quad \left(\frac{\partial \hat{s}_i}{\partial y_k}\right)_0 = \frac{\Delta y_{jk}^0}{s_{jk}^0}$$

将以上公式代入式（10-41），得测边网边长误差方程为

$$v_i = -\frac{\Delta x_{jk}^0}{s_{jk}^0}\delta x_j - \frac{\Delta y_{jk}^0}{s_{jk}^0}\delta y_j + \frac{\Delta x_{jk}^0}{s_{jk}^0}\delta x_k + \frac{\Delta y_{jk}^0}{s_{jk}^0}\delta y_k + l_i \qquad (10-42)$$

$$l_i = (s_{jk}^0 - s_i)$$

$$s_{jk}^0 = \sqrt{(x_k^0 - x_j^0)^2 + (y_k^0 - y_j^0)^2}$$

　　式（10-42）就是测边网坐标平差的一般形式，是在假定两端点都是待定点的情况下导出的。具体计算时，可按不同情况灵活运用。

10.2.2　平面控制网平差举例

　　例：单一附和导线如图 10-3 所示，观测了 4 个角度和 3 条边长。已知数据列于表 10-1，观测值见表 10-2。已知测角中误差 $\sigma_\beta = 5''$，测边中误差 $\sigma_{S_k} = 0.5\sqrt{S_i}$ mm，S_i 以 m 为单位，试按间接平差法，求：

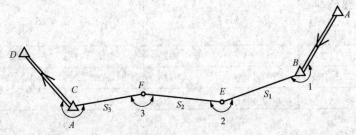

图 10-3　单一附和导线示意图

（1）各导线点的坐标平差值及点位精度。

（2）各观测值的平差值。

表 10 - 1　　　　　　　　　　　已 知 数 据

点名	坐 标/m		方位角
	X	Y	
B	203 020.348	−59 049.801	$\alpha_{AB}=226°44'59''$
C	203 059.503	−59 796.549	$\alpha_{CD}=324°46'03''$

表 10 - 2　　　　　　　　　　　观 测 数 据

角号	角度观测/(° ′ ″)	角号	角度观测/(° ′ ″)	边号	边长观测值/m	边号	边长观测值/m
1	230 32 37	3	170 39 22	1	204.952	3	345.153
2	180 00 42	4	236 48 37	2	200.130		

解：本题必要观测数 $t=2\times2=4$，选定待定点坐标平差值为未知参数，即

$$\hat{X}=\begin{bmatrix}\hat{X}_E & \hat{Y}_E & \hat{X}_F & \hat{Y}_F\end{bmatrix}^{\mathrm{T}}$$

（1）计算待定点近似坐标，见表 10 - 3。

（2）由近似坐标和已知点坐标计算各边坐标方位角改正数方程的系数及边长改正数方程系数，δx 以 mm 为单位，见表 10 - 4。

表 10 - 3　　　　　　　　　计算待定点近似坐标

点名（角号）（β）	观测角 β_i/(° ′ ″)	坐标方位角 α^0/(° ′ ″)	观测边长 S/m	近似坐标	
				X^0/m	Y^0/m
A		226 44 59			
B (1)	230　32　37			203　020.348	−59　059.801
		277　17　36	204.952		
E (2)	180　00　42			203　046.366	−59　253.095
		277　18　18	200.130		
F (3)	170　39　22			203　071.813	−59　451.601

表 10 - 4　　　　　　　　　计 算 改 正 系 数

方向	坐标方位角 α^0/(° ′ ″)	近似边长 S^0/m	$\sin\alpha_{jk}^0$	$\cos\alpha_{jk}^0$	$a_{jk}/($″$/$mm$)$ $\left(\dfrac{\rho'' \sin\alpha_{jk}^0}{s_{jk}^0 \cdot 1000}\right)$	$b_{jk}/($″$/$mm$)$ $\left(-\dfrac{\rho'' \cos\alpha_{jk}^0}{s_{jk}^0 \cdot 1000}\right)$
BE	277 17 36	204.952	−0.992	0.127	−0.998	0.128
EF	277 18 18	200.130	−0.992	0.127	−1.022	−0.131
FC	267 57 22	345.167	−0.999	−0.036	−0.597	0.021

坐标方位角改正数方程为

$$\delta\alpha_{jk}'' = \frac{\rho''\sin\alpha_{jk}^0}{s_{jk}^0 \cdot 1000}\delta x_j - \frac{\rho''\cos\alpha_{jk}^0}{s_{jk}^0 \cdot 1000}\delta y_j - \frac{\rho''\sin\alpha_{jk}^0}{s_{jk}^0 \cdot 1000}\delta x_k + \frac{\rho''\cos\alpha_{jk}^0}{s_{jk}^0 \cdot 1000}\delta y_k$$

设 $a_{jk}=\dfrac{\rho''\sin\alpha_{jk}^0}{s_{jk}^0\cdot1000}$，$b_{jk}=\dfrac{-\rho''\cos\alpha_{jk}^0}{s_{jk}^0\cdot1000}$，上式表示为

$$\delta\alpha''_{jk}=a_{jk}\delta x_j-b_{jk}\delta y_j-a_{jk}\delta x_k+b_{jk}\delta y_k$$

边长改正数方程为

$$\delta\hat{S}_{jk}=-\cos\alpha_{jk}^0\delta x_j-\sin\alpha_{jk}^0\delta y_j+\cos\alpha_{jk}^0\delta x_k+\sin\alpha_{jk}^0\delta y_k$$

（3）确定角度观测值和边长观测值的权。

设单位权中误差 $\sigma_0=5''$，则角度观测值的权为 $P_{\beta_i}=\dfrac{\sigma_0^2}{\sigma_\beta^2}=1$，各导线边的权为 $P_{S_i}=\dfrac{\sigma_0^2}{\sigma_{S_i}^2}=$ $\dfrac{25}{0.25S_i}\dfrac{(''^2/\text{mm}^2)}{(\text{m})}$。各观测值的权列于表 10 - 5 的 P 列。

（4）计算 4 个角度和 3 条边长观测值误差方程的系数和常数项，见表 10 - 5。表中每一行表示一个误差方程，各列代表不同未知数的系数，l 列为常数项。P 列代表观测值的权。V、$\hat{L}$ 列为改正数和平差值，在法方程解算后，由未知数代入误差方程求得。

根据图 10 - 3 及下式列立观测值误差方程，计算误差方程的系数和常数。

角度误差方程为

$$v_i=\delta\alpha_{jk}-\delta\alpha_{jh}-l_i,\quad l_i=L_i-(\alpha_{jk}^0-\alpha_{jh}^0)$$

边长误差方程为

$$v_i=\delta\hat{S}_{jk}-l_i,\quad l_i=L_i-S_{jk}^0$$

（5）组成法方程、解算法方程。

法方程为

$$N_{BB}\delta x-W=0$$

法方程的系数、常数项由误差方程的系数阵 B、常数阵 l 及观测值的权阵 P 由 $N_{BB}=B^{\mathrm{T}}PB$，$W=B^{\mathrm{T}}Pl$ 求得。

$$\begin{bmatrix}6.137 & 0.660 & -3.727 & -0.314\\0.660 & 1.075 & -0.414 & -0.540\\-3.727 & -0.414 & 4.030 & 0.247\\-0.314 & -0.540 & 0.247 & 0.811\end{bmatrix}\begin{bmatrix}\delta x_E\\\delta y_E\\\delta x_F\\\delta y_F\end{bmatrix}+\begin{bmatrix}18.397\\2.358\\-31.687\\-6.242\end{bmatrix}=0$$

$$N_{BB}^{-1}=\begin{bmatrix}0.383\,06 & -0.121\,60 & 0.344\,03 & -0.037\,41\\-0.121\,60 & 1.468\,91 & -0.019\,05 & 0.937\,27\\0.344\,03 & -0.019\,05 & 0.567\,49 & -0.052\,21\\-0.037\,41 & 0.937\,27 & -0.052\,21 & 1.858\,60\end{bmatrix}$$

解算法方程，得未知参数的改正数 $\underset{t\times1}{\delta x}=N_{BB}^{-1}W$，结果见表 10 - 5 的 δx 行。

表 10 - 5　　　　　　　　　　　解 算 法 方 程 结 果

		δx_E	δy_E	δx_F	δy_F	l	P	V	$\hat{L}/(°\ '\ '')$
角 β_i	1	0.998	0.128			$0''$	1	-4.41	230 32 33
	2	-2.020	-0.259	1.022	0.131	$0''$	1	-3.79	180 00 38
	3	1.022	0.131	-1.619	-0.110	$18''$	1	-3.18	179 39 19
	4			0.597	-0.021	$-4''$	1	-2.61	236 48 34

		δx_E	δy_E	δx_F	δy_F	l	P	V	$\hat{L}/(°\ '\ '')$
边 S_i	1	0.127	−0.992			0mm	0.49	3.49	204.955
	2	−0.127	0.992	0.127	−0.992	0mm	0.50	3.42	200.133
	3			0.036	0.999	−15mm	0.29	6.17	345.159
δx/mm		−3.91	−4.02	−11.37	−8.42				
$\hat{X}$/m		203 046.362	−59 253.099	203 071.802	−59 451.609				

（6）改正数的求解。

将 δx 代入误差方程得改正数 $\boldsymbol{V}=\boldsymbol{B}\delta x-\boldsymbol{l}$，见表 10 - 5。

（7）平差值的计算。

待定点坐标的平差值：$\hat{X}=X^0+\delta x$，见表 10 - 5。

观测值的平差值：$\hat{L}=L+v$，结果见表 10 - 5 的 $\hat{L}$ 列。

（8）精度评定。

单位权中误差

$$\hat{\sigma}_0=\sqrt{\frac{\boldsymbol{V}^\mathrm{T}\boldsymbol{PV}}{n-t}}=\sqrt{\frac{73.6925}{7-4}}=4.96''$$

待定点点位中误差：由 N_{BB}^{-1} 知未知数的权倒数（即协因数，单位为 mm²/″²），各点点位中误差为

$$\hat{\sigma}_E=\hat{\sigma}_0\sqrt{Q_{\hat{X}_E\hat{X}_E}+Q_{\hat{Y}_E\hat{Y}_E}}=4.96\times\sqrt{0.383\,06+1.468\,91}=6.74\mathrm{mm}$$

$$\hat{\sigma}_F=\hat{\sigma}_0\sqrt{Q_{\hat{X}_F\hat{X}_F}+Q_{\hat{Y}_F\hat{Y}_F}}=4.96\times\sqrt{0.567\,49+1.858\,60}=7.72\mathrm{mm}$$

10.3 高程控制网平差计算

10.3.1 水准网误差方程

水准网必要观测数 t 的确定与网中待定点个数有关，如果网中有已知高程的水准点，则必要观测数 t 就等于待定点的个数；如果无已知点，则等于全部点数减一，因为这一点的高程可以任意给定，以作为全网的基准，这并不影响网点高程之间的相对关系。实际水准网间接平差一般就选取 t 个待定点高程作为未知参数，它们之间总是函数独立的。

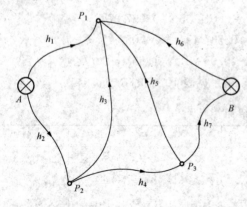

图 10 - 4 水准网示意图

10.3.2 水准网平差举例

例：图 10 - 4 所示水准网中，已知水准点 A、B 的高程分别为 $H_A=5.000\mathrm{m}$，$H_B=6.008\mathrm{m}$，P_1、P_2、P_3 待定，高差观测值及水准路线长度见表 10 - 6，按间接平差法，求：

（1）各待定点的高程平差值。

（2）各待定点高程平差值的中误差。

（3）P_2、P_3 点间高差平差值的中误差。

表 10 - 6　　　　　　　　　　　　　观 测 数 据

水准路线 i	1	2	3	4	5	6	7
高差观测值 h_i/m	1.010	1.003	0.005	0.501	−0.500	0.004	−0.502
路线长度 S_i/km	2	2	1	1	1	1	1

解：（1）根据题意必要观测数 $t=3$。

（2）选取待定点 P_1、P_2、P_3 平差后的高程为未知数 $\hat{X}_1$、$\hat{X}_2$、$\hat{X}_3$，为便于后续计算，选取未知数的近似值为

$$\left.\begin{aligned}
X_1^0 &= H_A + h_1 = 6.010\mathrm{m}\\
X_2^0 &= H_A + h_2 = 6.003\mathrm{m}\\
X_3^0 &= H_B - h_7 = 6.510\mathrm{m}
\end{aligned}\right\}$$

则

$$\left.\begin{aligned}
\hat{X}_1 &= X_1^0 + \delta x_1 = 6.010 + \delta x_1\\
\hat{X}_2 &= X_2^0 + \delta x_2 = 6.003 + \delta x_2\\
\hat{X}_3 &= X_3^0 + \delta x_3 = 6.510 + \delta x_3
\end{aligned}\right\}$$

（3）列立平差值方程，并转化为误差方程。

根据图 10 - 4 的水准网路线，列立平差值方程为

$$\left.\begin{aligned}
\hat{h}_1 &= h_1 + v_1 = \hat{X}_1 - H_A\\
\hat{h}_2 &= h_2 + v_2 = \hat{X}_2 - H_A\\
\hat{h}_3 &= h_3 + v_3 = \hat{X}_1 - \hat{X}_2\\
\hat{h}_4 &= h_4 + v_4 = -\hat{X}_2 + \hat{X}_3\\
\hat{h}_5 &= h_5 + v_5 = \hat{X}_1 - \hat{X}_3\\
\hat{h}_6 &= h_6 + v_6 = \hat{X}_1 - H_B\\
\hat{h}_7 &= h_7 + v_7 = -\hat{X}_3 + H_B
\end{aligned}\right\}$$

将观测值移至等式右端，并将 $\hat{X}_i = X_i^0 + \hat{x}_i$ 代入，得

$$\left.\begin{aligned}
v_1 &= \hat{x}_1 - (h_1 - X_1^0 + H_A)\\
v_2 &= \hat{x}_2 - (h_2 - X_2^0 + H_A)\\
v_3 &= \hat{x}_1 - \hat{x}_2 - (h_3 - X_1^0 + X_2^0)\\
v_4 &= -\hat{x}_2 + \hat{x}_3 - (h_4 + X_2^0 - X_3^0)\\
v_5 &= \hat{x}_1 - \hat{x}_3 - (h_5 - X_1^0 + X_3^0)\\
v_6 &= \hat{x}_1 - (h_6 - X_1^0 + H_B)\\
v_7 &= -\hat{x}_3 - (h_7 + X_3^0 - H_B)
\end{aligned}\right\}$$

将未知数近似值 X_i^0、观测值和已知高程代入上式即得误差方程为

$$
\left.
\begin{aligned}
v_1 &= \delta x_1 + 0 \\
v_2 &= \delta x_2 + 0 \\
v_3 &= \delta x_1 - \delta x_2 + 2 \\
v_4 &= -\delta x_2 + \delta x_3 + 6 \\
v_5 &= \delta x_1 - \delta x_3 + 0 \\
v_6 &= \delta x_1 - 2 \\
v_7 &= -\delta x_3 + 0
\end{aligned}
\right\}
$$

式中常数项以 mm 为单位。其中

$$
\boldsymbol{B} =
\begin{bmatrix}
1 & 0 & 0 \\
0 & 1 & 0 \\
1 & -1 & 0 \\
0 & -1 & 1 \\
1 & 0 & -1 \\
1 & 0 & 0 \\
0 & 0 & -1
\end{bmatrix},
\boldsymbol{l} =
\begin{bmatrix}
0 \\
0 \\
-2 \\
-6 \\
0 \\
2 \\
0
\end{bmatrix}
$$

取 $C = 2\mathrm{km}$，由 $p_i = C/S_i$ 确定各观测高差的权，得观测值的权阵为

$$
\boldsymbol{P} =
\begin{bmatrix}
1 & 0 & 0 & 0 & 0 & 0 & 0 \\
0 & 1 & 0 & 0 & 0 & 0 & 0 \\
0 & 0 & 2 & 0 & 0 & 0 & 0 \\
0 & 0 & 0 & 2 & 0 & 0 & 0 \\
0 & 0 & 0 & 0 & 2 & 0 & 0 \\
0 & 0 & 0 & 0 & 0 & 2 & 0 \\
0 & 0 & 0 & 0 & 0 & 0 & 2
\end{bmatrix}
$$

（4）列立未知数函数的权函数式。

P_2、P_3 点间高差平差值

$$
\hat{h}_{P_2 P_3} = \hat{h}_4 = -\hat{X}_2 + \hat{X}_3 = \begin{bmatrix} 0 & -1 & 1 \end{bmatrix} \hat{X} = \boldsymbol{F}\hat{X}
$$

$\hat{h}_{P_2 P_3}$ 为未知数的线性函数，$\hat{h}_{P_2 P_3}$ 函数的系数 F 与其权函数式系数相同。

（5）组成法方程：$\boldsymbol{N}_{BB}\delta x - \boldsymbol{W} = 0$（其中 $\boldsymbol{N}_{BB} = \boldsymbol{B}^\mathrm{T}\boldsymbol{P}\boldsymbol{B}$，$\boldsymbol{W} = \boldsymbol{B}^\mathrm{T}\boldsymbol{P}\boldsymbol{l}$）

$$
\begin{bmatrix}
7 & -2 & -2 \\
-2 & 5 & -2 \\
-2 & -2 & 6
\end{bmatrix}
\begin{bmatrix}
\delta x_1 \\
\delta x_2 \\
\delta x_3
\end{bmatrix}
-
\begin{bmatrix}
0 \\
16 \\
-12
\end{bmatrix}
= 0
$$

（6）解算法方程。

$$
\boldsymbol{N}_{BB}^{-1} =
\begin{bmatrix}
0.213 & 0.131 & 0.115 \\
0.131 & 0.311 & 0.148 \\
0.115 & 0.148 & 0.254
\end{bmatrix}
$$

则
$$
\begin{bmatrix}
\delta x_1 \\
\delta x_2 \\
\delta x_3
\end{bmatrix}
= \boldsymbol{N}_{BB}^{-1}\boldsymbol{W} =
\begin{bmatrix}
0.213 & 0.131 & 0.115 \\
0.131 & 0.311 & 0.148 \\
0.115 & 0.148 & 0.254
\end{bmatrix}
\begin{bmatrix}
0 \\
16 \\
-12
\end{bmatrix}
=
\begin{bmatrix}
0.716 \\
3.200 \\
-0.680
\end{bmatrix}
\mathrm{mm}
$$

（7）计算改正数 V。

将未知数的改正数代入误差方程 $V = B\delta x - l$，得

$$V = [0.7 \quad 3.2 \quad -0.5 \quad 2.1 \quad 1.4 \quad -1.3 \quad 0.7]^T \text{mm}$$

（8）求解平差值。

观测值的平差值 $\hat{L}_i = L_i + v_i$。

$$\hat{L}_i = [1.011 \quad 1.006 \quad 0.005 \quad 0.503 \quad -0.499 \quad 0.003 \quad -0.501]^T \text{m}$$

未知数的最或然值 $\hat{X} = X^0 + \delta x$。

$$\hat{X} = \begin{bmatrix} \hat{X}_1 \\ \hat{X}_2 \\ \hat{X}_3 \end{bmatrix} = \begin{bmatrix} 6.011 \\ 6.006 \\ 6.509 \end{bmatrix} \text{m}$$

（9）精度评定。

单位权中误差为

$$V^T P V = l^T P l + (B^T P l)^T \delta x = 88 - 59.36 = 28.64$$

$$\hat{\sigma}_0 = \sqrt{\frac{V^T P V}{n - t}} = \sqrt{\frac{28.64}{7 - 3}} = 2.68 \text{mm}$$

未知数的协因数阵为

$$Q_{\hat{X}\hat{X}} = N_{BB}^{-1} = \begin{bmatrix} 0.213 & 0.131 & 0.115 \\ 0.131 & 0.311 & 0.148 \\ 0.115 & 0.148 & 0.254 \end{bmatrix}$$

待定点 P_1、P_2、P_3 高程平差值的中误差为

$$\hat{\sigma}_{\hat{H}_{P_1}} = \hat{\sigma}_{\hat{x}_1} = \hat{\sigma}_0 \sqrt{Q_{\hat{x}_1\hat{x}_1}} = 2.68 \times \sqrt{0.213} = 1.24 \text{mm}$$

$$\hat{\sigma}_{\hat{H}_{P_2}} = \hat{\sigma}_{\hat{x}_2} = \hat{\sigma}_0 \sqrt{Q_{\hat{x}_2\hat{x}_2}} = 2.68 \times \sqrt{0.311} = 1.49 \text{mm}$$

$$\hat{\sigma}_{\hat{H}_{P_3}} = \hat{\sigma}_{\hat{x}_3} = \hat{\sigma}_0 \sqrt{Q_{\hat{x}_3\hat{x}_3}} = 2.68 \times \sqrt{0.254} = 1.35 \text{mm}$$

P_2、P_3 点间高差平差值 $\hat{h}_{P_2P_3}$ 的协因数及中误差为

$$Q_{\hat{h}_{P_2P_3}} = F Q_{\hat{X}\hat{X}} F^T = [0 \quad -1 \quad 1] \begin{bmatrix} 0.213 & 0.131 & 0.115 \\ 0.131 & 0.311 & 0.148 \\ 0.115 & 0.148 & 0.254 \end{bmatrix} \begin{bmatrix} 0 \\ -1 \\ 1 \end{bmatrix} = 0.269$$

$$\hat{\sigma}_{\hat{h}_{P_2P_3}} = \hat{\sigma}_0 \sqrt{Q_{\hat{h}_{P_2P_3}}} = 2.68 \times \sqrt{0.269} = 1.39 \text{mm}$$

习　题

1. 简述条件平差的计算步骤。
2. 简述间接平差的计算步骤。
3. 间接平差和条件平差各有什么特点？分别适合于哪种网形的平差计算？
4. 利用间接平差计算三角网和导线网的误差方程式和法方程的形式是什么？
5. 利用间接平差计算高程控制网的误差方程式和法方程是什么？
6. 简述间接平差评定平面控制网精度的方法。
7. 使用电算程序计算课本的各例题。

第 11 章 GPS 控 制 测 量

11.1 GPS 控制网布设

11.1.1 布设 GPS 控制网

GPS 定位网设计及外业测量的主要技术依据是测量任务书和测量规范。测量任务书是测量施工单位上级主管部门下达的技术文件；测量规范则是国家测绘管理部门制定的技术法规，如《全球定位系统（GPS）测量规范》和《全球定位系统城市测量技术规程》等〔以后简称《规范》和《规程》〕。

1. GPS 网的精度分级

对于 GPS 网的精度要求，主要取决于网的用途和定位技术所能达到的精度。精度指标通常是以相邻点间弦长标准差来表示，即

$$\sigma = \sqrt{a^2 + (b \cdot d \times 10^{-6})^2} \qquad (11-1)$$

式中　σ——标准差，单位为 mm；

$\quad\quad a$——固定误差，单位为 mm；

$\quad\quad b$——比例误差系数；

$\quad\quad d$——相邻点间的距离，单位为 mm。

GPS 卫星定位网虽然不存在常规控制网的那种逐级控制问题，但是由于不同的 GPS 网的应用和目的不同，其精度标准也不相同。根据传统的习惯做法，人们应将 GPS 卫星定位网划分成几个等级。

根据修订后的《规范》规定，GPS 测量按其精度划分为 AA、A、B、C、D、E 六级，见表 11-1。AA 级主要用于全球性地球动力学研究、地壳形变测量和精密定轨；A 级主要用于区域性地球动力学研究、地壳形变测量；B 级主要用于局部形变监测和各种精密工程测量；C 级主要用于国家大、中城市及工程测量的基本控制网；D、E 级多用于中、小城市、城镇及测图、地籍、土地信息、房产、物探、勘测、建筑施工等控制网测量。

为了进行城市和工程测量，《规程》规定其 GPS 网按相邻点的平均距离和精度划分为二、三、四等和一级、二级，见表 11-2，并规定在布网时可以逐级布设、越级布设或布设同级全面网。

在实际工作中，精度标准的确定还要根据用户的实际需要及人力、物力、财力等情况合理设计。由于以载波相位观测量为依据的静态相对定位可以提供很高的定位精度，这种精度对于大多数普通工程定位来说并非必要。所以应根据不同的任务要求，合理地安排精度标准，这对于提高人力和物力的利用率、加快工程进度是十分必要的。

表 11 - 1   《规范》规定的 GPS 测量精度分级

级别	平均距离/km	固定误差 a/mm	比例误差系数
AA	1000	≤3	≤0.01
A	300	≤5	≤0.1
B	70	≤8	≤1
C	10~15	≤10	≤5
D	5~10	≤10	≤10
E	0.2~5	≤10	≤20

表 11 - 2   《规程》规定的 GPS 测量精度分级

等级	平均距离/km	a/mm	b/($\times 10^{-6}$)	最弱边相对中误差
二	9	≤10	≤2	1/12 万
三	5	≤10	≤5	1/8 万
四	2	≤10	≤10	1/4.5 万
一级	1	≤10	≤10	1/2 万
二级	<1	≤15	≤20	1/1 万

注：当边长小于 200m 时，边长中误差应小于 20mm。

2. GPS 点的密度

各种不同的任务要求和服务对象，对 GPS 网点的分布有着不同的要求。例如，国家特级（AA 级）基准点主要用于提供国家级基准，有助于定轨、精密星历计算和大范围大地变形监测，希望能以几百公里的平均距离而布满全国。而一般工程测量所需要的网点则应满足测图加密和工程测量的需用，平均边长需要缩短到几公里以内。考虑到这些情况，《规范》和《规程》对 GPS 网中两相临点间距离视其需要作出了规定：相邻点间最小距离应为平均距离的 1/3~1/2；最大距离应为平均距离的 2~3 倍。《规程》还规定，特殊情况下，个别点的间距还允许超出表中规定。由此可以看出，对于城市和工程测量而言，《规程》比《规范》有较大的灵活性。

3. 技术设计中应考虑的因素

技术设计主要是根据上级主管部门下达的测量任务书和 GPS 测量规范或规程来进行的。它的总的原则是，在满足用户要求的情况下，尽可能减少物资、人力和时间的消耗。在工作过程中，要考虑下面一些因素：

（1）测站因素。同测站布设有关的技术因素有：网点的密度；网的图形结构；时段分配、重复设站和重合点的布置等。

（2）卫星因素。同观测对象卫星有关的一些因素有：卫星高度角与观测卫星的数目；图形强度因子；卫星信号质量。大部分接收机具有解码并记录来自卫星的广播星历表的能力。

（3）仪器因素。同仪器有关的一些因素有：接收机，用于相对定位至少应有两台；天线质量；记录设备。

（4）后勤因素。后勤保障方面的因素有：使用的接收机台数、来源和使用时间；各观测时段的机组调度；交通工具和通信设备的配置等。

4. GPS网的布网原则

为了用户的利益，GPS网图形设计时应遵循以下原则：

（1）GPS网应根据测区实际需要和交通状况、作业时的卫星状况、预期达到的精度、成果的可靠性以及工作效率，按照优化设计原则进行。

（2）GPS网一般应通过独立观测边构成闭合图形，例如一个或若干个独立观测环，或者附合路线形式，以增加检核条件，提高网的可靠性。

（3）GPS网的点与点之间不要求通视，但应考虑常规测量方法加密时的应用，每点应有一个以上通视方向。

（4）在可能条件下，新布设的GPS网应与附近已有的GPS点进行联测；新布设的GPS网点应尽量与地面原有控制网点相联接，联接处的重合点数不应少于三个，且分布均匀，以便可靠地确定GPS网与原有网之间的转换参数。

（5）GPS网点，应利用已有水准点联测高程。C级网每隔3～6点联测一个高程点，D和E级网视具体情况确定联测点数。A和B级网的高程联测分别采用三、四等水准测量的方法；C至E级网可采用等外水准或与其精度相当的方法进行。

5. GPS网的联测设计

GPS卫星定位所测得的点位坐标属于WGS-84世界大地测量坐标系。为了将它们转换成国家或地方坐标系，在设计GPS定位网时，一定要考虑联测一定数量的常规控制点和基准点。

（1）联测点（公共点）的精度要求。联测点作为GPS成果转化到常规地面坐标系的基准点，在GPS测量数据处理中具有重要的意义。联测点的地面实用坐标是将GPS定位结果的WGS-84坐标系转换至地面坐标系时的起算数据，所以要求联测点的地面坐标具有较高的精度。

为此，联测点应是下列几种点之一：①测区内现有的最高等级的常规地面控制点；②地方坐标系中控制网定位、定向的起算点；③联接国家坐标系和地方坐标系的联接点；④水准点。

（2）联测点的密度和分布。GPS网与地面网的联测点最少应有两个，其中一个作为GPS在地面网坐标系内的定位起算点，两个点间的方位和距离作为GPS网在地面坐标系内定向、长度的起算数据。

显然，为了更好地解决GPS网与地面网两者成果的转换问题，应有更多的联测点。分析研究和作业实践表明，一个GPS网应联测3～5个精度较高、分布合理的地面点作为GPS网的一部分。当测区较大时，还应适当增加联测点。

（3）GPS网中水准点的选择和分布。GPS网一般是求得测站点的三维坐标，其中高程为大地高，而实际应用的高程系统为正常高系统。为此，通常是在GPS网中施测或重合少量的几何水准点，用数值拟合法拟合出测区的似大地水准面，继而内插出其他GPS点的高程异常，再求出其正常高。

根据研究，在平原地区布测的GPS网中，只要用三等实测或重合全网五分之一GPS点的几何水准，用数值拟合法求定GPS点的正常高，即可代替四等水准测量。所实测的水准点大部分应布设在网的周围点上，少量放在网的中间，以求获得最佳效果。

6. GPS 网的图形设计

在城市或大、中型工程中布设 GPS 控制网时，控制点数目比较多，由于受接收机数量的限制，难以再选择同步网的测设方案。此时必须将多个同步网相互连接，构成统一整体的 GPS 控制网。这种由多个同步网相互连接的 GPS 网称为异步网。

异步网的测设方案决定于投入作业的接收机数量和同步网之间的连接方式。不同的接收机数量决定了同步网的网形结构，而同步网的不同连接方式又会出现不同的异步网的网形结构。由于 GPS 网的平差及精度评定，主要是由不同时段观测的基线组成异步闭合环的多少及闭合差大小所决定的，而与基线边长度和其间所夹角度无关，所以异步网的网形结构与多余观测密切相关。

同步网之间的连接方式有以下三种。

（1）点连式。同步网之间仅有一点相连接的异步网称为点连式异步网，如图 11 - 1 所示。

在图 11 - 1（a）中共有 10 个点，用三台接收机分别在五个三边同步网中依次作同步观测。同步网间用 1、3、5、7、9 各点相连接，连接点上设站两次，其余点只设站一次。该图形中有 5 个同步环和 1 个异步环，基线总数为 15，其中独立基线数为 9，非独立基线数为 6，没有重复基线。

在图 11 - 1（b）中共有 15 个点，用四台接收机分别在五个多边同步网中依次作同步观测，构成点连式异步网。该图形中有 5 个同步环和 1 个异步环，基线总数为 30，其中独立基线数为 14，非独立基线数为 16。由图 11 - 1 可以看出，在点连式异步网中均没有重复基线出现。

（2）边连式。同步网之间由一条基线边相连接的异步网称为边连式异步网，如图 11 - 2 所示。

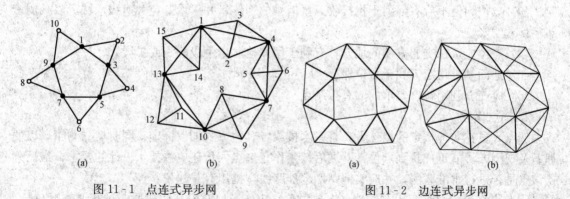

图 11 - 1　点连式异步网　　　　　　图 11 - 2　边连式异步网

图 11 - 2（a）表示用三台接收机分别在 13 个三角形同步网中先后作同步观测。同步网间有一条公共基线连接，公共基线在相连的同步环中分别测量两次。该网中有 13 个同步环和 1 个异步环，基线总数为 26，其中独立基线数为 13，重复基线数为 13。这样就出现了 13 个同步环、1 个异步环检核和 13 个重复基线的检核。

图 11 - 2（b）为四台接收机先后在八个观测时段进行同步观测所构成的边连式异步网。网中有 8 个同步环、1 个异步环和 8 个重复基线的检核。其中在同步环检核中，又可产生大量同步闭合环。

（3）混连式。混连式是点连式与边连式的一种混合连接方式，如图 11-3 所示。其中图（a）为三台接收机作同步观测，由 9 个三边同步网所构成的混连式异步网；图（b）为四台接收机进行同步观测，由 5 个多边同步网构成的混连式异步网。

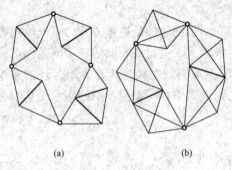

(a)   (b)

图 11-3　混连式异步网

在上述三种连接方案中，第 1 种工作量最小，但无重复基线检核；第 2 种工作量最大，检核条件亦最多；第 3 种比较灵活，工作量与检核条件比较适中。在选择测设方案时，应从所具备的接收机数量和精度、工作量大小、卫星运行状态、测区条件等方面进行权衡。通常 GPS 相对定位精度较高，比较容易达到工程的期望精度，这时也就没有必要以高额投入换取更高的精度。

由于 GPS 测量中不要求测站之间相互通视，网的图形结构也比较灵活，选点的野外工作比较简便。但是点位的正确选择对观测工作的顺利进行和测量结果的可靠性具有重要意义。所以，在选点工作开始之前，必须搜集测区的有关资料，例如已有的小比例尺地形图（1∶10 万～1∶1 万）、行政区划图和已有的测绘成果资料。要充分了解和研究测区情况，特别是交通、通信、供电、气象及原有控制点等情况。

11.1.2　GPS 选点

1. 选点要求

（1）点位应选设在易于安置接收设备和便于操作的地方，视野应开阔。被测卫星的地平高度角一般应大于 10°～15°，以减弱对流层折射影响。

（2）点位应远离大功率无线电发射源（如电视台、微波站等，其距离不得小于 200m，并应远离高压输电线，其距离不得小于 50m），以避免周围磁场对 GPS 卫星信号的干扰。

（3）点位附近不应有强烈干扰接收卫星信号的物体，并尽量避免大面积水域，以减弱多路径误差的影响。

（4）点位应选在交通方便的地方，有利于用其他测量手段联测或扩展。

（5）地面基础稳定，利于点位保存。

（6）应充分利用符合要求的旧有控制点。

2. 选点作业

选点人员在实地选定的点位上，打一木桩或以其他方式加以标定，同时树立测旗，以便埋石及观测人员能迅速找到点位，开展后续工作。选点人员还应按技术设计的要求，最后确认该点是否进行水准联测，并应实地踏勘水准路线，提出有关建议。

GPS 点名可取村名、山名、地名、单位名、应向当地政府部门或群众进行调查后确定。当利用符合要求的旧有控制点时，点名不宜更改。

不论是新选定的点或利用原有点位，均应按《规范》或《规程》中规定的格式在实地绘制 GPS 点点之记，见表 11-3 和表 11-4。点周围有高于 10°的障碍物时；应用平板仪和罗盘仪绘制点的环视图。测区选点完成后，还应绘制 GPS 网选点图，如图 11-4 所示。

最后，要对选点工作写出总结，包括详细的交通情况、车的种类、车次以及通信、供电、充电情况等。

表 11-3　　　　　　　　　　　　　　**GPS 点点之记（《规范》）**

地质概要、构造背景	地形地质构造略图

埋　石　情　况		标石断面图	接收天线计划位置
单位			
埋石员	日期		
利用旧点及情况			
保管人			
保管人单位及职务			
保管人住址			
备注			

表 11-4　　　　　　　　　　　　　　**GPS 点点之记（《规程》）**

日期：20　　年　　月　　日　　记录者：　　　　绘图者：　　　　校对者：

点名及种类	GPS 点	名		土质	
		号			
	相临点（名、号、里程、通视否）			标石说明（单、双层、类型）旧点	
				旧点名	
	所在地				
	交通路线				
	所在图幅号			概略位置	X　　　Y
					L　　　B
（略图）					
	备注				

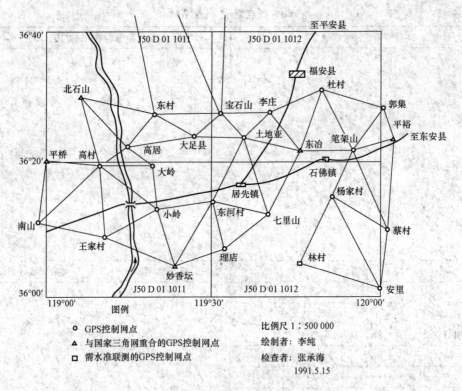

图 11-4 GPS 网选点图

3. GPS 点标志和标石埋设

中心标石是地面 GPS 点的永久性标志，为了长期使用 GPS 测量成果，点的标石必须稳定、坚固，以利长期保存和利用。目前，GPS 点的永久性标志如图 11-5 所示，普通标石的规格及埋设如图 11-6 所示。

各等级 GPS 点的标石用混凝土灌制。一般普通标石分上标石和下标石两层，其上均设有金属的中心标志。

埋设标石时，须使各层标志中心在同一铅垂线上，其偏差不得大于 2mm。新埋标石时，应依法办理征地手续和测量标志委托保管书。

11.2 GPS 控制网数据采集

11.2.1 天线安置

为了避免严重的重影及多路径现象干扰信号接收，确保观测成果质量，必须妥善安置天线。

天线要尽量利用脚架安置，直接在点上对中。当控制点上建有寻常标时，应在安置天线之前先放倒觇标或采取其他措施。只有在特殊情况下方可进行偏心观测，此时归心元素应以解析法精确测定。

天线的定向标志线应指向正北。其中 A 与 B 级在顾及当地磁偏角修正后，定向误差不应大于 ±5°。天线底盘上的圆水准气泡必须居中。

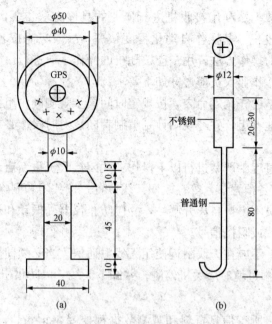

图 11 - 5 GPS 点标志

(a) 金属标志；(b) 不锈钢标志

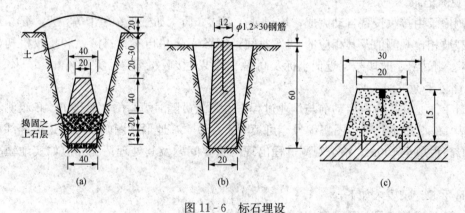

图 11 - 6 标石埋设

(a) 二、三等 GPS 点；(b) 四等、一、二级 GPS 点；(c) 建筑物上各等级 GPS 点

1. 量取天线高

天线高是指观测时接收机天线相位中心至测站中心标志面的高度。天线安置后，应在每时段观测前、后各量取天线高一次。对备有专门测高标尺的接收设备，将标尺插入天线的专用孔中，下端垂准中心标志，直接读出天线高。对其他接收设备，可采用倾斜测量方法。从脚架互成 120°的三个空挡测量天线底盘下表面至中心标志面的距离，互差小于 3mm 时取平均值 L，若天线底盘半径为 R，再利用厂方提供的平均相位中心至底盘下表面的高度 h_c，按式（11 - 2）求出天线高。

$$h = \sqrt{L^2 - R^2} + h_c \qquad (11 - 2)$$

2. 观测作业

观测作业的主要任务是捕获 GPS 卫星信号，并对其进行跟踪、处理和量测，以获得所需要的定位信息和观测数据。利用接收机进行作业的具体方法步骤因接收机的类型不同而异。对于目前常见的接收机，其操作自动化程度较高，一般只需按若干功能键就能进行测量。对某种具体接收机的操作方法，用户应按随机的操作手册进行。

在外业观测过程中，作业人员应遵守如下要求：

（1）观测组必须严格遵守调度命令，按规定时间同步观测同一组卫星。当没按计划到达点位时，应及时通知其他各组，并经观测计划编制者同意对时段作必要调整，观测组不得擅自更改观测计划。

（2）一个时段观测过程中严禁进行以下操作：关闭接收机重新启动；进行自测试（发现故障除外）；改变接收设备预置参数等；改变天线位置；按关闭和删除文件功能等。

（3）观测期间作业员不得擅自离开测站，并应防止仪器受振动和被移动，要防止人员或其他物体靠近、碰动天线或阻挡信号。

（4）在作业过程中，不应在天线附近使用无线电通信。当必须使用时，无线电通信工具应距天线10m以上。雷雨过境时应关机停测，并卸下天线，以防雷击。

11.2.2 外业观测记录

在外业观测过程中，所有信息资料和观测数据都要妥善记录。记录的形式主要有以下两种。

1. 观测记录

观测记录由接收设备自动完成，均记录在存储介质（如磁带、磁卡等）上，记录项目主要有：载波相位观测值及其相应的GPS时间；GPS卫星星历参数；测站和接收机初始信息（测站名、测站号、时段号、近似坐标及高程、天线及接收机编号、天线高）。

2. 测量手簿

测量手簿是在接收机启动前与作业过程中由测量员随时填写的。对于D、E级测量记录格式如表11-5所示。其中图幅编号，可填写1∶50 000地形图图幅编号；近似经纬度填至1′，近似高程填至100m。整个观测过程出现的重要问题及其处理情况亦应如实地填写在记事栏内。

测量手簿记录要求如下：

（1）测站名的记录。测站名应符合实际点位。

（2）时段号的记录。时段号应符合实际观测情况。

（3）接收机号的记录。应如实反映所用接收机的型号。

（4）起止时间的记录。起止时间宜采用协调世界时（UTC），填写至时、分。当采用北京标准时（BST）时，应与UTC进行换算。

（5）天线高的记录。观测前后量取天线高的互差应在限差之内，取平均值作为最后结果，精确至0.001m。

（6）预测GPS数据文件格式。根据观测当天的日期、接收机号和时段号写出的数据文件应与数据传输出来的格式一致。

（7）测量手簿必须使用铅笔在现场按作业顺序完成记录，字迹要清楚、整齐美观，不得连环涂改、转抄。如有读、记错误，可整齐划掉，将正确数据写在上面并注明原因。

（8）严禁事后补记或追记，并按网装订成册，交内业验收。

表 11 - 5 **GPS 外业观测手簿**

_____工程 GPS 外业观测手簿

观测者姓名_____　　日　期_____年_____月_____日

测 站 名_____　　测站号_____时段号_____

天 气 状 况_____

测站近似坐标：	本测站为
经度：E _____ ° _____ ′	□_____新点
纬度：N _____ ° _____ ′	□_____等大地点
高程：_____	□_____等水准点
	□_____

记录时间：□北京时间　□UTC　□　区时

开录时间_____　结束时间_____

接收机号_____　天线号_____

天线高：(m)　　　　　　　　　　　　测后校核值_____

1. _____ 2. _____ 3. _____ 平均值_____

天线高量取方式略图	测站略图及障碍物情况

观测状况记录

1. 电池电压_____(快、条)

2. 接收卫星号_____

3. 信噪比 (SNR)_____

4. 故障情况_____

5. 备注

11.3　GPS 控制网数据处理

11.3.1　GPS 控制网数据处理过程

GPS 测量数据处理是指从对外业采集的原始观测数据的处理到最终获得测量成果的全过程。该过程大致分为数据预处理、GPS 基线向量解算与平差、基线向量网平差或与地面网联合平差等几个阶段。

1. 数据预处理

GPS 数据预处理的目的是：对数据进行平滑滤波检验，剔除粗差；统一数据文件格式并将各类数据文件加工成标准文件；探测整周跳变并修复观测值；对观测值进行各种模型改正。

2. GPS 基线向量解算与平差

是指在卫星定位中，利用载波相位观测值或其差分观测值，求解两个同步观测的测站之间的基线向量坐标差的过程。为了通过平差计算求解观测站之间的基线向量，一般均取相位观测值的线性组合，即差分模型。这里以站星二次差分观测值作为平差解算时的观测量，以测站间的基线向量坐标为主要未知量，建立误差方程式、法方程求解基线向量。

3. 基线向量网平差

实际工作中，同时参加作业的 GPS 接收机均多于两台，这样，在同一观测时间段中，就可能在多个观测站上同步观测 GPS 卫星，同时解算多条基线向量。将不同时段观测的基线向量联结成 GPS 基线向量网。

GPS 基线向量网平差的目的就是为了消除基线向量网中各类图形闭合条件的不符值，并建立网的基准，即网的位置、方向和尺度基准。基线向量本身已经确定了方向和尺度基准，与网的平差方法无关，而网的位置基准则与平差的方法密切相关。

4. 基线向量网与地面网的联合平差

GPS 网均需要与地面测量数据联合起来，GPS 定位数据与地面测量数据的三维平差是 GPS 技术应用中的一个关键问题。GPS 网与地面网的三维平差，一般来说，可依据两网的原始观测量为根据，也可依据两网单独平差的结果为根据。考虑到以两网原始观测量为根据的联合平差，数据处理量比较庞大，处理过程较为复杂，同时也考虑到现有地面网都已完成了平差计算，所以，为了简化计算和充分利用原有成果，三维平差通常可在地面网和 GPS 网单独平差的基础上进行。

11.3.2 软件操作

以 TGO 软件为例介绍数据预处理的操作步骤。

1. 新建项目

（1）新建项目。

执行"文件→新建项目"，输入项目名称；模板选 Metric；点击"文件夹"设置项目存储，单击"确认"按钮，如图 11-7 所示。

（2）导入数据。

单击项目栏下的"导入→DAT 文件"，选择数据所在路径，选中所有静态数据打开。观测的时间不足 15 分钟的（经验值）数据记录将被禁止使用，具体的做法就是在"使用"栏内将对勾去掉。在"名称"栏中，对照外业观测手簿将接收机仪器号改为其在观测中对应的点名，另外还要输入每站架设接收机的天线高度，其余记录保持默认状态，点击"确认"导入数据，如图 11-8 所示。

（3）Timeline 编辑数据。

Timeline 中的黑红色线条代表载波相位观测值，其中有一些突起部分或间断部分即为周跳。对于含有周跳的部分可使用左键框起后，在框中点击右键，在弹出的菜单中选择"禁止"，不允许此数据参与解算；在观测很短时间就消失的卫星要去掉，刚开始出现的前一部分也可去掉，如

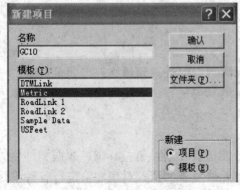

图 11-7　新建项目对话框

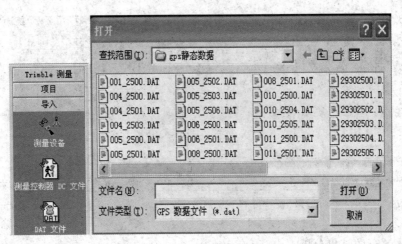

图 11-8　加载观测数据图

图 11-9 所示。

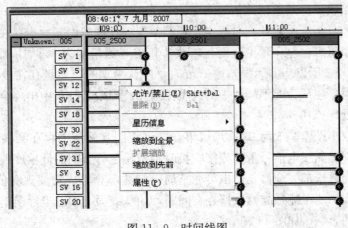

图 11-9　时间线图

2. 基线解算

（1）基线处理。

以 Trimble 接收机的随机数据处理软件 TGO 为例，单击项目栏下的"处理→处理 GPS 基线"，处理 GPS 基线。

处理完毕可以看到基线长度、解算类型、比率、参考变量、均方根等因子。

①基线长度：基线的斜距。

②解算类型：解的类型由 L1 固定、L1 浮动、无电离层影响固定解、无电离层影响浮动解。需要固定解，否则要重新处理。

③比率：用于评价最好与次好基线解间的差异关系（仅用于固定解），一般要求大于 3，越大越好。

④参考变量：基线解的实际误差与期望误差的关系。一般要求小于 5，越小越好。

⑤RMS（均方根误差）：是根据卫星距离观测值的测量噪声来表示的解的质量，它与卫星的几何位置无关，均方根越小越好，如图 11-10 所示。

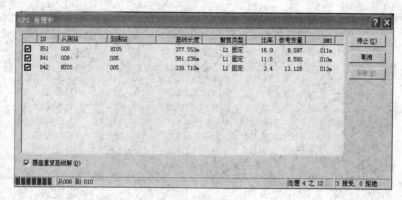

图 11-10 基线处理

(2) 基线解算的结果分析。

基线向量的解算是一个复杂的平差计算过程。实际处理时要顾及时段中信号间断引起的数据剔除、劣质观测数据存在及剔除、星座变化引起的整周未知参数增加，进一步消除传播延迟改正以及对接收机钟差重新评估等问题。

①观测值残差分析。平差处理时假定了观测值仅存在偶然误差。当存在系统误差或粗差时，平差处理结果将有偏差。理论上而言，载波相位观测精度为 1‰ 周，即对 L1 波段信号观测误差只有 2mm，所以当偶然误差达 1cm 时，应认为观测值质量存在较严重问题。当系统误差达分米级时，应认为处理软件中的模型不适用。当残差分布中出现突然的跳跃或尖峰时，表明周跳未处理成功。

平差后单位权中误差一般为 0.05 周以下，否则表明观测值中存在某些问题：可能存在受多路径干扰、外界无线电信号干扰或接收机时钟不稳定等影响的低精度观测值，观测值改正模型不适宜，周跳未被完全修复，也可能整周未知数解算不成功使观测值存在系统误差。单位权中误差较大，还可能是起算数据存在问题，如基线固定端点坐标误差或作为基准数据的卫星星历误差的影响，如图 11-11 所示。

②基线长度的精度分析。基线处理后，基线长度中误差应在标称精度值内。多数接收机的基线长度标称精度为 $5 \pm (1 \sim 2) \times 10^{-6} D$ （mm）或 $10 \pm (1 \sim 2) \times 10^{-6} D$ （mm）。

对于 20km 以内的短基线，单频数据通过差分处理，可有效地消除电离层影响，从而确保相对定位结果的精度。当基线长度增长时，采用双频接收机，可有效地消除电离层的影响，其结果将明显优于单频接收机数据的处理结果。

③双差固定解与双差实数解（双差浮动解）分析。我们知道，整周未知数 N 是一整数，但平差解算得的是一非整实数，称为双差实数解，也称双差浮动解。将实数确定为整数，在进一步平差时不作为未知数求解时，这样的结果称为双差固定解。短基线情况下可以精确确定整周未知数，因而其解算结果优于实数解，但也不能根据是否是固定解来评定基线解算质量的好坏，两者之间的基线向量坐标应符合良好（通常要求其差小于 5cm）。当双差固定解与实数解的向量坐标差达分米级时，则处理结果可能有疑，其原因多为观测值质量不佳。基线长度较长时，通常以双差实数解为佳。

④基线向量环闭合差的计算与检验。由同时段的若干基线向量组成的同步环和不同时段的若干基线向量组成的异步环，其闭合差应能满足相应等级的精度要求，即其闭合差值应小

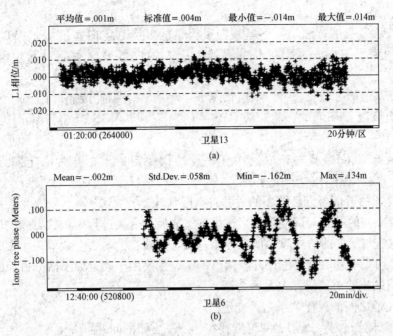

图 11-11　基线残差

（a）良好的基线解算结果观测值残差分布情况；（b）含有电离层折射影响的基线解算结果观测值残差分布情况

于相应等级的限差值。

TGO 软件就会自动生成所有可能的闭合环，并作出 GPS 基线向量环闭合差报告。单击菜单栏"报告→GPS 闭合环报告"，显示 GPS 环的闭合差报告。在"总结"中，超限环的个数应该是 0，否则阅读失败闭合环的细节，判断共同的不良基线或误差较大的基线。GPS 环的闭合差报告缺省的 GPS 闭合差报告包括：题头、总结、失败的闭合环、失败闭合环中的观测值、失败闭合环中的设站。这里主要介绍失败闭合环的相关信息。

a. 失败的闭合环。失败的闭合环部分提供每个未通过闭合差限差检验的闭合环信息。当一个闭合环的闭合差大于 GPS 环闭合差设置对话框中所指定的限差时，这个闭合环就是失败的，这一部分将包含在缺省报告中。

b. 失败闭合环的观测值。失败闭合环的观测值可以用来识别寻些与网不相符合的 GPS 基线，它通过检测所有失败的闭合环和报告那些在多个失败闭合环中出现的基线来实现这一功能。所得结果被重新养育，在大多数失败闭合环中都存在的那些基线被列在顶端。它还包含了基线的概要统计，可以帮助确定不良的解。

c. 失败闭合环中的设站。失败闭合环中的设站可以用来帮助识别那些与网不符合的设站，这些设站也许含有安置误差。它是通过检查所有的失败闭合环确定那些在多个失败闭合环中发现的基线，以及报告在这些基线中共同的设站来实现这一功能。所得结果被重新排序，在大多数失败闭合环中都存在的那些设站被列在最顶端。

3. 平差计算

（1）三维无约束平差。

三维无约束平差所采用的 GPS 基线向量观测值和所确定出的点位都在一个三维坐标系下，平差所采用的观测量完全是 GPS 基线向量，且通常在与基线向量相同的地心坐标系下进行。

①引入位置基准的方法。GPS基线向量提供的尺度和定向基准属于WGS-84坐标系，进行三维无约束平差时，需引入位置基准，引入的位置基准不应引起观测值的变形和改正。

引入位置基准的方法有三种。一般情况下，常采用前两种方法进行三维无约束平差。

a. 网中有高级GPS点时，将高级GPS点的坐标（属WGS-84坐标系）作为网平差时的位置基准。

b. 网中无高级GPS点时，取网中任一点的伪距定位坐标作为固定网点坐标的起算数据。

c. 引入合适的近似坐标系下的亏秩自由网基准。

②单位权方差的检验与调整操作。在平差完成后，需要进行单位权方差估值的检验。理论上来讲，它应与平差前的先验单位权方差一致，判断它们是否一致要采用 χ^2 检验。

在三维无约束平差中，单位权方差估值的检验主要用于确定如下两个方面的问题：

a. 观测值的先验单位权方差是否合适。

b. 各观测值之间的权比关系是否合适。

当 χ^2 检验未通过时，通常表明可能存在如下三方面的问题：

a. 给定了不适当的先验单位权方差。

b. 观测值之间的权比关系不合适。

c. 观测值中可能存在粗差。

在进行三维无约束平差时，最初通常会将单位权方差设为1。由于该值是人为给定的值，因而在大多数情况下，并不是与给定的观测值权阵相一致的单位权方差。虽然在三维无约束平差中，如果仅有GPS观测值，并不会影响参数的估计，但是为了在后续的约束或联合平差中对起算数据的质量进行检验，通常需要对先验的单位权方差进行调整，使其与验后的单位权方差一致。

观测值的权阵则通过利用基线解算时与基线向量估值一同得出的基线向量的方差—协方差阵生成。该方差—协方差阵反映的主要是观测值的内符合精度，而影响基线向量实际精度的系统误差并没有完全反映。因此，据此生成的权阵实际上可能无法正确反映出观测值间的权比关系。通过 χ^2 检验可以确定观测值的权阵是否合适。

需要指出的是，如果 χ^2 检验未通过，又无法确定究竟发生了上述三种情况中的哪一种，则要利用其他信息加以判断，如基线向量残差大小及分布，是否采用了不同数据处理软件进行基线解算，基线向量的类型是否相同，在测量时是否采用了不同的观测方法或仪器，等等，如图11-12所示。

在TGO软件中，单击界面左侧菜单栏"平差"→"平差"，或者按F10，软件自动平差。若网平差报告中显示的 χ^2 检验未通过，通常须进行加权策略的调整。单击"平差"→"加权"，即弹出加权策略对话框。

如图11-13所示，加权策略可以定义应用加权和比例到各个观测值类型（GPS、地面和大地水准面）而使用的方法。

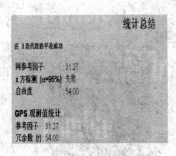
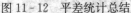
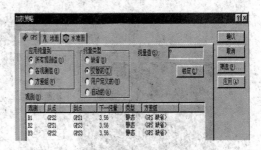

图 11-12 平差统计总结　　　　　　图 11-13 加权策略

①基于观测值的类型和质量来加权每个观测值非常重要。它允许平差适当地缩放每个观测值的先验误差估计。在定义加权策略时，可以应用一个标量（缩放因子）到这些观测值中：所有观测值、每个观测值和方差组。

一般情况下，用户要将缩放因子应用于所有观测值或方差组，这取决于测量时所采用的方法。若将"应用纯量"设置成"各观测值"，则"纯量类型"中的"用户定义的"选项将会被禁用。应用纯量到每个观测值通常仅被用于分析目的，它可以帮助寻找网平差中造成问题的个别观测值。

②选择了一个如何应用缩放因子值的方法后，就可以指定用于平差的纯量类型（缩放因子类型）。可供选择的纯量（缩放因子）类型有：缺省、交替的、用户自定义的、自动的。

在某些平差中，可能会低估某些观测值的先验误差，使用正确的加权策略可以对先验误差进行缩放，从而估计出所有观测值的正确误差。

开始平差时，所设置的缺省加权策略是"将缺省的纯量（缩放因子）类型应用于所有观测值"。缺省的缩放因子类型是将先验误差乘以 1.00，从而保持误差估值不变。

如果观测值中的估计误差与实际误差相匹配，所报告的参考因子就应该大约为 1.0。若进行平差时，发现参考因子并不接近于 1.00，则表明需要进行一些缩放，以使估计误差与实际误差相匹配。应用缩放因子的最简单方法是选择"交替的"纯量类型，交替的纯量类型将当前平差所得到的参考因子乘以上一个纯量（缩放因子），从而确定下一次平差所采用的纯量（缩放因子），这可以使参考因子快速接近 1.00。将该"交替的纯量（缩放因子）"应用于后续平差，直到参考因子接近 1.00 且通过 χ^2 检验为止。

(2) GPS 基线向量网的二维约束平差。

①选择当地投影基准，进行基准转换。在菜单栏选择"平差→基准选择→投影基准（P）"。当然投影基准要在坐标系统管理器中事先创建或选定，如图 11-14 所示。

②输入已知点坐标。点击"平差点"。对于平面坐标，固定至少 2 个点，如图 11-15 所示。

③点击平差，进行网的约束平差。进行平差，看结果是否通过，通过报告看未知点坐标及坐标误差分量、边长相对中误差等可选择编辑器编辑报告。

图 11-14　平差基准

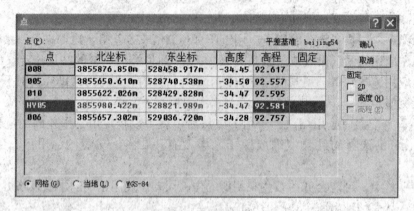

图 11-15　点固定

习　　题

1. GPS 控制网布设有哪些要求?
2. GPS 的联测设计是如何规定的?
3. GPS 控制网异步环之间有哪些连接形式，各有什么优缺点?
4. GPS 选点有哪些要求?
5. GPS 外业数据采集的主要记录项目有哪些?
6. 简述 GPS 测量数据处理的基本过程。
7. 简述 GPS 网无约束平差和约束平差的目的和方法。

附　　　录

附录 A　清华山维平差软件 NASEW 的使用

A.1　软件简介

清华山维平差软件 NASEW 是北京清华山维新技术开发有限公司开发的常规地面控制网数据处理软件。

(1) 适用于任意形式任意规模的平面和高程控制网的概算、平差和设计，无需编码。

(2) 自动求解控制网各种路线闭合差提供了多种粗差定位和自动剔除功能，具有如验后定权法等多种平差方法可选。

(3) 具有现代电子表格效能的数据编辑和操作环境，在输入过程中自动计算坐标、高程、差值等，并辅以网图动态显示。观测输入可选标准格式和多种常用网格式，还可自定格式；可选具有内联的文本编辑方式。

(4) 提供了与打印机和纸张自适应的网图打印，成果打印，格式和有效位数等可控易控，并具有打印前的预显功能。

(5) 操作上简单易学，图、文、数、控四者融为一体，具有丰富的说明和联机帮助，具有工作现场保护功能。

(6) 互用性强，支持网内多区域数据合并。可直接读入 ERCD 电子测量记簿的整理数据，可直接读入武测平差系统的数据文件。

系统界面如附图 A-1 所示。

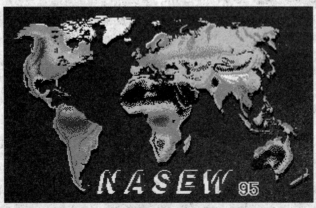

附图 A-1　NASEW 数据处理软件系统界面

工作台的基本屏幕分成六个部分（附图 A-2）：

①菜单和工具条。

②控制点坐标高程显示编辑区。

③测站名显示编辑区。

④测站观测值显示编辑区。

⑤控制网网形、精度显示控制区。

⑥工作状态提示区。

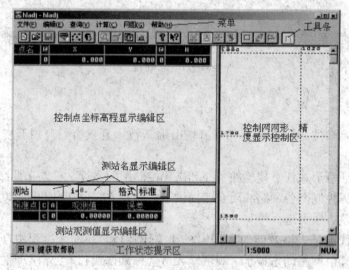

附图 A-2　工作台的基本屏幕

对控制网基本数据的编辑都在②、③、④三个区中完成，所有控制操作则在弹出式窗口或菜单中进行。

该工作台提供了先进的用户界面：具有电子表格功能的全屏幕多窗口编辑系统辅助用户完成数据输入，辅以层次菜单的直接控制系统为用户的控制式输入提供了方便。

A.2　平面控制网平差

1. 已知数据及观测数据输入

该网由 1 个已知点、1 个已知方向及 16 个待定点组成，有 50 个方向值，25 条边（附图 A-3），是一个平面混合网算例。

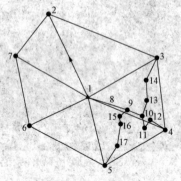

附图 A-3　网形图

已知数据见附表 A-1。

观测数据见附表 A - 2。

附表 A - 1	已 知 数 据	
1点坐标	X：531 803.342m	Y：524 902.163m
1点到2点方向	333°51′47″	

附表 A - 2　　　　　　　　观 测 数 据

观测站	照 准 点	水平方向/(° ′ ″)	平距/m
1	6	0.000 00	1093.1750
	7	55.004 81	1430.3390
	2	89.3113 2	1585.37
	3	175.093 45	1360.5640
	8	222.275 30	419.3140
	4	226.432 04	1430.3540
	5	282.071 85	1171.2200
2	1	0.000 00	
	7	63.205 06	906.6280
	3	317.313 53	2009.1360
3	1	0.000 00	
	2	51.531 35	
	4	292.485 86	1215.5130
	14	325.222 57	431.2990
4	1	0.000 00	
	12	9.014 00	325.6060
	3	61.151 61	
	5	308.263 34	1230.9120
5	6	0.000 00	1424.4670
	1	48.370 83	
	17	94.384 20	405.5260
	4	121.394 64	
6	1	0.000 00	
	5	53.301 01	
	7	283.065 79	1203.2510
7	1	0.000 00	
	6	48.061 15	
	2	277.512 23	
8	1	0.000 00	
	9	177.080 60	280.5990

续表

观测站	照 准 点	水平方向/(° ′ ″)	平距/m
9	15	0.000 00	160.6280
	8	54.004 50	
	10	244.065 20	274.5460
10	11	0.000 00	182.6750
	9	131.452 00	
	13	215.244 80	272.6990
11	12	0.000 00	143.8190
	10	311.462 80	
12	4	0.000 00	
	11	90.2525	
13	10	0.000 00	
	14	159.313 80	340.5430
14	3	0.000 00	
	13	152.211 00	
15	16	0.000 00	121.0000
	9	230.461 00	
16	17	0.000 00	388.1070
	15	170.103 00	
17	5	0.000 00	
	16	156.293 70	

（1）"控制点坐标高程显示编辑区"输入。

启动 NASEW，在"控制点坐标高程显示编辑区"输入已知点的点名、点的属性和点坐标（附图 A-4）。

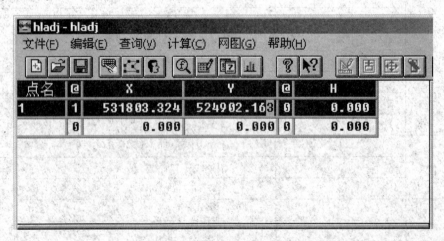

附图 A-4 控制点坐标显示区

然后，在"控制点坐标高程显示编辑区"顺次输入其他测站点名（附图 A 5）。

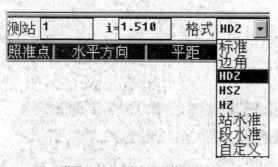

点名	@	X	Y	@	H
1	1	531803.324	524902.163	0	0.000
2	0	0.000	0.000	0	0.000
3	0	0.000	0.000	0	0.000
4	0	0.000	0.000	0	0.000
5	0	0.000	0.000	0	0.000
6	0	0.000	0.000	0	0.000
7	0	0.000	0.000	0	0.000
8	0	0.000	0.000	0	0.000
9	0	0.000	0.000	0	0.000
10	0	0.000	0.000	0	0.000

附图 A-5 测站点名显示区

（2）"测站观测值显示编辑区"输入。

将附图 A-6 中"点区"记录移动到 1 点，则"站区"自动显示该站点名，在格式下拉选择栏选择"HDZ"，在"i"文本栏输入仪器高 1.510。

测站 1　i=1.510　格式 HDZ

照准点　水平方向　平距

标准
边角
HDZ
HSZ
HZ
站水准
段水准
自定义

附图 A-6 测站观测值显示区

在"测区（测站观测值显示编辑区）"第一个记录依次输入附表 A-3 中的数据，如附图 A-7 所示。

附表 A-3　　　　　　　　　　　照准点数据

照准点	水平方向	平距/m	天顶距	照准高
2	89.311 32	1585.37		2.52

照准点	水平方向	平距	天顶距	照准高
2	89.31132	1585.3700	-999.00000	2.520

附图 A-7 观测数据

（3）测区数据属性设置。

在照准点是 2 点的输入数据中，由于水平方向 89.311 32 是控制网中的已知方位角，应设置其属性为"固定值"，其属性设置的具体操作是：

在附图 A-8 的站区对话框中将其格式设为标准，这时测区的数据显示变为附图 A-8，将 89.311 32 的 A 列属性设为 1，观测值的属性说明具体可参考第 4 章第一节有关部分说明。

照准点	C	A	观测值	误差
2	c	1	89.31132	0.00000
2	d	0	1585.37000	0.00000

附图 A-8 "标准格式"对话框

（4）将附图 A-6 中的"格式"栏重设回 HDZ 格式，使测站观测值显示编辑区重新回到附图 A-7 表格格式状态，继续输入照准点是 6、7、3、8、4、5 的观测数据（附图 A-9）。

测站 1 i=1.510 格式 HDZ

照准点	水平方向	平距	天顶距	照准高
2	89.31132	1585.3770	-999.00000	2.520
6	0.00000	1093.1750	-999.00000	-999.000
7	55.00481	1430.3390	-999.00000	-999.000
3	175.09345	1360.5640	-999.00000	-999.000
8	222.27530	419.3140	-999.00000	-999.000
4	226.43204	1430.3540	-999.00000	-999.000
5	282.07185	1171.2200	-999.00000	-999.000
	-999.00000	-999.0000	-999.00000	-999.000

附图 A-9 格式为 HDZ 显示区

测站 1 的观测数据输入结束后，在"点区"用鼠标将工作指针移动到 2 点名记录，这时"站区"会自动显示测站 2（附图 A-10），然后重复上述操作方法，将 2、3、4、5、6、7、8、9、10、11、12、13、14、15、16、17 测站的观测数据录入数据库（附图 A-11）。

点名	@	X	Y	@	H
1	1	531803.324	524902.163	0	0.000
2	0	0.000	0.000	0	0.000
3	0	0.000	0.000	0	0.000
4	0	0.000	0.000	0	0.000
5	0	0.000	0.000	0	0.000
6	0	0.000	0.000	0	0.000
7	0	0.000	0.000	0	0.000
8	0	0.000	0.000	0	0.000
9	0	0.000	0.000	0	0.000
10	0	0.000	0.000	0	0.000
11	0	0.000	0.000	0	0.000

测站 2 i=0.000 格式 HDZ

照准点	水平方向	平距	天顶距	照准高
	-999.00000	-999.0000	-999.00000	-999.000

附图 A-10 每站点名记录

2. 设置计算方案

数据输入结束后，在平差前要首先设置计算方案，具体操作是：

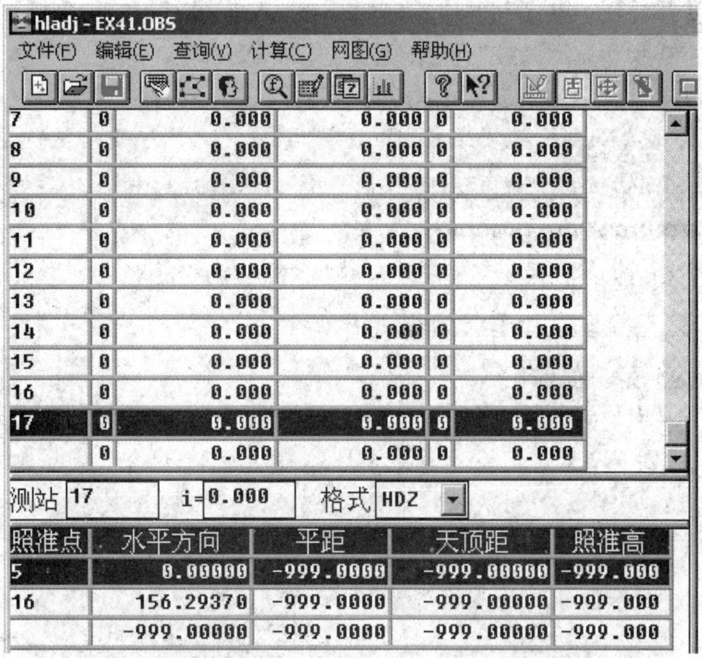

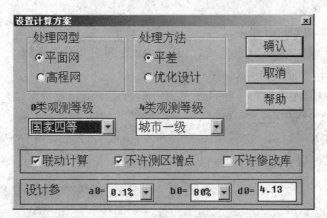

附图 A-11　测站 17 观测数据

运行"计算→计算方案"菜单命令，可打开一对话框（附图 A-12）。

附图 A-12　设置计算方案

在"处理网型"栏选中"平面网"，在"处理方法"栏选中"平差"，其他设置都按照附图 A-12 中的设置选型对应设置。

3. 平差计算

数据输入结束后就可以进行平差计算了。

（1）坐标概算。

坐标概算不改变观测值和固定点坐标和高程，而只重算所有待定点的坐标或高程值，为进一步平差计算提供概算起始值，同时生成网图供用户检核输入观测值是有明显的错误。具体操作是：

运行"计算→坐标概算"菜单命令或单击工具条图标![icon]，由观测值计算坐标或高程快捷按钮。执行后就会看到"点区"的待定坐标 0.000 都变成了相应的坐标显示并且"控制网网形、精度显示控制区"显示该控制网网型图（附图 A-13）。

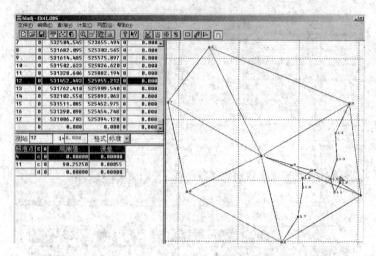

附图 A-13　控制网形图

通过概算坐标的检查和控制网网图相对空间位置的浏览，检核输入数据是否有明显错误，若有错误，则检核错误问题所在，若没有错误就可以进入下一步平差计算了。

（2）平差计算。

坐标概算后，就可以进行平差计算了。平差计算前，首先应定义单位权中误差等基本定权量。对小型网只做简单的单次平差就可以了，对大型网或复杂的网，TOPADJ 提供了多种平差方法以满足不同的需要。具体操作是：

运行"计算→选择平差"菜单命令，弹出附图 A-14 所示对话框。

按照附图 A-14 对应设置后，单击"开始平差"命令按钮进行平差，平差结束后，弹出"平差报告"对话框（附图 A-15）。单击"存盘"按钮，可以将平差结果以文本文件的格式写出，同时"点区"的坐标会自动更新，并显示平差后的坐标值（附图 A-16）。

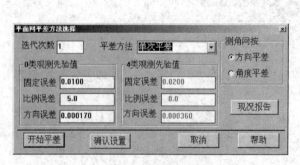

附图 A-14　"平面网平差方法选择"对话框

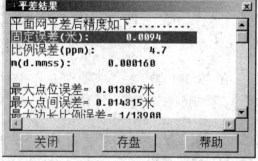

附图 A-15　平差结果

4. 成果输出

平差计算完成后，首先进行"存盘"操作，将计算结果保存在数据库内，然后就可以进行成果输出了，成果输出的具体操作方法是：

运行"文件→成果输出"菜单命令，弹出成果输出管理对话框（附图 A‐17）。

首先在"文件名"文本栏输入写出成果的文本文件名和路径"C：\ pcsample. txt"，然后单击"建立"命令按钮将成果写出，并提示"写盘完成"，这时计算成果全部被写进 C：\ pcsample. txt 文本文件中。用户可以在其他文档编辑器（如 WORD）中打开该文本编辑后打印输出，也可以在 TOPADJ 中打印输出。成果输出后，基本的平差工作就算完成了。

点名	@	X	Y	@	H
1	1	531803.342	524902.163	0	0.000
2	0	533226.596	524203.780	0	0.000
3	0	532493.832	526074.504	0	0.000
4	0	531289.234	526236.949	0	0.000
5	0	530664.657	525176.286	0	0.000
6	0	531330.006	523916.765	0	0.000
7	0	532504.544	523655.488	0	0.000
8	0	531682.094	525303.563	0	0.000
9	0	531614.484	525575.893	0	0.000
10	0	531502.621	525826.616	0	0.000
11	0	531328.598	525882.190	0	0.000
12	0	531452.499	525955.218	0	0.000
13	0	531762.406	525909.535	0	0.000
14	0	532102.555	525893.073	0	0.000
15	0	531511.078	525452.965	0	0.000
16	0	531200.090	525454.728	0	0.000

附图 A‐16 坐标结果

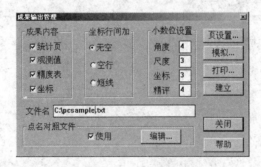

附图 A‐17 成果输出管理

A.3 高程控制网平差

1. 数据输入

高程控制网平差相对简单。数据输入如附图 A‐18 所示。a 点为已知高程点，其坐标不用输入；其高程为 5.016m，属性为 1，即已知点。测站观测值中，高差的属性值为 h，水准路线长度为 l，以 m 为单位。

2. 平差设置

见附图 A‐19，"处理网型"选择"高程网"。

3. 高程网平差

高程控制网平差结果如附图 A‐20 所示。

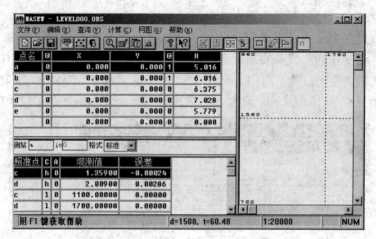

附图 A-18　数据输入

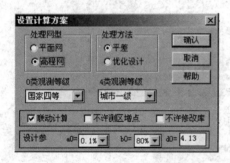

附图 A-19　设计计算方案

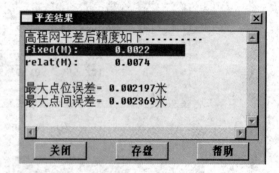

附图 A-20　平差结果

附录 B　华测静态数据处理软件的使用

B.1　任务的建立

选择"开始→程序→华测静态处理→静态处理软件"或者直接打开桌面上的快捷方式。首先把下载下来的数据统一放到一个文件夹下面,新建任务时直接选择此文件夹,如附图 B-1 所示。注意选择相应的坐标系统。

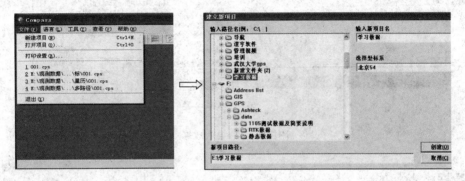

附图 B-1　新建项目

B.2　坐标系统的建立

新建任务时,虽然坐标系统已经选定,但可以对于中央子午线或者是投影高等可能需要相应的改动或新建。点击"工具→坐标系管理",如附图 B-2 所示。

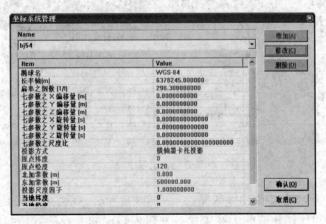

附图 B-2　坐标系统的建立

B.3　数据的导入

项目建完后,开始加载 GPS 数据观测文件。选择"文件→导入",compass 可以导入附图 B-3 中多种格式的数据。

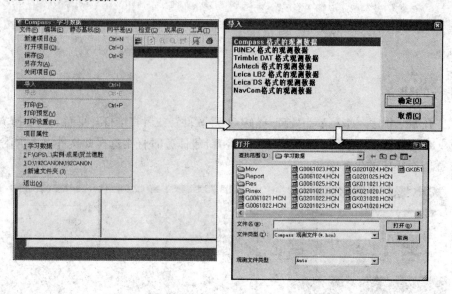

附图 B-3　导入数据

B.4　数据检查

（1）数据导入后，检查相应点的点名、仪器高、天线类型等，对于有问题的数据要及时更改（附图 B-4、附图 B-5）。

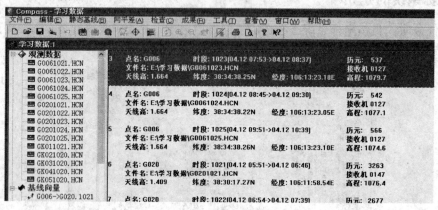

附图 B-4　数据检查

如果用不同的 GPS 接收机进行联测，就要单独修改天线类型。对于没有的天线类型，在 GPS 天线管理器里添加相应的天线类型，并输入相应的天线参数，如相位中心高、天线半径等。

（2）通过"检查→观测文件检查"，对于里面，个别点、点名命错等就可以查出来，重新命名，然后再反复查看，直到没有"观测文件检查"为止（附图 B-6）。

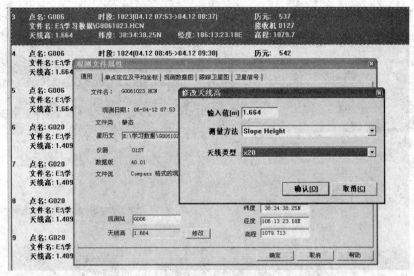

附图 B-5 修改天线高

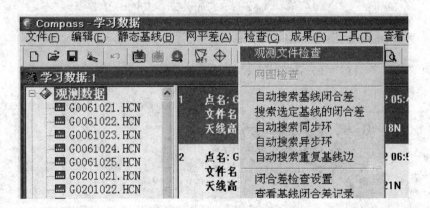

附图 B-6 观测文件检查

B.5 基线的处理

数据检查没有问题之后,点击"静态基线→处理全部基线",等基线全部处理完后,对于 Radio 值比较小的进行单独处理,至少保证 Radio 值大于 3 以上,当然处理得越大越好,最大为 99.9(附图 B-7)。

(1)通过"基线处理设置"(附图 B-8),增大或减小数据采样间隔或卫星的截止角,其他为默认,当采集的数据时间较长时,如两个小时以上的可以把采样间隔加大。对于卫星数据较多,可以适当增大截止角。然后再单独处理一下这条基线。

(2)删除不好的数据,右击基线,出现"属性",在"观测数据图"里删除不好的数据或者时间比较短的数据,确定后再单独处理这条基线,如附图 B-9 所示。

(3)对于各别基线如果怎么处理都不能大于 3 时,可以不让其参与基线处理及网平差,具体操作是:右击"基线→属性",把"参与基线处理及网平差"的复选框勾掉,如附图 B-10 所示。

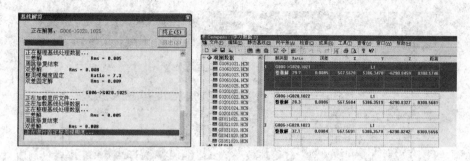

附图 B-7　基线解算

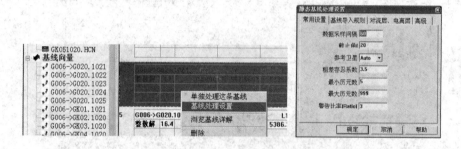

附图 B-8　基线处理设置

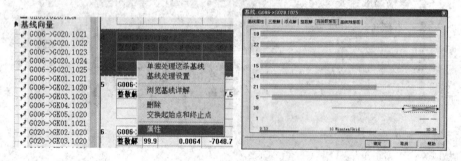

附图 B-9　删除部分数据

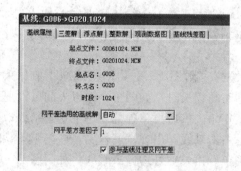

附图 B-10　去掉不满足条件的基线

B.6 网平差——已知点的输入

在观测站点里右击"属性",点击"已知点坐标",选择"固定方式",如 XY、XYH,见附图 B-11。

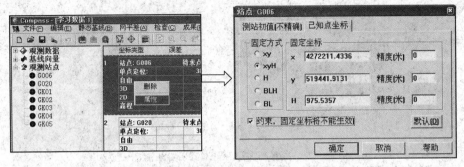

附图 B-11 输入已知数据

1. 网平差设置

选择"网平差→网平差设置",根据具体情况选择三维平差,二维平差,水准高程拟合,如果中央子午线需要改,就在"重置中央子午线"重新输入改正后的中央子午线,注意度分秒要用":"分开,比如 106 度 30 分就输成"106:30",其他的如自由网平差、二维平差设置、高程拟合方案等都可以默认(附图 B-12)。

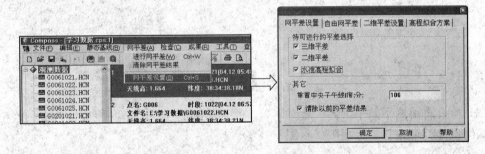

附图 B-12 网平差设置

2. 网平差

在"网平差"里点击"进行网平差",就会弹出附图 B-13 所示窗口,点击"确定",然后点击"成果→成果报告",查看平差成果,平差报告会以网页的形式打开。

B.7 成果检查——基线向量及改正数、τ 检验

在"网平差"里点击"进行网平差",就会弹出附图 B-14 所示窗口,点击"确定",然后点击"成果→成果报告",查看平差成果,平差报告会以网页的形式打开。从平差报告里看出:基线向量及改正数、τ(Tau)检验表个别为红色,这说明要单独对这些基线进行处理,直到没有红色出现为止。

(1) χ^2 检验。当基线被处理的没有红色,但 χ^2 检验($\alpha=95\%$)还是"失败",这时把这个参考因子输入到网平差设置、自由网平差、协方差比例系数里,然后再进行平差,直到"通过"。

附图 B-13　网平差报告

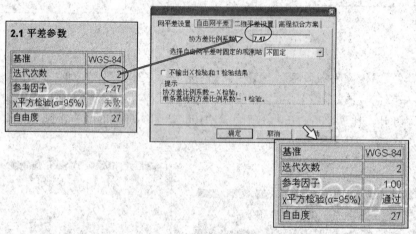

附图 B-14　χ^2 检验

（2）检查自由网平差中误差、相对误差、平面坐标的中误差和高程拟合的中误差，根据网的等级设计要求查看是否超限（附图 B-15）。

2.5 自由网平差坐标

站点	纬度/中误差		经度/中误差		高程/中误差		中误差
	(度:分:秒)	(m)	(度:分:秒)	(m)	(m)	(m)	(m)
G006	38:34:38.22078N	0.0020	106:13:23.13807E	0.0019	1075.3627	0.0033	0.0043
G020	38:30:17.40218N	0.0024	106:11:58.55387E	0.0024	1077.7427	0.0040	0.0052
GK01	38:33:04.05309N	0.0062	106:18:04.53782E	0.0054	1078.3031	0.0099	0.0128
GK02	38:32:50.85712N	0.0052	106:18:48.71656E	0.0050	1077.5528	0.0091	0.0116
GK03	38:31:00.87097N	0.0043	106:17:48.46061E	0.0041	1077.6168	0.0070	0.0091
GK04	38:31:06.12604N	0.0040	106:17:01.89483E	0.0044	1080.6742	0.0070	0.0091
GK05	38:30:06.45663N	0.0041	106:16:32.67067E	0.0039	1081.3361	0.0074	0.0093

附图 B-15　自由网平差坐标

B.8　成果提交

通过以上反复处理及检查，确认无误后，方可提交成果，提交成果可以为成果报告（网页的形式）、详细成果文本、简明成果文本或者以 DXF 格式输出网图等（附图 B-16）。

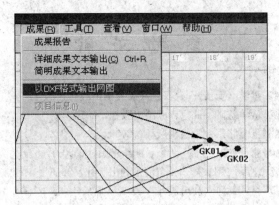

附图 B-16　成果输出

参 考 文 献

[1] 孔祥元，郭际明. 控制测量学（上册）. 武汉：武汉大学出版社，2006.

[2] 吕志平，乔书波. 大地测量学基础. 北京：测绘出版社，2010.

[3] 施一民. 现代大地控制测量. 北京：测绘出版社，2008.

[4] 金日守，等. 误差理论与测量平差基础. 北京：测绘出版社，2011.

[5] 周建郑，等. GPS测量原理及应用. 郑州：黄河水利出版社，2005.

[6] 杨国清. 控制测量学. 郑州：黄河水利出版社，2005.

[7] 林玉祥. 控制测量技术. 北京：中国电力出版社，2009.

[8] 吴俊昶，刘大杰. 控制网测量平差. 北京：测绘出版社，1984.

[9] 孔祥元，梅是义. 控制测量学（上册）. 武汉：武汉大学出版社，2002.

[10] 陈建，晁定波. 椭球大地测量学. 北京：测绘出版社，1989.

[11] 周忠谟，等. GPS卫星测量原理及应用. 北京：测绘出版社，2002.

[12] 朱华统. 大地坐标系的建立. 北京：测绘出版社，1986.

[13] 王新洲，等. 高等测量平差. 北京：测绘出版社，2006.

[14] 黄文彬. GPS测量技术. 北京：测绘出版社，2011.